西江流域梯级水电站集雨区降水预报预测技术与方法

《西江流域梯级水电站集雨区降水预报预测技术与方法》编写组　编著

气象出版社
China Meteorological Press

内容简介

本书以提高广西水电气象预报预警服务整体水平为目的,比较系统地阐述了西江流域气候特征、流域集雨区特点、降水预报预测技术与方法以及在业务方面的应用。全书分为9章,内容涵盖了西江流域地理、气候、水系、梯级水电站分布情况,西江流域分区及降水实时监测预报预警技术,暴雨大气主客观分型及概念模型,流域降水短时预报、中短期预报、延伸期及其长期气候预测技术方法及应用等。

本书可供水电气象工作者、电力行业工作者等相关专业人员参考。

图书在版编目(CIP)数据

西江流域梯级水电站集雨区降水预报预测技术与方法/
《西江流域梯级水电站集雨区降水预报预测技术与方法》
编写组编著. — 北京:气象出版社,2020.1
    ISBN 978-7-5029-7067-3

    Ⅰ.①西… Ⅱ.①西… Ⅲ.①西江-流域-梯级水电
站-降水预报 Ⅳ.①P457.6

中国版本图书馆 CIP 数据核字(2019)第 224886 号

西江流域梯级水电站集雨区降水预报预测技术与方法

出版发行:气象出版社				
地　　址:北京市海淀区中关村南大街 46 号		邮政编码:100081		
电　　话:010-68407112(总编室)　010-68408042(发行部)				
网　　址:http://www.qxcbs.com		**E-mail**:　qxcbs@cma.gov.cn		
责任编辑:陈　红		终　　审:吴晓鹏		
责任校对:王丽梅		责任技编:赵相宁		
封面设计:楠竹文化				
印　　刷:北京中石油彩色印刷有限责任公司				
开　　本:787 mm×1092 mm　1/16		印　　张:13.25		
字　　数:339 千字		彩　　插:4		
版　　次:2020 年 1 月第 1 版		印　　次:2020 年 1 月第 1 次印刷		
定　　价:80.00 元				

本书如存在文字不清、漏印以及缺页、倒页、脱页等,请与本社发行部联系调换

《西江流域梯级水电站集雨区降水预报预测技术与方法》编委会

主　　任：粟华林

副 主 任：孔毅民　　郑凤琴　　陈剑飞

委　　员：钟利华　李　勇　曾　鹏　史彩霞　潘丽娜

《西江流域梯级水电站集雨区降水预报预测技术与方法》编写组

组　　长：钟利华

副 组 长：粟华林　陈剑飞　郑凤琴

成　　员：李　勇　　曾　鹏　　史彩霞　　罗小莉　　卢小凤

　　　　　李仲怡　　邓英姿　　胡宗煜　　钟仕全　　古明悦

　　　　　钟华昌　　刘世学　　古文保　　韦晶晶　　叶庚姣

前　言

　　水电行业是气象高影响行业之一,电力生产运行受气象及环境影响越来越明显,对精细化气象监测、预报、预警信息的需求也越来越高。广西水电气象服务始于 20 世纪 80 年代中期,2009 年之前,针对水电行业的定点、定时、定量降水监测和预报产品少,预报准确率不高,导致服务面窄,服务效益也不高,制约了水电专业气象服务事业的发展速度。近十年来,随着气象技术装备、气象监测站网的不断建设,以及气象预报技术水平的不断发展,对降水天气的监测能力和预报水平也有所提高。尤其是近年来,全国智能网格预报技术研发和网格预报产品研制成功、广西灾害性天气实时监测和短时临近预报系统建设完成并业务化,为开展电力气象精细化监测、预报、预警技术研究,以及应用服务系统建设并业务应用打下了坚实的基础。

　　2009 年以来,广西壮族自治区气象局与广西电网公司电力调度控制中心及中国大唐集团公司广西分公司、中广核红花水电有限公司、广西水利电力建设集团有限公司所属的岩滩、大化、红花、麻石等多个水力发电厂的技术主管和骨干,多次针对水电气象发展现状和亟待解决的关键问题展开研讨,为最大化、有效地利用最新、更精细化的气象信息和技术优势,解决水电气象服务中的关键技术问题,在广西科学研究与技术开发计划项目(桂科攻 1355010－4)、广西电网有限责任公司科技项目(桂电生〔2010〕55 号)共同资助下,开展了相关方面的研究。本着研究为业务应用服务的目的,项目成果于 2010 年底开始逐步在广西电力部门和电力企业应用,取得了显著的社会效益、经济效益和防灾减灾效益,并获得广西壮族自治区政府科技进步二等奖和南方电网公司科技进步三等奖以及 2017 年第一届全国气象服务创新大赛专业气象服务类优秀奖。在项目的研究和应用服务中,我们有了很大的收获并取得了一些经验,促使我们拿起笔来编写了这本专著。

　　本书共分 9 章,由粟华林、陈剑飞、钟利华、郑凤琴负责全书整体框架和章节结构的设计及编写组织、统稿和文稿技术把关。参加编写的主要人员如下(按章节顺序):第 1 章由卢小凤、古明悦、钟华昌、史彩霞、古文保编写;第 2 章由史彩霞、钟仕全、钟利华、曾鹏、钟华昌、刘世学、郑凤琴、古明悦编写;第 3 章由罗小莉、钟利华、李仲怡、史彩霞编写;第 4 章由李勇、邓英姿、胡宗煜、罗小莉、钟利华、李仲怡编写;第 5 章由李仲怡、钟利华、李勇、史彩霞编写;第 6 章由曾鹏、钟利华、史彩霞编写;第 7 章由钟利华、李勇、古明悦编写;第 8 章由李勇、郑凤琴、钟利华编写;第 9 章由郑凤琴、古文保、曾鹏、韦晶晶编写。全书由钟利华、郑凤琴、韦晶晶、叶庚姣、罗小莉完成审校。

本书在出版过程中得到了湖北省气象局陈正洪正高级工程师和任永健、代娟高级工程师、陈城工程师,广西壮族自治区电网有限责任公司陈晓兵、陈标、牟才荣、吴剑锋、黄馗高级工程师,广西壮族自治区气候中心覃志年正高级工程师,广西壮族自治区气象台林开平总工程师、高安宁总工程师、刘国忠和赵金彪正高级工程师等专家的大力支持。他们对本书的编写提出了很好的建议,特此感谢。

由于学识水平有限,书中有不少问题尚待进一步研究探讨,难免有欠妥之处,欢迎广大读者批评指正。

作者

2019 年 6 月

目　　录

第 1 章　绪　论

就气象、电力部门或相关领域技术人员而言,了解西江流域水资源基本情况和气候规律,是做好电力气象预报业务的基础。本章将简要介绍西江流域地理、水系和梯级水电站分布特征,西江流域降水气候特征及径流对梯级水电站的影响。

1.1　西江流域概况

1.1.1　地理位置特征

西江是珠江水系中最长的河流,是我国第四大河流,仅次于长江、黄河、黑龙江。西江流域范围位于 $102.2° \sim 112.1°$E 、$21.5° \sim 27.0°$N,包括云南省、贵州省、广西壮族自治区和广西边界国际河流,跨越云南、贵州、广西、广东等 4 省(区),总面积为 352396 km^2,其中国内面积为 340803 km^2,另有 11593 km^2 在越南境内,广西境内面积为 202378 km^2,占西江全流域总面积的 57.43%[1]。

西江流域多为山地和丘陵,平原面积小而分散,总的地势是西北高、东南低,流域上游多为高山,中游多为丘陵、台地,下游为地势较低的平原。西北部为平均海拔 $1000 \sim 2000$ m 的云贵高原,在高原上分布有盆地和湖泊群;在云贵高原以东,是一片海拔在 500 m 左右的低山丘陵,称两广丘陵;在低山丘陵之间也有不少海拔达到或超过千米的山岭,同时分布有许多盆地和谷地。西江流域中上游内山岭连绵,地形崎岖,落差大,水力资源十分丰富,由国家列为重点开发完成的多个梯级电站项目,为沿岸地区的农业灌溉、河运、发电等做出了巨大贡献。

西江流域从源头至贵州省望谟县蔗香村称为南盘江,以下至广西来宾市象州县石龙镇称为红水河,石龙镇至桂平市区称为黔江,桂平市区至梧州市称为浔江,梧州市至广东省佛山市三水区思贤滘始称为西江。南盘江、红水河两段共为西江上游,黔江、浔江两段共为中游,西江段为下游,本书所指的西江流域为梧州市及以上的西江中上游地区(图 1.1)。

1.1.2　水系概况

西江由南盘江、红水河、黔江、浔江及西江等河段所组成,主要支流有北盘江、柳江、郁江、桂江及贺江等。思贤滘以上河长 2075 km,流域面积 353120 km^2,占珠江流域面积的 77.8%[1]。河道平均坡降为 0.58‰;广西境内集雨面积在 50 km^2 以上河流有 1006 条,集雨面积在 1000 km^2 以上河流有 68 条[2]。

南盘江位于西江上游,自源头至北盘江汇合口,即贵州省望谟县蔗香村双江口,全长 914 km,河道平均坡降为 1.74‰,流域面积为 56809 km^2,有流域面积在 100 km^2 以上的一级支流 44 条;南盘江流经云南省的曲靖、罗平,贵州省的兴义和望谟,广西的西林、隆林、田林、乐

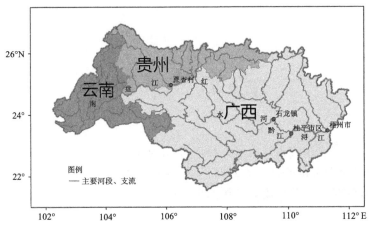

图 1.1　西江流域中上游区域分布图

业等县(市)[3]。

红水河为南盘江在贵州省望谟县蔗香村与北盘江相会处以下河段,因其水质混浊、水色赤红而得名;红水河自蔗香村双江口至广西象州县石龙镇三江口,全长 659 km,北盘江以下区间集水面积为 54406 km²,其中广西境内 38562 km²,贵州境内 15844 km²,有流域面积 100 km²以上的一级支流 29 条,主要支流有蒙江、曹渡河、布柳河、罗富河、盘阳河、灵奇河、刁江及清水河等;红水河流经广西乐业、天峨、南丹、东兰、巴马、大化、都安、马山、忻城、合山、来宾、象州等县(市),在象州县石龙镇三江口有柳江汇入[3]。

黔江为红水河左侧的支流柳江汇入红水河后开始的河段,黔江自三江口至桂平市郁江河口,全长 122 km,河道平均坡降为 0.0625‰,区间集水面积(不包括柳江)为 2561 km²,有流域面积大于 100 km² 的一级支流 6 条(不包括柳江)[3]。

浔江为西江右侧的支流郁江汇入黔江后开始的河段,浔江自郁江入口至梧州市与桂江会合,全长 172 km,有流域面积大于 100 km² 的一级支流 5 条;流经桂平、平南、藤县、苍梧、梧州等县(市)。

西江为桂江汇入浔江后开始的河段,西江出广西梧州市即入广东省,广西境内的河长只有13 km[3]。

1.1.3　梯级水电站概况

西江流域水力资源丰富,理论上蕴藏的水力资源有 2943 万 kW,可开发装机容量为2160 万 kW,主要分布在西江流域中上游,特别是天生桥至大藤峡之间的南盘江、红水河及黔江河段,兴建的水电站总装机容量约 1500 万 kW,平均年发电量 600 亿 kW·h,是滇、黔、桂、粤四省(区)经济发展极其可贵的能源;水电站的巨大水库还可以调蓄洪、枯流量,减轻下游洪水灾害,增加枯水流量,提高水资源的利用率。

根据所在的支流、干流不同分为五个梯级,分别为红水河梯级、北盘江梯级、郁江梯级、柳江梯级和桂江梯级。西江梯级水电站分布情况见图 1.2。

按装机容量小于 5 万 kW 为小型,装机容量 5 万～25 万 kW 为中型,装机容量大于 25 万kW 为大型来统计,西江流域上已建成的大中型水电站有:红水河(含南盘江)梯级的雷打滩、

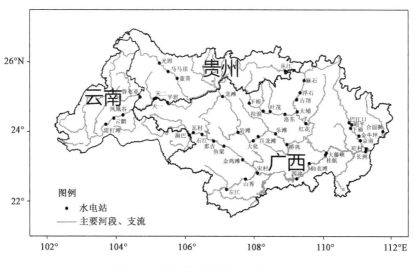

图 1.2　西江流域梯级水电站分布图

云鹏、凤凰谷、鲁布革、天生桥一级、天生桥二级、平班、龙滩、岩滩、大化、百龙滩、乐滩、桥巩 13
个水电站及在建的大藤峡水利枢纽;北盘江梯级有光照、马马崖、董菁 3 个水电站;郁江梯级有
洞巴、瓦村、右江、那吉、鱼梁、金鸡滩、左江、山秀、宋村、西津、仙衣滩、桂航 12 个水电站,其中
右江为大型,桂航为小型,其他均为中型水电站;柳江梯级有从江、麻石、浮石、古顶、大埔、下
桥、拉浪、叶茂、洛东 9 个水电站和红花水利枢纽,除叶茂外,其他均为中型水电站。另外,西江
河段有大型的长洲水电站;桂江梯级的巴江口、昭平、下福、金牛坪、京南、旺村 6 个水电站,贺
江干流的合面狮水电站,均为中型或小型电站。各梯级水电站具体情况见表 1.1。

表 1.1　西江流域梯级水电站特性表

流域 名称	水库名称	正常高 水位(m)	死水位 (m)	控制面积 (km²)	装机容量 (MW)	设计年发电量 (亿 kW·h)	调节性能
南盘江	雷打滩	962.00	950.00	26181	108	5.327	季调节
	云鹏	902.00	877.00	28052	210	8.95	季调节
	凤凰谷	821.00	815.00	28910	100	4.06	周调节
	鲁布革	1130.00	1105.00	7300	600	28.49	周调节
	天生桥一级	780.00	731.00	50139	1200	52.26	不完全多年调节
	天生桥二级	645.00	637.00	50194	1320	82.00	不完全日调节
	平班	440.00	437.50	51600	405	16.03	日调节
红水河	龙滩	375.00	330.00	98500	4900	156.7	年调节
	岩滩	223.00	212.00	106580	1810	75.47	季调节
	大化	155.00	153.00	112200	566	33.19	日调节
	百龙滩	126.00	125.00	112500	192	9.40	径流式
	乐滩	112.00	110.00	118000	600	34.95	日调节
	桥巩	84.00	82.00	128564	456	24.01	日调节
	大藤峡	61.00	47.60	198612	1600	60.55	日调节(在建)

续表

流域名称	水库名称	正常高水位(m)	死水位(m)	控制面积(km²)	装机容量(MW)	设计年发电量(亿 kW·h)	调节性能
北盘江	光照	745.00	691.00	13548	1040	27.54	不完全多年调节
	马马崖	585.00	580.00	16068	558	15.61	日调节
	董菁	490.00	483.00	18500	880	30.26	日调节
郁江	洞巴	448.00	415.00	4380	72	3.097	不完全年调节
	瓦村	307.00	291.00	11373	230	6.996	不完全年调节
	右江	228.00	203.00	19600	540	17.01	多年调节
	那吉	115.00	114.40	23573	67.6	2.506	日调节
	鱼梁	99.50	99.00	29243	60	2.31	日调节
	金鸡滩	88.60	87.60	32506	72	3.343	日调节
	左江	108.00	106.50	26506	72	3.471	日调节
	山秀	86.50	85.00	29562	78	3.527	日调节
	宋村	75.50	75.00	72368	170	6.63	日调节
	西津	61.50	57.5	80901	242.2	9.78	季调节
	仙依滩	43.10	42.60	81700	120	6.107	日调节
	桂航	30.50	28.60	86780	46.5	2.1615	日调节
西江	长洲	20.60	18.60	308600	630	30.676	径流式
柳江	从江	193.00	192.00	10111	45	1.6	日调节
	麻石	134.00	130.00	19940	108.5	3.80	日调节
	浮石	113.00	110.20	21870	54	2.09	日调节
	古顶	102.00	101.50	24273	80	3.318	径流式
	大埔	93.00	92.00	26765	90	3.85	日调节
	红花	77.50	72.50	58398	228	7.8	径流式
	下桥	282.00	275.00	4630	50	1.97	日调节
	拉浪	177.00	174.00	9299	78	2.41	日调节
	叶茂	140.50	139.50	12300	37.5	1.875	径流式
	洛东	117.00	112.00	15585	75	2.83	日调节
桂江	巴江口	97.60	93.60	12621	90	4.276	日调节
	昭平	72.00	71.00	13900	63	3.05	日调节
	下福	54.00	53.00	15200	49.5	2.049	日调节
	金牛坪	42.00	41.50	15751	60	2.4	日调节
	京南	30.10	29.10	17388	69	2.88	日调节
	旺村	18.00	17.00	18261	60	2.374	日调节
贺江	合面狮	88.00	80.00	6260	80	3.247	季调节

1.2 西江流域降水气候特征

西江流域地处我国华南、西南地区,属中、南亚热带季风气候,是中国季风最明显的地区之一,冬季受东北季风影响,夏季受东南季风和西南季风影响。四季的特点是:春季阴雨连绵,雨日较多;夏季高温湿热,暴雨集中;秋季台风入侵频繁,降雨强度大;冬季很少严寒,雨量稀少。受季风的影响,西江流域降雨量具有明显的时空变化特征,桂东北的越城岭、都庞岭等山岭呈东北—西南走向,海拔 1000～2000 m,成为冷空气南下的屏障,对华南静止锋的形成和维持有着重要作用。山脉间的湘桂低谷成为北方冷空气入侵广西的主要通道,桂江和贺江成为冷空气南下之途。大苗山、大瑶山脉南北走向,是偏东气流的迎风面,融江、桂江处于山脉迎风坡,兴安、灵川、桂林、永福、融安、昭平等地由于气流受到地形抬升作用而成为暴雨中心[4-6]。

1.2.1 年平均降雨量分布特征

为了解西江流域年平均降雨量分布情况,统计了流域范围内 122 个气象台站(其中广西 77 个、云南 23 个,贵州 22 个)逐站 1971—2010 年平均降雨量(图 1.3)。从图 1.3 可见,流域范围多年平均降雨量在 770～2000 mm,大部分气象站点年降雨量在 1000 mm 以上,呈东多、西少、自东到西递减的分布特征。东部和中部红水河流域站点的年平均降雨量在 1600 mm 以上,中心值在桂江流域的昭平和灵川县(广西),达 1992.6 mm 和 1992.5 mm;流域上游站点的年平均降雨量普遍在 1000 mm 以下,最小值出现在南盘江上游的开远县(云南省),年平均降雨量仅有 770.4 mm。由此表明:西江流域年平均降雨量空间分布极为不均匀,空间变化特征明显,上下游平均降雨量相差达到 2.5 倍。

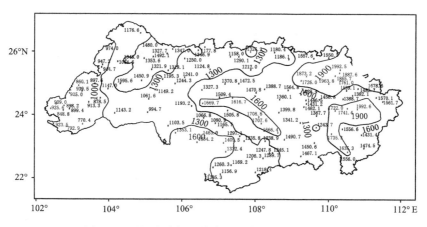

图 1.3 西江流域年平均降雨量分布图(单位:mm)

1.2.2 平均降雨量季节变化特征

受冬、夏季风交替影响,西江流域降雨量季节分配不均,干湿季分明。降水主要集中在雨季(4—9月),占全年总降雨量的 75%～85%,雨季强降水天气过程频繁,容易发生洪涝灾害;干季(10月至次年3月)降水仅占全年总降雨量的 15%～25%,易出现干旱灾害。

统计了西江流域冬、春、夏、秋四季平均降雨量(图 1.4～图 1.7),从图可以看到,流域内平均降雨量主要集中在夏季,其次在春季,最少在冬季。

冬季(12月至次年2月)降雨量最少,流域内平均降雨量只有36.3~257.2 mm(图1.4),仅占全年降雨量的3.6%~15.5%;流域分布特点是由东向西减少,桂江和贺江流域气象站降雨量大于200 mm,其中兴安(广西)多达257.2 mm,是西江流域冬季降水最多的地区;红水河流域东部和中部降雨量在100~200 mm;红水河流域西部降雨量在100 mm以下,北盘江、南盘江流域部分气象站降雨量为50 mm,其中澄江(云南)仅有36.3 mm,是西江流域冬季降水最少的地区。

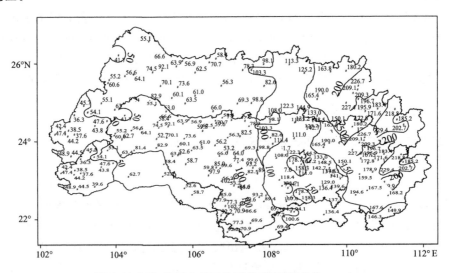

图1.4　西江流域冬季平均雨量分布图(单位:mm)

春季(3—5月),西江流域自北向南、自东向西先后进入雨季,降雨量明显增多,降雨量为124.7~728.1 mm(图1.5),占全年降雨量的13.5%~40.0%。流域分布特点是北多南少、东多西少,由西南向东北增加。桂江、贺江流域部分气象站降雨量在600 mm以上,其中灵川、兴安(广西)分别达724.7 mm和728.1 mm,为西江流域春季降雨量最多的地方。北盘江、南盘江降雨量小于200 mm,其中澄江、宜良(云南省)只有124.7 mm,为西江流域春季两个少雨中心。西江流域其余气象站降雨量为200~600 mm。

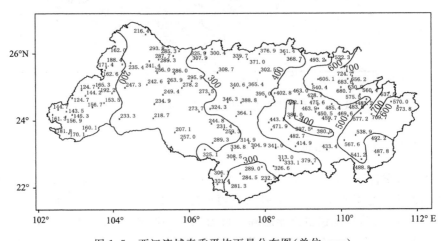

图1.5　西江流域春季平均雨量分布图(单位:mm)

夏季(6—8 月),西江流域以锋面降水和台风降水为主,降雨量可达 385.6～1013.4 mm(图 1.6),占全年降雨量的 32.0%～60.7%。其流域分布特点是中部多、北部和西部少。红水河中下游部分气象站达 800～1000 mm,凌云(广西)达 1013.4 mm,是西江流域夏季降雨量最多的地方。南盘江流域气象站夏季降水较少,大部在 500 mm 以下。西江流域其余气象站降雨量为 600～800 mm。

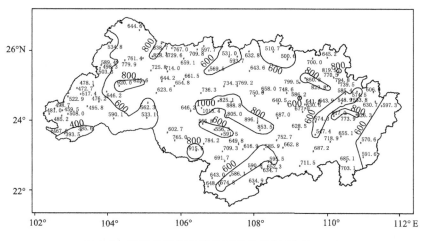

图 1.6 西江流域夏季平均雨量分布图(单位:mm)

秋季(9—11 月),台风对西江流域的影响逐渐减少,大部流域降雨量开始减少,降雨量为 159.0～347.1 mm(图 1.7),占全年降雨量的 10.5%～25.3%。其流域分布特点是南多北少、西多东少。南盘江流域气象站秋季降雨量较多,其中罗平(云南)降雨量为 347.1 mm,为西江流域秋季降水之最;桂江秋季降水较少,其中恭城(广西)降雨量为 159 mm,为西江流域秋季少雨中心,其余流域大部气象站秋季降雨量在 200～300 mm。

西江流域下游大部分地区春、夏两季季平均降雨量达到 800～1200 mm,占到了全年平均降雨量的绝大部分,而流域上游大部分地区则是夏、秋两季季平均降雨量达 700～1100 mm,占到了全年平均降雨量的绝大部分;到了冬季,降雨量减少,尤其是流域上游地区,整个冬季的平均降雨量不到 50 mm。由此可见,西江流域平均降雨量的季节变化特征非常明显。

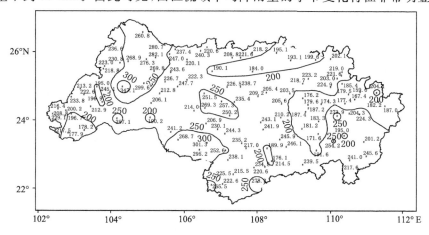

图 1.7 西江流域秋季平均雨量分布图(单位:mm)

1.3　流域降水和径流对梯级水电站的影响

西江流域已开发了北盘江梯级、红水河梯级、柳江梯级、郁江梯级、桂江梯级等梯级水电站，形成了复杂的梯级水电站群，各流域梯级水库之间存在电力、水力等多方面的相互联系，梯级水库来水被分为了两大部分，其一为上游水库的出库流量，其二为两级水库之间的区间降水产生的径流。下游水库的入库洪水不仅受上游水库发电和泄洪影响，还受两库之间区间的降水等因素影响。

流域的降水和径流对水电站运行有直接的影响。当气候正常情况下，降雨量适合，降水时空分布均匀，水库可正常运行，发挥规划设计的水利功能；当气候异常情况下，如果降水持续偏少，水库蓄水减少，或者由于持续性暴雨过程，使得降水过分集中或降水强度过大，易引发较大洪水，造成发电受阻、停机现象，甚至导致水库水位越限，危及水库大坝安全[7]。

1.3.1　上游降水对下游水电站的影响

由于梯级水电站在水头利用上，是分级开发、分段利用，在水量利用上是多级调节、重复利用，因此，在上下梯级之间表现出明显的相互影响的制约作用。流域梯级水库调度是在分析研究各水电站地理位置、水文特性、调节能力、规模等方面情况的基础上，以保证发电系统正常供电为前提，以水电站群总综合效益最大为目标，制定各水库蓄放水次序和各类水库群的统一调度方式。所以，梯级水电站必须实行整个梯级的统一调度，以便合理利用水力资源，提高水能利用率[8]。

西江水系支流多为扇形，洪水易汇集于干流，而且上游多为山地丘陵，洪水汇流速度快，容易形成峰高、量大、历时长的洪水。干流洪水组成中，黔江武宣站来水以柳江来水为主，红水河次之；浔江河段大洪水主要来自武宣以上，郁江洪水所占大湟江口比例相对较小[9,10]。另一方面，每年汛期除了本区域的暴雨洪水外，西江干流下游还要承接上游南盘江、北盘江、都柳江等各支流的来水。当广西及黔南、滇东出现持续性或多次间歇暴雨后，大面积的暴雨洪涝可使西江水位急剧上涨；如果西江沿岸各集雨区接着出现较大降水，可造成上、下游的水量叠加，致使西江洪水加速上涨[11]。因此，上游水库对洪水的调节使得对下游水库的运行方式影响显著，尤其是区间洪水比重较小的水库。

1.3.2　库区降水对水电站的影响

降水既是一种宝贵的水资源，同时相对集中的强降水可能会带来洪水灾害。不同的水库水文气象条件和调节性能不同，其库区降水对水电站的影响也不同。但通常近库区或者在库区临近支流上的强降水，会导致历时短洪量大的区间洪水，并有暴涨暴落的特点，不仅直接影响水电站的电力调度生产，还关系到水库的防洪安全，强降水等灾害性天气可能造成电力设备受损，或者引发次生灾害影响水电站的安全生产。

1.3.3　降水对水电调度的影响

一方面是为了防洪安全，一般情况下，有丰富的降水用于发电，可增加水电发电量，但因持续性强降水过程而造成水库水位达到警戒水位时，为确保水库大坝安全，须泄洪放水；另一方面是发电调度,在确保大坝安全的情况下,若汛期后降水偏少,需要安排蓄水,以保持高水位用于发电生产。

(1)降水对电厂水库调度影响

大型水库由于有较大的库容,水库的调度运用周期需比较长的历时,通常受年度、季度的降水变化影响较大,尤其是汛期持续性强降水过程,会导致集中性的洪水,造成水库水位快速上升,当达到汛限水位后,为确保大坝以及下游的防汛安全,将被迫泄洪。

中小型水库库容相对小,水库调度运用周期较短,受中短期降雨变化影响较大。汛期持续性强降水过程导致的洪水不但会造成其长时间开闸泄洪,若水位超汛限水位,还会影响其大坝和厂房的防洪安全。

(2)降水对发电调度的影响

水电厂靠降水和来水进行发电,具有很强的季节性和阶段性。水电厂生产的大量电力电量通常无法有效保存,只能通过电网输送到用电端进行消耗,因此,电网须时刻维持电量的供需平衡,同时需要结合区域用电负荷和电网网架结构,综合考虑电源支撑、电压稳定和事故备用,需要对水电、火电、核电和风电等电源进行合理的匹配,因此,电网的调度运行是一项复杂的系统工程。水电因其绿色环保,是电网重要的电源之一,水电的特性使其发电受到气象条件,尤其是降水的影响最大,进而影响整个电网的发电调度和运行。

(3)强降水对输变电线路的影响

水电站一般分布在水文地质条件复杂、交通和通信不便、抵御极端天气能力不强的山区,因持续性强降水而引发地质灾害和洪涝灾害,易导致电量送出线路和塔杆遭受破坏、交通通信中断,甚至是设备受淹、厂房进水等严重事件。

1.4　降水预报对水电站生产和水库防洪决策的影响

水电行业是气象高敏感行业,水电站生产离不开气象服务的保障。水库调度要建立在充分掌握气象条件、水文规律的基础上,根据未来气象、水文现象的变化,结合决策者的经验和知识,对水库水资源进行科学合理调配。精度较高的降水预报预测产品可为决策者及早采取措施进行统筹安排提供依据,从而获取最大的综合效益[12]。

降水预报对梯级水电站主要有两方面影响。一是防洪安全决策,气象水文实况监测及精确的预报,能够为水电站提供准确的水情信息,这是进行水库调洪演算和制定防洪抢险方案的基础,是水库泄洪和水位控制的重要依据。二是优化发电调度决策,与防洪调度一样,水库发电调度同样需要准确的雨水情实况和预报信息,并在此基础上才能进行有计划的蓄泄、有目的的调控,提高水库经济运行水平,最大限度发挥水库发电等综合效益。对于梯级电站水库调度,既要考虑中短期降水天气过程的影响,又要考虑长期降水趋势,以安排长期调度的问题,有了准确的长、中、短期降水预报,就可以做好充分的准备。

1.4.1　短时临近降水预报的作用

短时临近降水预报是指未来 12 h 以内的降水预报,内容包括:逐 1 h、逐 3 h、逐 6 h、逐 12 h 预报,以及对暴雨洪涝的强度、影响区域的临近预警,这些气象预报预警产品对提高水电站来水预测精度提供了有力的技术支持,对电网发电调度运行及输电网防灾减灾等生产调度决策起到重要的保障作用。

1.4.2　中短期降水预报的作用

中期降水预报主要是指对未来 4～10 d 的降水预报,包括 5 d 逐日面雨量预报及每周、每旬降水总量和主要降水天气过程预报。短期降水预报是指未来 3 d(即 72 h 内)的降水预报,包括 24 h、48 h、72 h 的面雨量预报。

中短期降水预报精度较高,对水库的洪水调度和河道防洪十分重要,但是短期降水预报的预见期相对较短,不能完全满足防洪兴利调度上的需要。

1.4.3　延伸期及长期降水趋势预测的作用

延伸期降水预报主要是指对未来 10～30 d 的降水预报,长期降水趋势预测是指 30 d 以上天气趋势的展望,形式上有月、季、汛期和年度预报等多种。一年以上的长期预报常称作为超长期预报或气候展望。

延伸期降水预报具有非常规发布时间的服务特点,主要是针对春节、清明、五一、国庆、元旦、东盟国际博览会等节假日或重大活动保供电提供气象保障服务。长期降水趋势预测具有较长的预见期,能够使人们在解决防洪与兴利及各部门用水之间矛盾时,及早进行统筹安排,获取最大的效益。另外,中长期预报产品,对于争取防汛、抗旱的主动权,制定科学的水力、燃煤、风电、核能等发电调度预案,发挥水利设施的安全与经济效益有着重要的作用。

参考文献

[1]　童娟珠.珠江流域概况及水文特性分析[J].水利科技与经济,2007,13(1):30-36.

[2]　俞日新.西江水系主要特征研究[J].人民珠江,2006(3):6-9.

[3]　广西壮族自治区地方志编纂委员会.广西通志・水利志[M].南宁:广西人民出版社,1998.

[4]　黄海洪,林开平,高安宁,等.广西天气预报技术与方法[M].北京:气象出版社,2012.

[5]　广西壮族自治区气候中心.广西气候[M].北京:气象出版社,2007.

[6]　秦剑,赵刚,朱保林,等.气象与水电工程[M].北京:气象出版社,2012.

[7]　杨林,周信禹,林炳干.福建水口发电公司气象服务效益评估报告[C]//2006 年全国气象服务效益评估研讨会论文集.2006:60-63.

[8]　马国栋.极端降水条件下梯级水库漫坝风险分析[D].宜昌:三峡大学,2015.

[9]　佘有贵,吴伟强.西江流域"2005・06"特大暴雨洪水分析[J].水文,2006(02):87-90.

[10]　胡秀英.广西西江流域干流水库防洪优化调度研究[D].南宁:广西大学,2015.

[11]　郭浩森.西江洪水的分布特点和年景预报[J].广东气象,1989(2):19-20.

[12]　彭勇.中长期水文预报与水库群优化调度方法及其系统集成研究[D].大连:大连理工大学,2007.

第 2 章　梯级水电站集雨区分区及强降水监测预警

西江流域地形落差大,水能资源丰富,现已建成 47 座大中型水电站。降水尤其是强降水天气会给各梯级水电站开展优化调度和安全生产带来较大的影响,为做好强降水监测和预警气象服务,首先需要确定梯级水电站集雨区及对应分布的气象站点,然后选择合适的方法计算集雨区面雨量开展服务。本章介绍了西江流域梯级水电站集雨区的分区,以及集雨区面雨量计算方法和强降水监测预警方法。

2.1　集雨区和集雨面积的定义

当雨水从天空中掉落到地面时,有一部分会经由土壤表面的孔隙往下渗透,其余的部分则在地面上顺着地表的高低起伏,逐渐由高处往低处流动。最初这些留在地表上的雨水会累积在山坡上的凹洼处,后来继续降落的雨水会溢出这些洼地而在山坡上到处乱流,然后慢慢地汇聚成非常细小的涓涓细流。接着这些没有固定流路的小细流进一步汇聚成较固定的溪流,许多溪流再继续集合成大的河流往低处流动,最后到达海洋。因此,在河流的任何一段河道中流动的河水,都是来自比它高的地方。对于地表上任何一个地点而言,凡是落在它邻近某个区域内的雨水,经过不断汇聚和流动都会流到这个地点,这个雨水降落和汇流的区域就称为该地点的"集雨区"。简言之,从水源地起,天然河流上的降水,通过自然河道、小溪流入到指定点汇流区域的范围,称为该区域的集雨区。

落在这个集雨区边界以外的雨水,不论怎样流动,都不会经过这个地点,而是流到其他的溪流当中,这些将雨水分到相邻两个不同的集雨区的山岭线称为"分水岭"。集雨区形成见图 2.1。

图 2.1　集雨区形成示意图

流经集雨区的水流等其他物质从一个公共的出水口排出,从而形成一个集中的排水区域,称为集雨区域。集雨区域内水流的出口称为倾泻点(或出水口),是整个集雨区域的最低处。集雨区域间的分界线即分水岭,其所包围的区域面积就是集雨面积。集雨面积是河流的重要特征之一,其大小直接影响河流和水量的大小以及径流的形成过程。集雨面积的形成示意图见图 2.2。

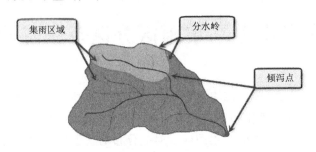

图 2.2　集雨面积形成示意图

2.2　集雨区划分的基本方法

采用 GIS 技术,结合广西、贵州、云南省(区)数字高程模型(Digital Elevation Model,简称 DEM)及水系分布空间数据,采用 ESRI 公司的 ArcGIS 10.2,利用水文模块 Hydrology module 开展流域边界、汇水单元和流域集雨区的划分工作[1,2]。

层次聚类分析是聚类分析中应用最为广泛的探索性方法,其实质是根据观察值或变量之间的亲疏程度,以逐次聚合的方法,将最相似的对象结合在一起,直到聚成一类[3],采用此方法进行集雨区空间相似性分析,将流向相似并入同一主干流的汇水单元集合成一个大流域集水分区。

2.2.1　DEM 概述及数据来源

DEM 最初是为了描述地面起伏状况的需要而产生的,由美国麻省理工学院 Chaires L. Miller 教授于 1956 年提出,通过摄影测量或其他手段获得地形高程数据,在满足一定精度条件下,以离散数字形式在计算机中进行表示,用数字计算方式进行各种分析,用网格和离散分布的平面高程点来表示和模拟连续地面高程空间分布。在 GIS 中,DEM 主要由等高线模型、规则网格模型及不规则三角网模型这三类模型表示。DEM 数据采集主要是为了获得一系列包含空间二维坐标和高程信息的三维点数据,目前常用的主要有地面测量、空间传感器、现有地图的数字化处理和数字摄影测量四种方法[4,5]。

2.2.2　基于 DEM 的流域集雨区划分

由于地理模型具有复杂性、空间性、时间性和模糊性的特点,地理建模主要借鉴生态学、水文学等其他相关学科的模型原理和建模方法来构建,以研究地理环境与人类活动之间的关系。随着 GIS 技术的发展,在地理建模过程中,GIS 主要在数据的存储、模型的管理、建模结果的可视化表达等方面起着重要作用。

流域集雨区划分主要通过 ArcGIS 软件的地表水文分析模型进行 DEM 数据的洼地填充处理、地表水流方向的确定、汇流累积量计算、栅格河网的生成、水系等级划分、流域集雨区域的提取等一系列计算处理步骤后,实现流域集雨区域的划分,经过栅格数据转换,最终获得流域集雨区矢量数据。具体计算处理步骤如下。

(1)洼地计算与填充生成无洼地 DEM

DEM 一般被认为是比较光滑的地形表面的模拟,但是由于内插的原因以及一些真实地形(如采石场或喀斯特地貌)的存在,使得 DEM 表面存在着一些凹陷的区域(即洼地),这些区域在进行地表水流模拟时,由于低高程栅格的存在,使得在进行水流流向计算时,在该区域得到不合理的或错误的水流方向,因此,在进行水流方向的计算之前,应该首先对原始 DEM 数据进行洼地填充,得到无洼地的 DEM。

(2)水流方向提取

水流方向指水流离开每一个栅格单元时的指向,决定了地表径流的方向以及栅格单元间流量的分配。水流方向的确定是运用 DEM 进行水文分析过程模拟的基础。目前,关于水流方向应用较广泛的是 D8 算法(最大距离权落差法)和多流向算法,ArcGIS 中采用的是 D8 算法。

D8 算法首先假设单个栅格中的水流只有 8 种可能的水流方向,然后用陡坡法来确定流向,即在 3×3 窗口计算中心栅格与邻域栅格的落差,选取落差最大的为中心栅格的流出网格,则该方向为中心栅格的流向。通过将中心栅格的 8 个邻域栅格编码,水流方向便可以其中的某一值来确定,水流流向栅格编码如图 2.3 所示,分别是 2 的 n 次方,其中 1 代表东、2 代表东南、4 代表南、8 代表西南、16 代表西、32 代表西北、64 代表北、128 代表东北。距离权落差是指中心栅格与邻域栅格的高程差除以两栅格间的距离,栅格间的距离与方向有关,如果邻域栅格对中心栅格的方向值为 2、8、32、128,则栅格间的距离为 $\sqrt{2}\approx1.414$,否则距离为 1。如果高程差为正值,则为流出,负值则为流入[6,7]。

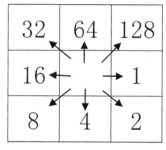

图 2.3　水流方向提取示意图

（3）汇流累积量计算

汇流累积量是在水流方向数据基础上计算得来的。对每一个栅格来说，其汇流累积量的大小代表着上游有多少个栅格的水流方向是最终汇流经过该栅格。汇流累积量的值越大，该区域就越容易形成地表径流。在 ArcGIS 的水文分析模块中，根据无洼地 DEM 水流方向栅格图层，应用水文分析模块下的流向累积命令进行汇流累积量的计算[6-10]。汇流累积量计算示意图见图 2.4。

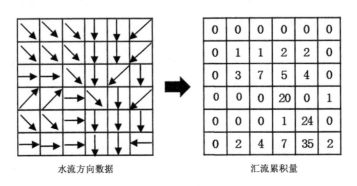

水流方向数据　　　　　　　　汇流累积量

图 2.4　汇流累积量计算示意图

（4）河网提取

通过栅格计算，将所有大于河网栅格阈值的栅格全部提取出来，生成最终的栅格河网，为河网等级划分和流域划分做好数据准备。河网提取生成只有 1 和 0 两种属性值的栅格数据，其中属性值为 1 的表示河网，属性值为 0 的表示非河网。将提取出来的水系矢量数据转换到谷歌地球（Google Earth）上经过多次对比分析，最终将栅格计算阈值确定为 4200（为常数，无计量单位）。

（5）河流分段

河流连接（stream link）记录河网中一些节点之间的连接信息，主要记录河网的结构信息。如彩图 2.5 所示，stream link 的每条弧段连接着两个作为出水点或汇合点的结点，或者连接着作为出水点的结点和河网起始点[6-10]。

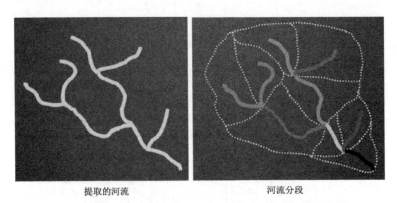

提取的河流　　　　　　　　　河流分段

图 2.5　提取的河流和河流分段示意图

因此,通过提取 stream link 可以得到每一个河网弧段的起始点和终止点。同样,也可以得到该汇水区域的出水点。这些出水点对于水量、水土流失等研究具有重要意义。出水口点的确定,为进一步的流域集雨区分割做好了准备。

(6)分等级矢量河网生成

河网分级(stream order)是一种将级别数分配给河流网络中的连接线的方法。此级别是一种根据支流数对河流类型进行识别和分类的方法。仅需知道河流的级别,即可推断出河流的某些特征。

河网分级工具有两种可用于分配级别的方法。该方法都将 1 级分配给上游河,通过对提取的栅格河网和水流方向数据进行汇流等级计算,将提取出来的栅格河网进行等级划分,并利用栅格数据转矢量数据工具,输出分级河网的矢量数据[6-10],然后将提取出来的分级河网叠加到 Google Earth 上进行对比,并做相应修改后,最终提取的分级河网结果如彩图 2.6 所示。

图 2.6　基于 DEM 提取的西江流域(广西、云南和贵州)河网分级示意图

提取出来的河网共划分为四级,南盘江、北盘江、都柳河、浔江、黔江、郁江、邕江、左江、右江、桂江、柳江、红水河等为主要河流水系,河流等级分明,基本与实际河网等级相符。

(7)集雨区域的划分

流域的分割首先是要确定小级别流域出水口的位置。因为 stream link 数据中隐含着河网中每一条河网连接信息,包括起点和终点等,相对而言,终点就是该汇水区域的出水口所在位置,即该集雨区的最低点,根据分段的河流对水流贡献区,结合水流方向数据,分析搜索出该出水点上游所有流过该出水口的栅格,直到搜索到流域的边界,即分水岭的位置,从而实现集雨区域的划分。集雨区域的划分示意图见彩图 2.7。

2.3　梯级水电站集雨区分区及气候分区

2.3.1　梯级水电站集雨区分区

(1)基础地理信息数据

矢量图层:西江流域水系图(包括主干流和若干支流),西江流域图,西江流域自动气象站

图 2.7　集雨区域的划分示意图

点分布图,经地理配准、定位、编辑、拓扑后生成的广西、贵州、云南省(区)行政区域图等数字化矢量图[11]。采用 1∶25 万的基本地理信息数据为基础,包括四个级别河流水系分布、自动气象站点信息、周围省市行政区域、主要城市等。

栅格图层:广西、贵州、云南省(区)地形图、土地利用图、MSS 遥感影像图等。以地形图为基础生成西江流域数字高程模型(DEM)(分辨率为 90 m×90 m)。

地理信息数据:海拔高度、经度、纬度、坡度、坡向、流域面积、流域长度等资料,既可从定位后的栅格、矢量图层中读取,也可在模型运算中直接将海拔高度、经度、纬度、坡度、坡向等利用 GIS 技术生成图层直接调用。

采用 GIS 平台统一进行投影变换,构建统一的投影坐标系,形成可以进行空间叠加分析的基础数据集。坐标系统采用 WGS84 坐标系,高程基准统一采用 1985 国家高程基准,地图投影采用兰勃特(Lambert)投影。

(2)气象站点信息资料

收集整理西江流域范围的自动气象站点信息资料,主要包括:站点位置(经纬度)、站点观测要素等,其中广西自动气象站点有 2014 个,云南有 334 个,贵州有 896 个。

利用 GIS 技术,根据气象站点的经纬度进行投影变换,形成与基础地理信息数据相同投影方式的坐标系统,采用特定点符号标识。以便于与基础地理信息数据进行空间叠加分析;自动气象站点分布见图 2.8。

(3)水电站点信息

收集整理西江流域 47 个大中型水电站站点信息,包括水电站点经纬度、水电站规模等。根据水电站的经纬度信息,采用 GIS 技术进行投影,形成与基础地理信息的投影方式统一的坐标系,编辑水电站分布图(图 2.9)及站点的空间属性。

(4)梯级水电站集雨区分区

根据 DEM 数据的模型运算结果和水电站分布情况,采用 1∶25 万基础地理信息进行分区。在 GIS 平台上,根据高程及等高线分水岭脊线,提取西江流域梯级水电站小流

图 2.8　自动气象观测站点分布图

图 2.9　水电站分布图

域汇水区域（图 2.10）。提取完成后，进行汇水流域边线整合、拓扑构面，编辑各汇水区域属性等，并将分区属性标注在相应的图斑上，最终形成西江流域梯级水电站汇水流域小流域分区图（图 2.11 和图 2.12），根据梯级水电站所在位置和使用需求，划分了 76 个汇水小流域分区。

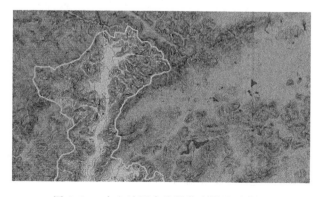

图 2.10　水电站汇水流域信息提取示意图

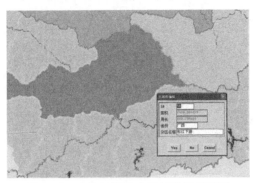

图 2.11　水电站汇水小流域分区属性图

图 2.12　西江流域 76 个小流域分区示意图

2.3.2　梯级水电站气候影响分区

为了便于开展西江流域降水气候影响分析,将西江流域分为 22 个流域区间(称为子流域),该范围包含了广西区域及其上游的云南、贵州省境内总计的 122 个气象台站。图 2.13 给

图 2.13　西江流域主要河段、支流与 22 个子流域分区和 122 个气象站点分布
(图中数字表示西江 22 个子流域代码)

出西江流域主要河段、支流与 22 个子流域分区和 122 个气象站点分布情况,自西向东将 22 个子流域依次命名为:南盘江上游、南盘江中游、南盘江下游、北盘江上游、北盘江下游、龙滩近库区、右江上游、右江流域、左江流域、郁江流域、西津流域、红水河上游、红水河下游、融江流域、龙江流域、柳江流域、洛清江流域、清水河流域、西江汇流、桂江上游、桂江中下游、贺江流域。

2.4　梯级水电站集雨区及特征分析

按水系分布,西江流域分为红水河流域、柳江流域、郁江流域、桂江流域及贺江流域。流域上的各梯级水电站集雨区划分标准为:从水源地起,各支流或干流流入梯级第一个水电站的汇流区域范围,为该梯级第一个水电站的集雨区;从水源地起,各支流或干流流入梯级第二个水电站的汇流区域范围,为该梯级第二个水电站的集雨区;以此类推到梯级最后一个水电站的集雨区为该梯级所包含的所有区域范围。

2.4.1　柳江梯级水电站

(1)柳江梯级水电站集雨区

柳江梯级水电站集雨区含龙江流域汇入的支流。

龙江流域的梯级大中型水电站有下桥、拉浪、叶茂和洛东等 4 个大型水电站。第一个水电站是下桥电站,其集雨区即为从水源地起的龙江各支流或干流流入下桥水电站坝址的区域范围。该梯级第二个水电站(拉浪电站)集雨区则为第一个水电站(下桥电站)集雨区加上下桥至拉浪电站的区域范围。以此类推到梯级最后一个水电站(洛东电站)的集雨区为该梯级所包含的所有区域范围(图 2.14)。

柳江流域的梯级大中型水电站有从江、麻石、浮石、古顶、大埔和红花 6 个水电站。第一个水电站是从江电站,其集雨区即为从水源地起的都柳河各支流或干流流入从江水电站坝址的区域范围。该梯级第二个水电站(麻石电站)集雨区则为第一个水电站(从江电站)集雨区加上从江至麻石电站的区域范围。以此类推到梯级最后一个水电站(红花电站)的集雨区为龙江流域和柳江流域所包含的所有区域范围(图 2.14)。此外,都柳江河段上位于从江电站下游,麻石电站上游的洋溪水利枢纽已于 2019 年 9 月开工建设。

(2)柳江梯级水电站集雨区特征

柳江梯级水电站集雨区包含柳江、龙江、洛清江干流的集雨范围。柳江发源于贵州省独山县尧梭乡里腊村九十九个潭,流经黔东南及桂北,在广西象州县石龙镇三江口在左岸注入西江,干流全长 773 km,建有从江、麻石、浮石、古顶、大埔、下桥、拉浪、叶茂、洛东和红花 10 个水电站或水利枢纽。

柳江水系呈树枝状,较大支流有寨蒿河、古宜河(寻江)、龙江、洛清江等。都柳江段,都柳江为柳江上源,全长 310 km,落差 1176 m,平均比降 3.8‰,八洛村段平均流量 212 m³/s。都柳江支流以寨筒河、双江、平永河较大,流域面积在 1000 km² 以上。融江段,汇入古宜河(寻江)后称融江,流经三江县、融安县、融水县、柳城县[12]。柳江段,汇入龙江后称柳江,流经柳州市、象州县至石龙镇合红水河注入黔江。龙江为柳江最大支流,发源于贵州省三都县月亮山西南侧,流经南丹、环江、河池、宜山等县(市),于柳城县注入柳江,全长 367 km,流域面积 16449 km²,年径流量 127 亿 m³,建有下桥、拉浪、叶茂、洛东 4 个中型水电站。洛清江发源于

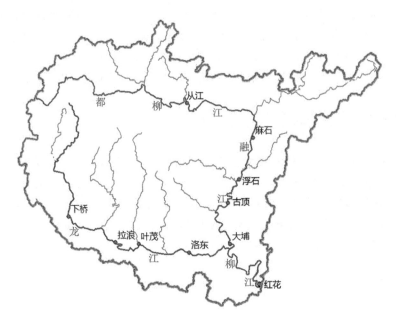

图 2.14 柳江、龙江梯级水电站集雨区分布图

临桂县北部茅针山,自北往南流经临桂、永福,至鹿寨县江口乡注入柳江,全长 275 km,流域面积 7592 km²,年均径流量 79.8 亿 m³。

柳江梯级水电站集雨区依托柳江水系和水电站分布而进行细划,共分为龙江上游、下桥区间、拉浪区间、叶茂区间、洛东区间、都柳江上游、都柳江下游、融江东北支流、麻石近库区、浮石区间、古顶区间、大埔区间、红花库区 13 个集雨区(图 2.15),集雨面积为 46000.24 km²。

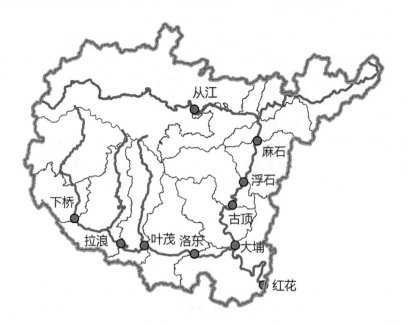

图 2.15 柳江梯级水电站 13 个集雨区分布图

2.4.2　红水河梯级水电站

（1）红水河梯级水电站集雨区

南盘江和北盘江汇流后称红水河。

北盘江流域的梯级大中型水电站有光照水电站、马马崖水电站和董菁水电站。第一个水电站是光照水电站，其集雨区为从水源地起的各支流或干流流入光照水电站坝址的区域范围。该梯级第二个水电站（马马崖水电站）集雨区为第一个水电站（光照水电站）集雨区加上光照至马马崖水电站的区域范围。梯级最后一个水电站（董菁水电站）的集雨区为从水源地到董菁水电站包含的区域范围（图 2.16）。

南盘江流域和红水河流域上的梯级大中型水电站有雷打滩、云鹏、凤凰谷、鲁布革、天生桥一级、天生桥二级、平班、龙滩、岩滩、大化、百龙滩、乐滩、桥巩、大藤峡 14 个水电站或水利枢纽，其中鲁布革电站位于南盘江支流黄泥河上。

南盘江干流的第一个水电站是雷打滩，其集雨区为从水源地起的各支流或干流流入电站坝址的区域范围。第二个水电站（云鹏）集雨区为雷打滩至云鹏范围加上南盘江水源地到雷打滩的区域范围。凤凰谷水电站的集雨区为第二个水电站（云鹏）集雨区加上云鹏至凤凰谷水电站坝址的区域范围。龙滩水电站集雨区为从水源地起的南北盘江各支流或干流流入龙滩水电站坝址的区域范围。岩滩水电站集雨区则为龙滩水电站集雨区加上龙滩至岩滩电站的区域范围。以此类推到梯级最后一个水电站（大藤峡水利枢纽）的集雨区为红水河流域、柳江流域、龙江流域所包含的所有区域范围（图 2.16）。

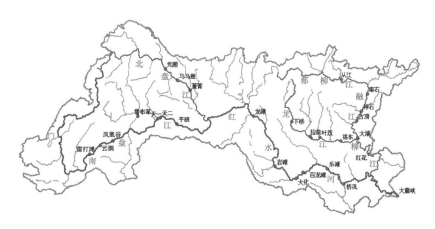

图 2.16　红水河梯级水电站集雨区分布图

（2）红水河梯级水电站集雨区特征

红水河梯级水电站集雨区主要包括了南盘江、北盘江和红水河三大河流及其干流的集雨范围。

南盘江发源于云南省曲靖市乌蒙山余脉马雄山东麓，是珠江的源头河段。南盘江具体是指贵州省望谟县蔗香村以上，全长 914 km，河道平均坡降为 1.74‰，流域面积为 56809 km²，有流域面积在 100 km² 以上的一级支流 44 条。南盘江中、下游纵坡很大，水流湍急，滩险很多，水力资源丰富，建有天生桥等多座水电站[13]。南盘江与红水河共同构成西江上游。

北盘江发源于云南省沾益县乌蒙山脉马雄山西北麓，流经云南、贵州两省，多处为滇黔界河,至双江口注入红水河左岸。北盘江全长 449 km,总落差 1985 m,平均比降 4.42 ‰,河口多年平均流量 390 m³/s,流域面积 26557 km²[14]。

北盘江梯级水电站集雨区包括北盘江上游、北盘江下游、龙滩近库区 3 个集雨区,集雨面积为 39381.53 km²。

南盘江和红水河梯级水电站集雨区包括南盘江上游、南盘江中游、南盘江下游、龙滩库区南、岩滩上库区、岩滩下库区、岩滩西库区、桥巩区间、布柳河流域、百龙滩区间、平班库区南、乐滩上库区、乐滩下库区、刁江上库区、刁江中库区、刁江下库区、大化上库区、大化中库区、大化下库区、清水河流域、大藤峡库区 21 个集雨区(图 2.17),集雨面积为 101390.52 km²。

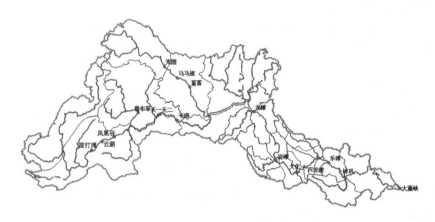

图 2.17 南、北盘江及红水河梯级水电站集雨区分布图

2.4.3 郁江梯级水电站

(1)郁江梯级水电站集雨区

郁江流域的梯级水电站集雨区含右江、左江和邕江河段集雨范围。

右江支流的大中型水电站有洞巴、瓦村、右江、那吉、鱼梁、金鸡滩 6 个水电站或水利枢纽。左江支流上的大中型水电站有左江、山秀 2 个水电站,邕江至郁江干流上的大中型水电站有宋村、西津、仙衣滩、桂航 4 个水电站。另外,新建的牛湾水电站位于宋村下游、西津上游的邕江河段上,已于 2018 年 12 月投产。

左江支流的第一个水电站是左江水电站,其集雨区为从龙州起到左江水电站坝址的区域范围(境内部分)。第二个水电站(山秀水电站)集雨区则为第一个水电站(左江水电站)集雨区加上左江到山秀水电站的区域范围。右江支流及郁江流域上的第一个水电站是洞巴水电站,其集雨区即为从水源地起的驮娘江各支流或干流流入洞巴水电站坝址的区域范围。该梯级第二个水电站(瓦村水电站)集雨区则为洞巴水电站集雨区加上洞巴至瓦村水电站的区域范围,以此类推到梯级最后一个水电站(桂航水电站)的集雨区为该流域所包含的所有区域范围(图 2.18)。

(2)郁江梯级水电站集雨区特征

郁江梯级水电站集雨区主要包括郁江及其支流左江、武鸣河、百东河、龙须河、澄碧河、乐里河、西洋江等集雨范围。郁江,俗称南江,是珠江流域西江水系最大的支流,是西江黔江段和浔江段的分界点,位于广西壮族自治区南部。北源右江为正源,发源于云南省广南县境内的杨梅山;南源左江源于越南境内。左、右江在邕宁县宋村汇合后始称郁江,河长 1179 km,总落

图 2.18 郁江流域上的梯级水电站集雨区分布图

差 1655 m,平均坡降 1.4%,平均径流量 479 亿 m³/s,流域面积 90656 km²,在广西境内为 70007 km²,占西江水系总面积的 34.5%。郁江主要支流有左江、武鸣河、百东河、龙须河、澄碧河、乐里河、西洋江等,汇入南宁以下河段的有八尺江、镇龙江、武思江等。郁江航行条件较好,沿岸航运事业发达[14]。

郁江梯级水电站集雨区包括右江流域、右江云南区域、金鸡滩库区、右江下游、桂航库区、西津库区、山秀库区、左江下游、左江近库区、那吉上库区、鱼梁下库区、左江北库区上、左江南库区中、仙衣滩北库区、右江上库区、右江下库区、那吉下库区、鱼梁北库区、鱼梁上库区、左江北库区下、左江北库区中、左江南库区上、左江南库区下、仙衣滩南库区 24 个集雨区(图 2.19),集雨面积为 78182.79 km²。

图 2.19 郁江梯级水电站集雨区分布图

2.4.4 桂江梯级水电站

(1)桂江梯级水电站集雨区

桂江流域的梯级大中型水电站有巴江口、昭平、下福、金牛坪、京南、旺村 6 个水电站。第一个水电站是巴江口水电站,其集雨区为从水源地起的漓江各支流或干流流入巴江口水电站坝址的区域范围。第二个水电站(昭平水电站)集雨区为第一水电站集雨区加上昭平水电站的区域范围,以此类推到梯级最后一个水电站(旺村水电站)的集雨区为该流域所包含的所有区域范围(图 2.20)。

(2)桂江梯级水电站集雨区特征

桂江梯级水电站集雨区主要包括桂江及其支流集雨范围。桂江,珠江流域干流西江水系一级大支流之一,其上游大溶江发源于广西第一高峰——猫儿山(兴安县华江乡)东北的老山界南麓,向南流至溶江镇与灵渠汇合称漓江;然后流经灵川县、桂林市、阳朔县至平乐县恭城河汇合称桂江;再流经昭平县、苍梧县至梧州市汇入西江干流浔江。全长 426 km,流域面积 19288 km²[14]。

桂江梯级水电站包括桂江上游、桂江中游、桂江下游、京南区间、金牛坪区间、旺村区间 6 个集雨区(图 2.21),集雨面积为 18200.44 km²。

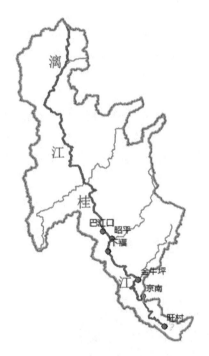 

图 2.20　桂江流域上的梯级水电站　　　　　图 2.21　桂江梯级水电站
集雨区分布图　　　　　　　　　　　集雨区分布图

2.4.5　贺江梯级水电站

(1)贺江梯级水电站集雨区

贺江干流上只有合面狮水库电站,其集雨区主要包括贺江及其支流汇水范围(图 2.22)。

(2)贺江梯级水电站集雨区特征

贺江梯级水电站集雨区主要包括贺江及其支流集雨范围。贺江,古称贺水、临贺水,因流经广西贺州而得名,在广东封开县古称封溪水、封水,以碧绿幽深闻名。贺江为珠江流域干流西江的一级支流,其上游富川江(富江)发源于富川瑶族自治县麦岭乡的茗山,向南流经富川县、钟山县、贺州市、广东省封开县,于封开县江口镇注入西江。贺江平均坡降 0.6‰,全长

352 km。历史上,贺江曾是贺、富、钟地区经广州至港、澳的运输大动脉,经贺县、信都、封开可进入西江航道。新中国成立后,由于在富江干流的上游拦河筑坝,流量减少,航运时断时续。20 世纪 60 年代后,因众多水电设施建设,航运基本中断。流域内建有龟石水库电站、合面狮水库电站等大型水库及中型水电站[14]。

贺江梯级水电站包括贺江上游和贺江下游 2 个集雨区(图 2.23),集雨面积为 9103.25 km^2。

图 2.22　贺江干流上的水电站集雨区分布图　　　　图 2.23　贺江梯级水电站集雨区分布图

2.5　梯级水电站集雨区与气象站点拓扑及分析

2.5.1　梯级水电站集雨区与气象站点叠加分析

利用 GIS 平台的空间分析技术,将编辑好的流域分区、水电站点、气象观测站点等进行空间相关性叠加拓扑分析,构建用于降水监测的空间信息数据库,进行水电站汇水流域内的自动气象站点统计,利用气象站点观测数据,可用于计算水电站点汇水流域的面雨量[15]。

(1)气象站点属性字段编辑

在投影好的统一坐标系的气象站点文件中,根据需要编辑属性字段,属性字段主要包括:ID 号、区站号、站名、观测要素、省(区)等五个字段。

以 ID 号为连接代码,将收集的气象站点边界对应的属性字段信息表,采用 GIS 的属性挂接功能模块,将属性表的信息与投影好的图形代号挂接,形成具有空间属性的气象站点图形文件。

(2)流域分区属性字段编辑

根据水电站所在的流域分区,编辑分区属性,分区属性字段包括:ID 号、分区名称、省(区)、面积等字段;以 ID 号为关联代码,采用 GIS 的属性挂接功能模块进行分区属性挂接,形成具有统一坐标系、空间属性的水电站流域分区图形文件(图 2.24)。

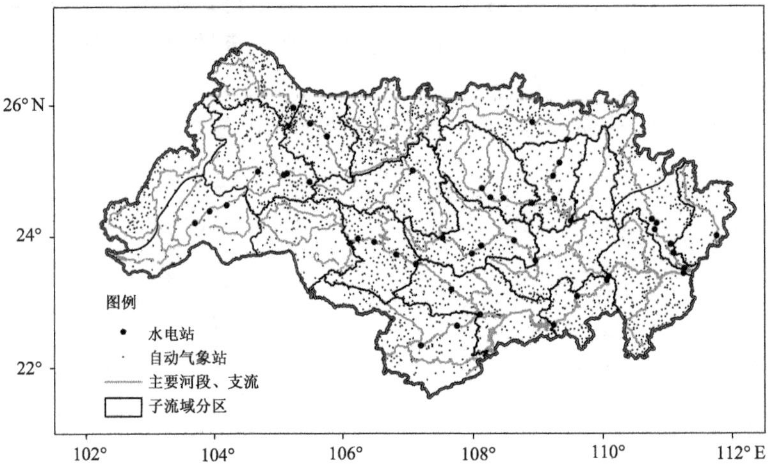

图 2.24　汇水流域与气象站点空间叠加分析图

2.5.2　梯级水电站集雨区分区气象站点统计分析

采用 GIS 的空间叠加分析模块,将气象站点的点文件与水电站汇水流域的面文件进行空间叠加分析,合并两个文件的空间属性。通过属性的导出,统计每一个水电站汇水流域内的气象站点数量以及面积见表 2.1。通过计算每一个气象站点的降雨量,得到水电站汇水流域的面雨量,根据气象站点实时降雨量动态观测数据,实现水电站汇水流域面雨量的实时监测。

表 2.1　分区汇水流域面积及流域内气象自动站点密集度统计表

序号	分区名称	省(区)	面积(km^2)	自动气象站个数(个)	自动气象站密集度(个/100 km^2)
1	南盘江上游	云南	14860.40	128	0.86
2	南盘江中游	云南	20231.80	79	0.39
3	北盘江上游	贵州、云南	9794.70	143	1.50
4	北盘江下游	贵州、云南	13669.60	235	1.72
5	南盘江下游	云南、贵州	18286.62	163	0.89
6	龙滩近库区	贵州	15917.23	272	1.71
7	都柳江上游	贵州	11460.10	121	1.06
8	桂江中游	广西	4909.22	33	0.67
9	桂江下游	广西	6910.22	56	0.81
10	右江云南区域	云南	10483.88	50	0.48
11	西津库区	广西	8332.11	78	0.94
12	洛清江流域	广西	7565.44	39	0.52
13	右江下游	广西	7426.87	72	0.97
14	龙滩库区南	广西、贵州	7024.51	76	1.08

续表

序号	分区名称	省(区)	面积(km²)	自动气象站个数(个)	自动气象站密集度(个/100 km²)
15	大藤峡库区	广西	6916.65	50	0.72
16	贺江下游	广西	6016.70	31	0.52
17	右江流域	广西	5268.27	74	1.40
18	北流江下游	广西	4950.28	72	1.45
19	桂航库区	广西	4885.08	44	0.90
20	清水河流域	广西	4469.64	58	1.30
21	长洲上库区	广西	4420.55	44	1.00
22	红花库区	广西	4250.32	58	1.36
23	龙江上游	贵州	4099.29	32	0.78
24	柳江下游	广西	4081.71	31	0.76
25	蒙江流域	广西	3891.46	49	1.26
26	岩滩上库区	广西	3701.25	47	1.27
27	桂江上游	广西	3600.10	47	1.31
28	金鸡滩库区	广西	3591.33	38	1.06
29	拉浪区间	广西	3571.51	30	0.84
30	左江北库区(上)	广西	3451.55	30	0.87
31	融江东北支流	广西	3448.64	21	0.61
32	北流江上游	广西	3445.23	56	1.63
33	山秀库区	广西	3423.18	32	0.93
34	洛东区间	广西	3346.78	38	1.14
35	平班库区南	云南	3244.19	43	1.33
36	贺江上游	广西	3086.55	47	1.52
37	鱼梁下库区	广西	3049.31	42	1.38
38	桥巩区间	广西	2900.26	20	0.69
39	叶茂区间	广西	2798.44	20	0.71
40	布柳河流域	广西	2797.73	34	1.22
41	左江南库区(中)	广西	2785.03	12	0.43
42	鱼梁上库区	广西	2708.46	24	0.89
43	左江近库区	广西	2651.24	27	1.02
44	岩滩西库区	广西	2618.07	31	1.18
45	大埔区间	广西	2567.24	26	1.01
46	古顶区间	广西	2480.34	12	0.48
47	左江下游	广西	2467.77	13	0.53
48	浮石区间	广西	2276.93	15	0.66
49	都柳江下游	广西	2275.79	16	0.70

续表

序号	分区名称	省（区）	面积（km²）	自动气象站个数（个）	自动站密集度（个/100 km²）
50	大化上库区	广西	2220.41	33	1.49
51	仙衣滩北库区	广西	2129.54	36	1.69
52	那吉上库区	广西	2030.92	26	1.28
53	岩滩下库区	广西	1974.52	21	1.06
54	大化下库区	广西	1969.80	34	1.73
55	左江南库区（下）	广西	1922.71	11	0.57
56	乐滩上库区	广西	1913.24	18	0.94
57	刁江中库区	广西	1810.52	15	0.83
58	长洲近库区	广西	1799.95	18	1.00
59	下桥区间	广西	1779.18	13	0.73
60	那吉下库区	广西	1744.50	25	1.43
61	京南区间	广西	1690.20	12	0.71
62	麻石近库区	广西	1645.68	7	0.43
63	右江下库区	广西	1581.18	9	0.57
64	仙衣滩南库区	广西	1488.68	19	1.28
65	左江南库区（上）	广西	1449.36	9	0.62
66	左江北库区（下）	广西	1418.00	12	0.85
67	右江上库区	广西	1407.08	27	1.92
68	鱼梁北库区	广西	1309.40	12	0.92
69	左江北库区（中）	广西	1177.34	12	1.02
70	大化中库区	广西	1054.19	8	0.76
71	百龙滩区间	广西	1003.03	11	1.10
72	刁江上库区	广西	991.63	6	0.61
73	刁江下库区	广西	806.18	6	0.74
74	金牛坪区间	广西	604.41	3	0.50
75	乐滩下库区	广西	595.88	6	1.01
76	旺村区间	广西	486.29	7	1.44

2.6 梯级水电站集雨区面雨量计算方法

2.6.1 面雨量等级划分

中国气象局于 2000 年 3 月下发了《七大江河流域面雨量预报业务实施方案》，2003 年 4 月下发了《中国七大江河流域面雨量预报业务暂行规定》，气象部门制作流域面雨量预报，特别是做好致洪暴雨的面雨量预报，满足水文部门延伸洪水预报的需要，对防汛抗洪工作的意义十分重大。它既是水文部门进行洪水预报和调度的重要参数,又是各级政府指挥防汛抗洪决策的重要依据,同时也是中国气象和水文两大应用学科相结合的纽带。根据张存等[16]制作、发布的国家标准《江河流域面雨量等级》,将江河流域面雨量等级的划分分为小雨、中雨、大雨、暴雨、大暴雨和特大暴雨六个等级。各等级对应的 12 h、24 h 面雨量幅度值见表 2.2。

表 2.2　江河流域面雨量等级划分表

江河流域面雨量等级	12 h 面雨量值(mm)	24 h 面雨量值(mm)
小雨	0.1~2.9	0.1~5.9
中雨	3.0~9.9	6.0~14.9
大雨	10.0~19.9	15.0~29.9
暴雨	20.0~39.9	30.0~59.9
大暴雨	40.0~80.0	60.0~150.0
特大暴雨	>80.0	>150.0

2.6.2　面雨量计算方法简介

面雨量是某一特定区域或者流域内的面平均降雨量。由于测量仪器等的限制,难以直接、准确地获得一个区域的面雨量,只能通过气象观测站点测得的雨量间接估计出面雨量。面雨量定义为由每个点雨量推求出的平均降雨量[16],能较客观地反映区域的降水情况。其表达公式为:

$$\overline{P} = \frac{1}{A} \int_A P \, \mathrm{d}A \tag{2.1}$$

式中,$\overline{P}$ 为面雨量,A 为指定区域面积,P 为有限像元 $\mathrm{d}A$ 上的雨量。

（1）算术平均法

算术平均法[18-20]是一种相对简单的面雨量计算方法,即为取研究范围所有站点降雨观测值进行算术平均,每个站的权重相等,其计算公式为:

$$\overline{P} = \frac{1}{n} \sum_{i=1}^{n} p_i \tag{2.2}$$

式中,$\overline{P}$ 为面雨量,n 为观测站的数目,p_i 为各观测站同期的降水量。该方法简便易行,适合快速业务化系统运行计算,适用于流域面积小、流域内地形起伏不大、雨量观测站多且分布又较为均匀的流域。

（2）泰森多边形法

泰森多边形法(Thiessen Polygons)[17-19]又叫垂直平分法或加权平均法,它是由荷兰气象学家泰森(A. H. Thiessen)提出的一种计算平均降水量的方法,该方法适用于雨量站点分布不均匀的流域。由于降雨观测站具有离散性,不可能获得完全连续的点雨量场 P,所以计算采取离散方式,根据离散分布的雨量站降雨量来计算区域平均降雨量,即将所有相邻雨量站连成三角形,做这些三角形各边的垂直平分线,于是每个雨量站周围的若干垂直平分线便围成一个多边形,用这个多边形内所包含的唯一雨量站的雨量来表示这个多边形区域内的雨量。根据研究流域的数字高程地图(DEM),利用 ArcGIS 软件生成河流水系及各河流流域文件,截取所要分析河流的流域,再根据流域范围内及周围的雨量站点,利用 ArcGIS 制作流域所在区域的泰

森多边形,最后采用权重法计算流域面雨量,即:

$$AR = \sum_{i=1}^{n} R_i \times A_i / A \tag{2.3}$$

式中,AR 为流域面雨量,R_i 为站点 i 的雨量,A_i 为站点 i 代表的面积,A 为流域总面积,n 为泰森多边形个数。

(3)面雨量计算方法的选取

根据降水的区域、强度和持续时间等因素,流域的地形、地貌特征以及植被分布等特点,选取算术平均法和泰森多边形法展开对分区面雨量实况计算方法的研究,从中选择一种适合的计算方法。根据广西电力部门需求,参照文献[20]的小流域分区,对 66 个流域区间(小流域)进行面雨量计算方法的选取分析。

计算了西江流域小流域 2014 年 4—6 月面雨量,分 4 个量级进行对比分析,即:小到中雨(RX),面雨量<15 mm;大雨(RD),30.0 mm>面雨量≥15 mm;暴雨(RB),60.0 mm>面雨量≥30 mm;大暴雨及以上(RDB),面雨量≥60 mm。计算结果见表 2.3。从表 2.3 可见,各流域各等级两种计算方法的平均误差分别为≤0.6 mm、≤2.3 mm、≤3.7 mm 和≤6.5 mm,最小误差均≤1.2 mm,大部流域区间各等级最大误差<10 mm。

表 2.3　西江流域小流域面雨量算术平均法和泰森多边形法计算误差分析表

流域	红水河流域(16 个小流域)				柳江流域(15 个小流域)				桂江流域(8 个小流域)			
量级	RX	RD	RB	RDB	RX	RD	RB	RDB	RX	RD	RB	RDB
个例总数(个)	768	85	61	11	813	124	65	24	463	71	45	15
平均误差(mm)	0.3	1.6	2.7	2.2	1.3	2.5	3.4	0.6	2.0	3.7	6.5	
最大误差(mm)	4.3	6.2	11.9	7.6	3.0	9.0	12.0	12.5	12.4	8.6	17.3	20.4
最小误差(mm)	0.0	0.0	0.0	0.1	0.0	0.0	0.0	0.1	0.0	0.0	0.0	0.7
流域	郁江流域(16 个小流域)				西江汇流流域(7 个小流域)				沿海和桂东南流域(4 个小流域)			
量级	RX	RD	RB	RDB	RX	RD	RB	RDB	RX	RD	RB	RDB
个例总数(个)	806	93	36	6	428	74	30	7	242	31	20	3
平均误差(mm)	0.3	1.5	1.9	4.3	0.3	1.2	1.4	1.8	0.4	2.3	2.4	0.9
最大误差(mm)	4.6	4.8	8.5	8.1	2.3	3.9	11.1	3.8	3.9	7.9	7.3	1.5
最小误差(mm)	0.0	0.0	0.0	1.2	0.0	0.0	0.0	0.1	0.0	0.1	0.0	0.2

分析表 2.3 中部分小流域最大误差≥10 mm 的情况见表 2.4,从表 2.4 可知,在小到中雨量级中,桂江流域 54 个个例中只有一个出现最大误差≥10 mm 的情况,即 2014 年 5 月 16 日,桂江流域旺村区间算术平均法计算面雨量为 10.2 mm(小到中雨),泰森多边形法计算面雨量为 22.6 mm(大雨),反查当日旺村周边流域区间,除金牛坪区间和京南区间出现 11.0 mm 和 10.5 mm 的面雨量外,其他区间均小于 5 mm,表明旺村区间当日以小到中雨为主,算术平均法更贴近实际。在暴雨量级中,66 个小流域总计有 9 个流域出现最大误差在 10~17 mm,而两种计算方法结果接近均在同一个量级(暴雨量级)。在大暴雨量级中,66 个小流域总计有 6 个小流域出现最大误差在 11~20 mm,而两种计算方法结果均在同一个量级(大暴雨量级)。

综上分析表明:采用算术平均法和泰森多边形法计算流域面雨量时,总体情况两种计算方法误差不大,当出现暴雨以上降雨时,两种计算方法最大误差大部情况<10 mm,个别小流域

出现最大误差≥10 mm,两种计算方法均为接近或在同一量级范围,说明由于小流域自动站网点布局相对较密集,算术平均法和泰森多边形法计算流域面雨量差异不大,但由于算术平均法计算简便,运算速度较泰森多边形法快,因此,考虑到业务上的实时资料须满足及时性的特点,取算术平均法作为西江流域小流域面雨量计算方法。

表 2.4　西江流域小流域面雨量算术平均法和泰森多边形法最大误差≥10 mm 个例分析表

量级	流域	小流域	个例总数 (个)	最大误差 (mm)	出现日期 (年/月/日)	算术平均法 (mm)	泰森多边形法 (mm)
RX	桂江流域	旺村区间	54	12.4	2014/5/16	10.2	22.6
RB	桂江流域	旺村区间	4	17.3	2014/4/24	50.4	33.1
	桂江流域	旺村区间	4	13.3	2014/6/21	37.2	50.5
	桂江流域	桂江上游	8	10.7	2014/5/11	58.4	47.7
	桂江流域	桂江上游	8	10.4	2014/6/19	41.5	51.9
	柳江流域	红花库区	5	10.5	2014/5/18	52.8	42.3
	柳江流域	红花库区	4	11.6	2014/6/17	37.7	26.1
	红水河流域	岩滩上库区	5	11.9	2014/4/9	54.4	42.5
	南北盘江流域	平班库区南	3	10.6	2014/6/27	57.3	46.7
	西江汇流流域	清水河流域	3	11.1	2014/6/10	38.3	27.2
RDB	桂江流域	桂江上游	3	17.2	2014/5/10	60.1	77.3
	桂江流域	桂江上游	3	14.4	2014/6/18	88.5	74.1
	桂江流域	金牛坪区间	4	20.3	2014/5/10	85.0	105.3
	桂江流域	金牛坪区间	4	13.4	2014/6/5	207.2	220.6
	柳江流域	洛清江流域	4	12.0	2014/6/5	115.9	127.9
	柳江流域	红花库区	4	12.6	2014/4/26	81.8	69.2

2.6.3　流域面雨量计算方法

流域水位和流量的变化是水电站发电生产和区域防汛抗洪决策的一个重要依据,水位和流量的预报又依赖于流域内面雨量的估计,流域面雨量能客观地反映该流域降雨情况,为水文学中一个重要的参数。由于降雨的地点、强度和持续时间等因素的随机性以及流域下垫面地貌特征的不均匀分布等,所以在不同的地区须用不同的面雨量计算方法。面雨量的计算方法很多,主要有算术平均法、泰森多边形法格点法、等雨量线法和逐步订正格点法。徐晶等[17]对上述的面雨量计算方法进行了分析和比较,认为等雨量线法精度较高,但较多地依赖于分析技能,而且操作比较复杂,不利于日常业务使用;泰森多边形法比算术平均法更合理,精度更高,通过建立适用于不同流域站点变化的泰森多边形面雨量计算系统,应用到全国的七大江河流域面雨量的计算中,取得了较好的效果。根据中国气象局《关于印发全国七大江河流域面雨量监测和预报业务规定(试行)的通知》(气减函〔2010〕127 号)的相关规定,现阶段基于国家级气象观测站点的雨量资料开展面雨量监测业务,计算采用泰森多边形方法;基于区域加密雨量资料的面雨量监测业务或以自动气象站、雷达、卫星等多源降水观测和估算资料融合技术为基础的面雨量监测业务,计算采用站点(格点)资料算术平均法。

（1）实时降雨量数据来源

实时降雨量数据来源于全国综合气象信息共享系统（China Integrated Meteorological Information Sharing System，简称 CIMISS），CIMISS 是国家气象信息中心于 2009 年启动建设的数据管理和服务平台，集气象数据收集、加工处理、存储管理和共享服务于一体。系统建设的主要目的是实现规范的气象数据业务流程和各类气象数据的统一、规范、高效管理，为气象业务和相关科研用户快捷便利地获取气象数据提供数据使用环境[21-23]。目前，CIMISS 系统已经实行业务化运行，数据集约化、一体化管理保证了数据的准确性，具备了为业务单位提供数据应用服务的能力。

由于气象业务的不断发展，每年建立的自动气象站也在不断增加，为了更精准地计算出小流域面雨量，对新增气象自动站根据位置进行属性划分，确定其所属小流域范围，并将此数据添加到对应的气象自动站点信息表中。

（2）实时降雨量数据采集

采用 C++语言编制数据采集程序，将气象数据统一访问接口接入 CIMISS 数据环境获取广西区和云南、贵州省（区）气象自动站逐小时降雨量实况数据，归纳整理到同一数据集合，形成原始数据表。采集程序设定于整点后 10 分钟、20 分钟、30 分钟和 50 分钟进行整点时次的数据采集，以确保数据的及时性和完整性，采集得到整点前 1 小时实时数据后存入数据库（图 2.25）。

图 2.25　CIMISS 数据读取流程

（3）面雨量计算与入库

采用 C♯语言，编制入库面雨量信息处理程序，对入库的逐小时降雨量数据进行分流域信息、自动站信息与实况降雨量数据表的处理，通过 C♯中的 LINQ 技术、SQL 技术，采用算术平均法计算小流域面雨量，形成小流域面雨量实况数据记录，自动写入数据库。每天整点后 15 分钟计算一次面雨量。

2.7　梯级水电站集雨区强降水监测预警方法

（1）建立面雨量实时监控平台

建立面雨量实时监控平台（图 2.26），每天逐时处理、计算一次各小流域面雨量，滚动生成 3 h、6 h、12 h 和 24 h 各种时效的累计面雨量实时产品。

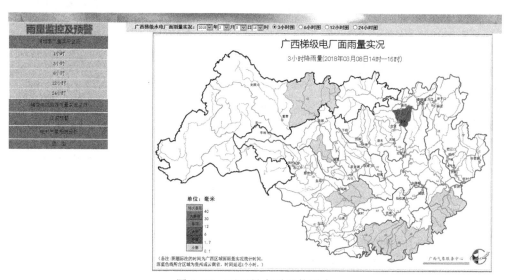

图 2.26　面雨量实时监控平台

（2）建立灾害性天气短信预警发布平台

采用 C++、SQL 等技术，建立了灾害性天气短信预警发布平台（图 2.27），在面雨量实时

图 2.27　灾害性天气短信预警发布平台

采集、计算分析的基础上,对各种时效累计面雨量进行自动识别判断,当 3 h 累计面雨量≥20 mm(暴雨量级)时,形成面雨量实时报警信息,为定制用户发布手机短信预警信息(图2.28)。

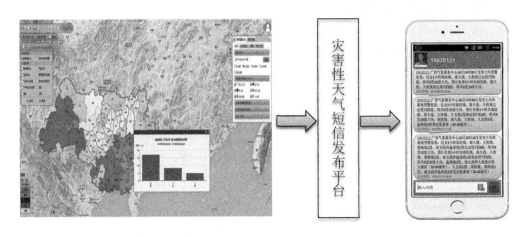

图 2.28　强降水监测、自动预警流程

(3)应用案例

①2017 年 5 月下旬强降水过程

2017 年 5 月 22—24 日,受高空槽、切变线和弱冷空气共同影响,西江流域出现了大雨、局部暴雨的降雨天气过程。5 月 22 日 20 时至 24 日 20 时总计有 6 个小流域 24 h 累计面雨量≥60 mm,有 15 个小流域 24 h 累计面雨量≥30 mm,过程最大降雨量达到 94 mm,强降水主要出现在桂江流域、柳江流域下游及黔浔江和西江河段。

自 23 日白天开始,强降雨云团移到柳江流域下游和桂江流域,桂东北流域、洛清江流域开始出现强降雨,23 日 15 时 30 分的前 3 h 累计面雨量分别到达 12.1 mm 和 18.5 mm(图2.29a),启动强降水短时预警服务。同时根据数值预报产品和雷达外推预报判断,未来 3 h 洛清江流域、桂江流域和桂江中下游流域将出现大到暴雨(面雨量 10~20 mm),为用户发布手机短信告警和预警信息(图 2.29b),与实况(图 2.30)比较分析,预报强降雨的出现范围、强度与实况基本吻合。

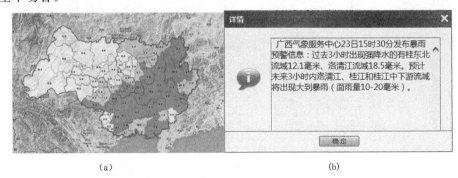

(a)　　　　　　　　　　　　　　(b)

图 2.29　2017 年 5 月 23 日 15 时 30 分前
3 h 累计面雨量实况(a)及实况与预报信息(b)

图 2.30　2017 年 5 月 23 日 20 时前 3 h 累计面雨量实况

　　分析此次强降水过程,统计了 5 月 22 日 20 时至 24 日 20 时 3 h 累计面雨量,总计有 19 个小流域累计面雨量≥20 mm,短时强降雨主要出现在 5 月 23 日 23 时至 24 日 02 时,有 7 个小流域累计面雨量≥20 mm(图 2.31)。过程通过手机短信预警平台发布了 33 条预报预警信息。

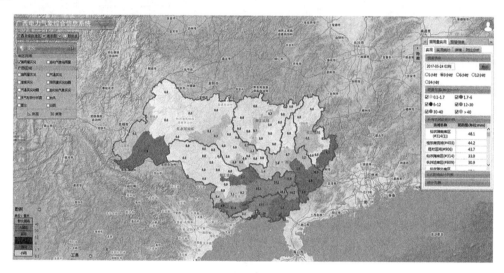

图 2.31　5 月 23 日 23 时至 24 日 02 时 3 h 累计面雨量实况

　　根据本次强降水过程提供的预报预警短信,广西电力部门及时采取措施,开展水火电优化调度,通过压核电停机调峰、降火电至不停火等多项措施,安排柳江、郁江、龙江等梯级水电厂在强降水来临前进行预泄库容发电,避免大规模的调峰弃水。

　　②2014 年 5 月上旬强降水过程

　　2014 年 5 月 9 日晚至 11 日,受高空槽和偏南气流共同影响,广西北部、东部的部分市县出现了暴雨到大暴雨的强降水天气,过程具有局地、短时、降水强度大的特点,桂林、河池等地的一些乡镇 1 h 降水量达 80 mm 以上,其中天峨县芭暮乡高达 117 mm,为历史罕见。

　　统计 5 月 10 日 03 时至 11 日 14 时,西江流域总计有 130 个小流域 3 h 累计面雨量≥20 mm,过程短时强降雨主要出现在 5 月 11 日 03—06 时,有 11 个小流域 3 h 累计面雨量≥20 mm(图 2.32a),最强降雨出现在 10 日 23 时至 11 日 02 时的柳江流域,3 h 累计面雨量有 2 个小流域≥50 mm(特大暴雨量级),其中柳江流域大浦区间为 93.7 mm(图 2.32b)。本次短时强降雨过程在 10 日 03 时至 11 日 14 时通过手机短信预警平台发布了 61 条预警信息（图 2.33），为电力生产部门制定防灾减灾对策、采取合理的抗灾救灾措施提供了快捷、客观的科学依据。

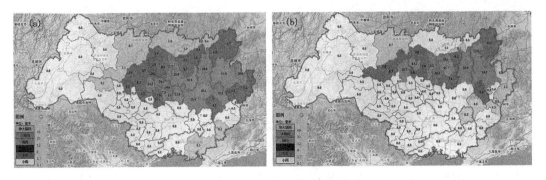

图 2.32　5 月 11 日 02 时 20 分西江流域(a)及柳江流域(b)前 3 h 累计面雨量实况

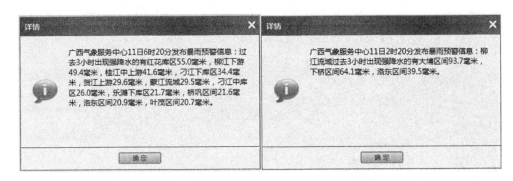

图 2.33　2014 年 5 月 11 日 02 时、06 时发布暴雨短信预警信息

根据预警短信，广西电网调度中心紧密跟踪降雨预报和来水趋势，对柳江、桂江梯级电厂开展针对性的预报调度，特别是加大柳江流域主要梯级电厂出力预泄库容发电，在来水前将水位降低至死水位附近，通过发电预泄和腾库，增发了水电电量也为应对降雨做好了准备。

参考文献

[1] 汤国安,杨昕.ArcGIS 地理信息系统空间分析实验教程[M].北京:科学出版社,2006:429-451.

[2] 黄金良,洪华生,杜鹏飞,等.基于 GIS 和 DEM 的九龙江流域地表水文模拟[J].中国农村水利水电,2005,(2):44-46.

[3] 黄金良,李青生,黄玲,等.中国主要入海河流河口集雨区划分与分类[J].生态学报,2012,32(11):3516-3527.

[4] 郝振纯,李丽,王家虎,等.分布式水文模型理论与方法[M].北京:科学出版社,2010.

[5] 彭涛.基于 GIS 的广西中小流域洪涝监测研究[D].南宁:广西师范学院,2012.

[6] Michael Kennedy.ArcGIS 地理信息系统基础与实训(第 2 版)[M].北京:清华大学出版社,2011.

[7] 张治国.ArcGIS 简明教程[M].北京:科学出版社,2008.

[8] 韦玉春,陈锁忠,等.地理建模原理与方法[M].北京:科学出版社,2005.

[9] 汤国安,杨昕.ArcGIS 地理信息系统空间分析实验教程[M].北京:科学出版社,2006.

[10] 陈闻晨.径河流域 DEM 流域信息提取[J].水资源与水工程学报,2010,21(3):111-114.

［11］ 钟利华,钟仕全,李勇,等.广西电网流域面雨量监测、预报、报警系统［J］.气象研究与应用,2013,34(3):
　　　 26-31.

［12］ 贵州省地方志编纂委员会.贵州省志·地理志［M］.贵州:贵州人民出版社,1988.

［13］ 广西壮族自治区地方志编纂委员会.广西通志·水利志［M］.南宁:广西人民出版社,1998.

［14］ 贵州省地方志编纂委员会.贵州省志［M］.贵阳:贵州人民出版社,2006.

［15］ 任立良.长江三峡区间数字流域水系的构建［J］.长江流域资源与环境,2001,10(1):43-50.

［16］ 张存,李飞,米鸿涛,等.江河流域面雨量等级［M］.北京:中国标准出版社,2006.

［17］ 徐晶,林建,姚学祥,等.七大江河流域面雨量计算方法及应用［J］.气象,2001,11(27):13-16.

［18］ 王名才.大气科学常用公式［M］.北京:气象出版社,1994.

［19］ 孙佳,何丙辉.流域面雨量计算方法探讨［J］.水土保持应用技术,2007,(1):42-45.

［20］ 钟利华,钟仕全,曾鹏,等.基于GIS的广西电网流域面雨量计算方法与监测预警［J］.气象研究与应用,
　　　 2014,35(3):58-60,74.

［21］ 熊安元,赵芳,王颖,等.全国综合气象信息共享系统的设计与实现［J］.应用气象学报,2015,26(4):
　　　 500-512.

［22］ 王宏记,杨代才.基于CIMISS的长江流域气象水文信息共享系统设计与实现研究［J］.安徽农业科学,
　　　 2014,42(32):11565-11570.

［23］ 王曼燕,邓莉,赵芳,等.CIMISS中气象卫星数据存储和服务模型［J］.安徽农业科学,2012,40(8):
　　　 4785-4789.

第3章　梯级水电站集雨区面雨量气候特征

近年来,以全球变暖为主要特征的气候变化引起了水旱气象灾害趋多且增强[1-3],西江流域持续性暴雨、洪涝等异常气候事件时有发生,对水电开发和流域经济发展构成了威胁。流域的来水主要由降水形成,在某种程度上,降水的不均匀分布容易造成流域洪涝和干旱等自然灾害。在实际的业务中,通常以面雨量来描述流域的降雨情况,张存等[4]给出江河流域面雨量等级标准,本章讨论基于该标准对西江流域的面雨量气候特征、暴雨面雨量的时空分布特征、汛期暴雨的气候变化特征进行了详细分析,为后述的章节做降水的成因分析和环流型提供了参考依据。

3.1　面雨量统计标准及暴雨过程划分

应用本书第2章西江流域气候影响分析分区结果,采用泰森多边形法[5],使用西江流域范围122个气象台站(其中广西77个、云南23个、贵州22个)1971—2015年逐日降雨量,统计出西江流域历年22个子流域面雨量并建立时间序列。

根据张存等[4]给出的流域面雨量等级划分标准,定义:面雨量0.1~14.9 mm为小到中雨,面雨量15.0~29.9 mm为大雨,面雨量30.0~59.9 mm为暴雨,面雨量60.0~149.9 mm为大暴雨,面雨量≥150.0 mm为特大暴雨;前一日20时至当日20时有2个或以上的子流域24 h面雨量≥30.0 mm定义为一个暴雨日;西江22个子流域任意2个子流域出现暴雨,记为1个暴雨日,南北盘江支流(河段)、郁江支流有2个及以上子流域出现暴雨,红水河河段、柳江支流、黔浔江河段、桂江(贺江)支流有1个及以上子流域出现暴雨,定义为一次暴雨过程,持续时间在2天以上定义为一次持续暴雨天气过程。

规定:暴雨面雨量为暴雨日面雨量的总和,暴雨强度为暴雨面雨量与暴雨日数之比,统计西江流域历年22个子流域暴雨面雨量、日数和强度并建立时间序列,为开展暴雨面雨量气候特征分析提供依据。

3.2　面雨量分布特征

3.2.1　年总面雨量

西江流域是南方电网流域面雨量最丰富的地区之一,年面雨量为910.1~1738.5 mm(1981—2010年标准气候值)。由于地理环境和大气环流的影响,其地域分布具有东部多、西部少,丘陵山区多、河谷平原少,夏季迎风坡多、背风坡少等特点。主要有2个多雨流域和2个少雨流域,2个多雨流域是:①洛清江、桂江上游和桂江中下游流域,年面雨量为1662.7~1738.5 mm,

其中洛清江流域年面雨量多达 1738.5 mm；②西江汇流、贺江、柳江和红水河下游，年面雨量为 1565.3～1630.7 mm。2 个少雨流域为：①南盘江上游和南盘江中游流域，年面雨量在910.1～952.7 mm；②右江上游、北盘江上游和龙滩流域，年面雨量为 1061.4～1187.5 mm。其余流域在 1200～1500 mm（图 3.1）。

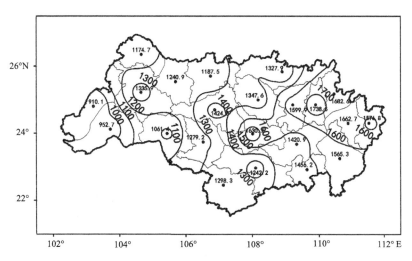

图 3.1　西江流域年面雨量分布图（单位：mm）

3.2.2　各季面雨量

西江流域地处东亚季风区域，受冬、夏季风交替影响，各流域的降水季节分配不均，图 3.2给出了西江流域各季节面雨量的变化，从图中可以看出，以夏季最多，冬季最少，春季多于秋季。

冬季（12 月至次年 2 月）面雨量最少，只有 52.0～204.6 mm，仅占全年面雨量的 4.9%～13.0%。地域分布特点是由东向西减少。贺江、桂江上游、桂江中下游和洛清江流域冬季面雨量达 192.8～204.6 mm，其中贺江流域多达 204.6 mm，是西江流域冬季降水最多的子流域；融江、西津、清水河、柳江、西江汇流流域冬季面雨量为 131.9～165.6 mm；南盘江上游、南盘江中游、右江上游和北盘江上游雨量都不足 60 mm，其中南盘江上游流域仅有 52.0 mm，是西江流域冬季降水最少的子流域。其余流域冬季面雨量为 60～130 mm。

春季（3—5 月）西江流域自北向南、自东向西先后进入雨季，面雨量明显增多，面雨量为151.2～618.6 mm，占全年面雨量的 16.6%～36.9%，地域分布特点为东多西少、由西南向东北增加。贺江、桂江上游、桂江中下游和洛清江流域春季面雨量达 582.4～618.6 mm，为西江流域春季的一个多雨中心。南盘江上游和南盘江中游面雨量仅 151.2 mm 和 185.5 mm，为西江流域春季的一个少雨中心。其余子流域春季面雨量为 200～530 mm。

夏季（6—8 月），西江流域以锋面降水和台风降水为主，面雨量为 493.3～837.2 mm，占全年面雨量的 38.1%～56.6%。地域分布差异大，夏季最多的降雨中心位于南盘江下游、红水河中游和红水河下游，面雨量多达 755.9～837.2 mm，均占全年降水量的一半以上。南盘江上游和南盘江中游的夏季面雨量均不足 500 mm，是西江流域夏季的少雨中心，但也占各自流域全年降水的一半以上。其余大部流域的面雨量在 500～750 mm。

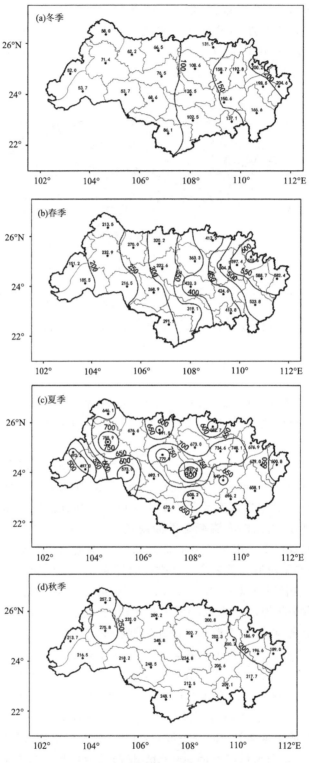

图 3.2　西江流域各季面雨量(单位:mm)

　　秋季(9—11月),台风对西江流域的影响逐渐减少,常出现秋高气爽、晴朗暖和的天气,各地面雨量开始锐减,面雨量为 186.9～275.8 mm,占全年面雨量的 11.1%～23.5%。北盘江上游和南盘江下游流域面雨量最多,多达 257.2 mm 和 275.8 mm,属华西秋雨。而桂江上游、贺江和桂江中下游面雨量不足 200 mm,属西江流域秋季降水最少的流域。其余流域面雨量为 200～250 mm。

3.2.3　面雨量月际变化

　　由于受冬、夏季风交替影响,西江流域干湿季分明,夏半年(4—9月)为雨季,其面雨量占全年总降水总量的 70%～83%,大雨以上降水天气过程出现频繁,容易发生洪涝灾害。冬半年(10月至次年 3月)为干季,面雨量仅占年面雨量的 17%～30%,干旱少雨,易引发森林火灾。

　　从 1981—2010 年西江流域平均面雨量月际分布(图 3.3)可以看出:①12月面雨量是一年中最少的,整个西江流域多年平均只有 26.8 mm,次少月是 1月,平均只有 40.9 mm;西江流域夏季月面雨量远比冬季多,6月是一年中面雨量最多的月份,西江流域多年平均面雨量达259.9 mm,是 12月平均面雨量的 9.7倍,月平均面雨量达到 200 mm 的月份有 3个,即 5月、6月和 7月;②月面雨量增幅最大的是 3—5月,从 3月的 67.1 mm 增加到 5月的 201.6 mm,其中 4月面雨量比 3月增加 39.4 mm,而 5月面雨量比 4月增加 95.1 mm;面雨量减幅最大的是9月,从 8月的 175.1 mm 迅速减少到 9月的 100.7 mm;③汛期 4—9月是西江流域降水偏多期,总面雨量占全年的 78.1%;而 5—8月又是降水集中期,总面雨量占全年的 62.9%,常由于面雨量过于集中而出现洪涝。

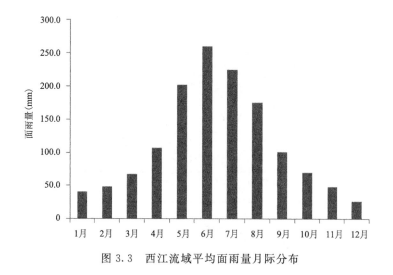

图 3.3　西江流域平均面雨量月际分布

3.2.4　降水日数

　　图 3.4 给出了西江流域 1981—2010 年多年平均和各季平均降雨日数分布,西江各子流域全年日面雨量≥0.1 mm 的日数为 177～240 d/a。年降水日数较多的是南盘江下游和北盘江上游,降雨日数在 230～240 d/a;年降水日数较少的是西津流域和红水河下游,分别为

176.9 d/a和183.7 d/a。

　　西江流域降水日数以春、夏两季最多，秋、冬两季最少。其中贺江、洛清江和桂江上游春季降水日数多于夏季，柳江和桂江中下游是春夏两季相当；其余流域是夏季多于春季。

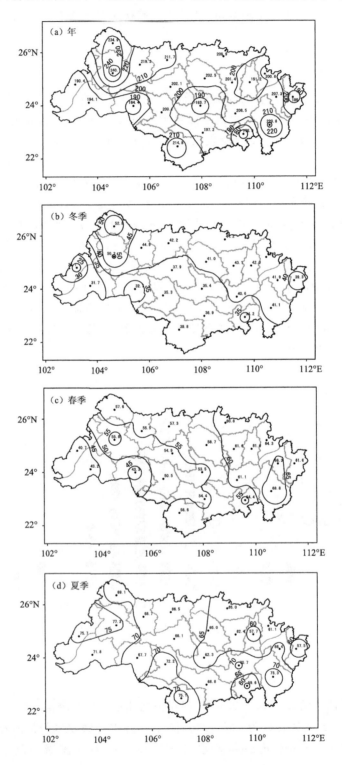

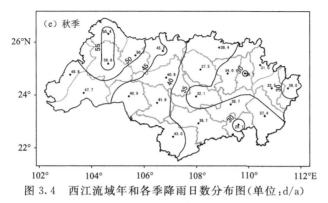

图 3.4　西江流域年和各季降雨日数分布图(单位:d/a)

　　冬季降水日数以南盘江下游、北盘江上游流域较多,达 50 d/a 以上,其中北盘江上游多达 52.8 d/a,为西江流域冬季雨日数之冠。南盘江上游仅有 24.1 d/a,为冬季雨日数最少的流域。其余流域冬季雨日数为 25～50 d/a。

　　春季降水日数以融江、柳江、洛清江、清水河、西江汇流、桂江上游、桂江中下游、贺江流域较多,多达 60 d/a 以上,其中西江汇流多达 68.8 d/a,为西江流域春季雨日数之冠。南盘江上游、南盘江中游和右江上游流域降水日数在 40～45 d/a。其余流域为 50～60 d/a。

　　夏季降水日数以清水河、南盘江上游、南盘江中游、南盘江下游、右江、左江、西江汇流流域较多,在 70 d/a 以上,其中南盘江上游、南盘江下游多达 75～78 d/a。贺江、洛清江、西津流域小于 60 d/a,其余流域为 60～70 d/a。

　　秋季降水日数以北盘江上游、北盘江下游、南盘江下游较多,在 50 d/a 以上,其中南盘江下游多达 56.8 d/a,为西江流域秋季雨日之冠。贺江、西津和洛清江流域小于 30 d/a,其余地区为 30～50 d/a。

　　图 3.5 给出了西江各子流域全年日面雨量≥15.0 mm 的日数(简称大雨日数,包括大雨、暴雨、大暴雨、特大暴雨)分布,从图中可以看出,西江各子流域全年大雨日数为 13.7～33.2 d/a。年大雨日数较少的是南盘江上游、南盘江中游和北盘江上游,降雨日数在 13.7～18.7 d/a;年大雨日数较多的是桂江中下游、桂江上游和洛清江,降雨日数在 32.7～33.2 d/a。

图 3.5　西江流域年大雨日数分布图(单位:d/a)

3.3　暴雨分布特征

3.3.1　暴雨地理分布特征

图 3.6 给出了西江流域 1981—2010 年多年平均暴雨日数,多年平均暴雨日数在 1.8～13.2 d/a,全流域多年平均暴雨日数为 8.4 d/a,具有东部多、西部少,山区多、平原河谷少,迎风坡多、背风坡少的特点。南盘江上游流域的发生暴雨最少,多年平均暴雨日数仅 1.8 d/a,其次是南盘江中游流域,多年平均暴雨日数为 3.1 d/a,而红水河中游流域发生的多年平均暴雨日数最多,多达 13.2 d/a,西江其他子流域在 3.4～13 d/a。

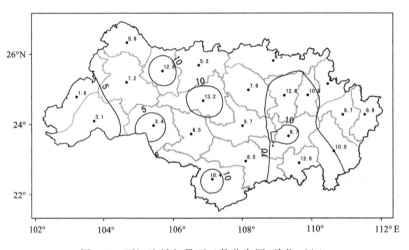

图 3.6　西江流域年暴雨日数分布图(单位:d/a)

3.3.2　暴雨季节变化

西江流域各个月都有暴雨,图 3.7 给出了 1981—2010 年西江流域暴雨总流域次数逐月平

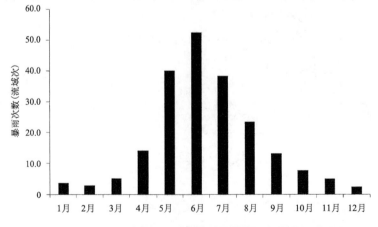

图 3.7　1981—2010 年西江流域暴雨总流域次数逐月平均值

均值,各月西江流域暴雨站次的多年平均值分别为:1月3.8流域次,2月2.9流域次,3月5.2
流域次,4月14.2流域次,5月40.1流域次,6月52.4流域次,7月38.2流域次,8月23.4流
域次,9月13.3流域次,10月7.7流域次,11月5.1流域次,12月2.4流域次。西江流域暴雨
流域次的月平均值具有明显的单峰型特征,峰值在6月,暴雨主要出现在4—9月,以5—8月
居多,4—9月和5—8月西江流域暴雨流域次分别占全年的87.1%和73.9%。

根据气候季节的划分标准,分别统计,冬季(12月至次年2月)、春季(3—5月)、夏季(6—8
月)和秋季(9—11月)的平均暴雨日数分布(图3.8),它反映了不同季节暴雨空间分布的气候
特征。

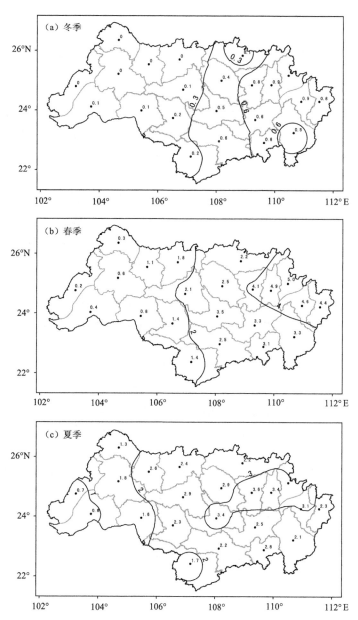

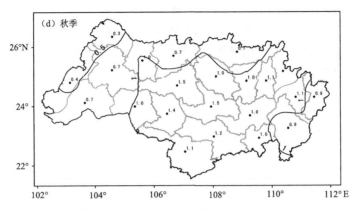

图 3.8 西江流域各季暴雨日数分布图(单位:d/a)

冬季:是暴雨的地域分布从夏季型转为春季型的过渡季节。平均暴雨日数分布自东北向西向南递减,暴雨的高频区在洛清江、桂江上游和桂江中下游(0.9 d/a),与春季的分布类似;最低值为 0,出现在西北部的南盘江上游、南盘江下游、北盘江上游、北盘江下游一带。也就是说,在盛行东北季风的冬季里,暴雨仅仅在东部、中部发生,而位于云贵高原边沿的南盘江、北盘江流域几乎不出现暴雨天气。

春季:暴雨日数呈"东多西少"分布。高频区在东北部流域(柳江、洛清江、桂江上游、桂江中下游、贺江)一带,平均暴雨日数为 4.1~5.0 d/a;其次出现在清水河、西江、西津和红水河下游流域一带,平均暴雨日数为 3.1~3.5 d/a;最低值出现在南盘江上游、南盘江中游、南盘江下游、北盘江上游、北盘江下游和右江上游一带,平均暴雨日数仅为 0.2~1.1 d/a。这主要是因为春季影响西江流域的冷空气多从东路南下。

夏季:暴雨日数呈北多南少的分布特点。暴雨日数最大出现在柳江、洛清江、桂江上游、桂江中下游和红水河下游,平均暴雨日数≥3 d/a;夏季暴雨日数最少的是南盘江上游、南盘江中游,平均暴雨日数≤1 d/a;其他流域则是 1~3 d/a。

秋季:延续夏季的分布特点,但暴雨出现的概率大为减少,红水河中游和红水河下游的平均暴雨日数为 1.5 d/a,北盘江上游流域仅 0.3 d/a,其余流域为 0.3~1.5 d/a。

按照华南汛期的标准,用西江流域暴雨日数分别统计前汛期(4—6月)和后汛期(7—9月)的平均暴雨日数分布(彩图 3.9),它反映了汛期暴雨空间分布的气候特征。

前汛期:暴雨日数呈"东多西少"分布。有两个暴雨中心,高频区出现在东北部流域(柳江、洛清江、桂江上游、桂江中下游)一带,平均暴雨日数≥7.0 d/a;其次出现在贺江和红水河下游流域一带,为 6.3 d/a;最低值出现在南盘江上游、南盘江中游、南盘江下游、北盘江上游和右江上游一带,平均暴雨日数为 0.8~2.5 d/a。这主要是因为前汛期影响西江流域的冷空气多从东路南下。

后汛期:暴雨日数呈"中间多东西少"分布,但总体暴雨日数较前汛期少。有两个暴雨中心,高频区出现在红水河中游、红水河下游、右江流域一带,平均暴雨日数≥4.0 d/a;其次出现在北盘江下游、龙江、柳江、洛清江、西津、郁江、左江、清水河流域一带,平均暴雨日数≥3.0 d/a;最低值出现在南盘江上游,平均暴雨日数仅有 0.8 d/a,其余流域在 1.0~3.0 d/a。这主要是因为后汛期影响西江流域的降水主要来自热带气旋西行后产生。

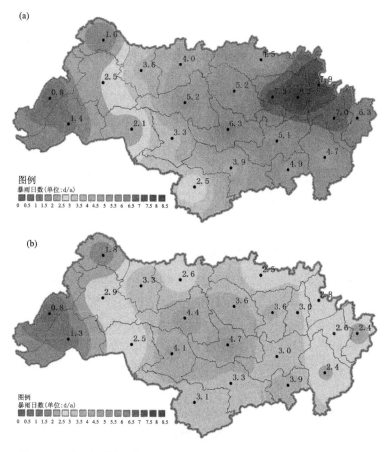

图 3.9　西江流域前汛期(a)和后汛期(b)暴雨日数分布图(单位:d/a)

3.4　汛期暴雨统计特征

3.4.1　暴雨过程分布特征

由表 3.1 可以看出,西江流域 1971—2015 年汛期持续性暴雨过程共出现了 121 次,平均每年有 2.7 次,其中持续 2 天有 100 次(82.6%),持续 3 天有 14 次(11.6%),持续 4 天有 3 次(2.5%)。持续 5 天有 2 次(1.7%),持续 7 天以上有 2 次(1.7%)。

表 3.1　西江流域 1971—2015 年汛期持续性暴雨过程次数统计

过程持续日数(d)	2	3	4	5	6	≥7
过程次数	100	14	3	2	0	2
占总数的百分比(%)	82.6	11.6	2.5	1.7	0	1.7

从持续性暴雨过程出现月份的分布情况(表 3.2)看,持续 2 天以上的过程 6 月出现最多,共 40 次(40%);5 月次多,共 22 次(22%);较少的是 4 月和 9 月,分别为 7 次和 5 次(7%和5%)。持续 3 天以上的过程 5 月份开始出现,但频率不高(14.3%);7 月出现最多,共 8 次

(57.1%),6月3次(21.4%),8月1次(7.1%)。持续4天以上的过程也都出现在5—8月,其中5月和8月各1次(14.3%),6月最多3次(42.9%),7月次之有2次(28.6%)。

表3.2 西江流域1971—2015年汛期持续性暴雨过程出现月份统计

	4月	5月	6月	7月	8月	9月
2天以上过程次数	7	22	40	16	10	5
占总数的百分比(%)	7	22	40	16	10	5
3天以上过程次数	0	2	3	8	1	0
占总数的百分比(%)	0.0	14.3	21.4	57.1	7.1	0.0
4天以上过程次数	0	1	3	2	1	0
占总数的百分比(%)	0.0	14.3	42.9	28.6	14.3	0.0

3.4.2 暴雨面雨量、日数和强度时空分布特征

为了解西江流域汛期暴雨面雨量的气候特征,从西江全流域和子流域暴雨面雨量年、旬平均时间和空间变化展开分析。采用合成统计分析方法,首先计算西江各子流域汛期常年平均、旬平均暴雨面雨量、日数和强度,对其进行空间分布特征分析,然后采用线性倾向估计法对西江全流域平均暴雨面雨量、日数和强度进行年际趋势分析,最后,采用合成统计分析方法计算西江全流域常年旬平均暴雨面雨量、日数和强度,对其进行时间分布特征分析。

3.4.2.1 空间分布特征

(1)平均空间分布特征

彩图3.10给出西江流域1971—2015年汛期常年平均暴雨面雨量、日数和强度空间分布。从彩图3.10a中可见,暴雨面雨量高值区分布在西江流域东部的桂江流域、红水河流域、柳江流域及贺江流域等子流域,大部子流域大于400.0 mm,最大值中心位于洛清江流域(653.5 mm),次大值中心位于红水河下游(645.8 mm);暴雨面雨量低值区分布在西江流域西部的南北盘江流域、右江上游等子流域,大部子流域小于150 mm,极小值中心位于南盘江上游(65.3 mm)。从彩图3.10b中可见,暴雨日数高值区分布在西江流域东部子流域,大部子流域多于8.0 d,最大值中心和次大值分别在洛清江流域(11.7 d)和红水河下游(11.4 d),低值区在西江流域西部的南北盘江上游,小于4.0 d,极小值在南盘江上游(1.7 d)。造成西江流域暴雨面雨量、日数这种东西分布差异的原因主要有三个方面:一是位于东部的洛清江流域和中部的红水河下游集雨范围大多处于东路冷空气影响广西的迎风坡,对来自东南暖湿气流的爬坡抬升作用十分有利,易触发产生强降雨,成为暴雨中心;二是夏季广西以冷空气影响下的锋面降雨和台风降雨为主,红水河下游集雨范围处在冷空气和偏南暖湿气流辐合区域,以及台风登陆后较强的西南风辐合区域,易于出现暴雨天气;三是西部流域集雨范围处在云贵高原东南部,冷空气南下受高原屏障作用而减弱,气流翻越山体时,下沉增温,云雨易蒸发,加上东南季风难以深入该地区,雨季来得较迟,降雨就较少。从彩图3.10c暴雨面雨量强度分布可知,西江流域年平均暴雨强度在37.0~57.0 mm/d,最强中心位于红水河下游(56.9 mm/d),次强中心位于洛清江流域(55.9 mm/d),低值中心位于南盘江上游(37.6 mm/d)。以上分析表明,汛期常年平均暴雨面雨量、日数和强度具有相似的特点,即东多西少的分布特征,极大值中心在洛清江流域和红水河下游,极小值中心在南盘江上游。

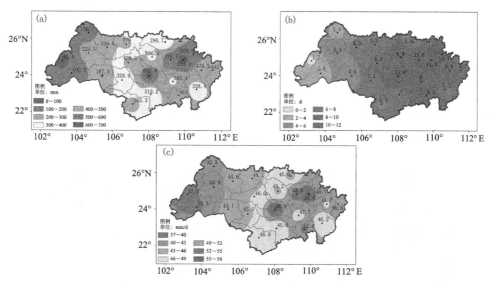

图 3.10　西江流域 1971—2015 年汛期常年平均暴雨面雨量
（a. 单位：mm）、暴雨日数（b. 单位：d）和暴雨强度（c. 单位：mm/d）空间分布

（2）旬平均空间分布特征

彩图 3.11 是西江流域 1971—2015 年汛期旬平均暴雨面雨量、日数和强度空间分布。从图中可见，暴雨面雨量和日数分布较为一致，呈东部多、西部少，前汛期（4—6 月）多、后汛期（7—9 月）少的分布。彩图 3.11a 显示，暴雨面雨量出现 3 个中心，即洛清江流域、红水河下游、桂江流域，最大中心在洛清江流域，旬暴雨面雨量达到 88.4 mm，主要出现在 6 月中旬，南盘江流域和北盘江上游最少，各旬暴雨面雨量小于 30.0 mm。彩图 3.11b 显示，暴雨日数出现 3 个中心，即洛清江流域、红水河下游、桂江流域，最大中心在洛清江流域，旬暴雨日数达到 1.2 d，而南盘江流域暴雨日数小于 0.7 d；各旬暴雨日数由东向西、自北向南推进，按子流域平均暴雨日数大于 0.2 d 统计，桂江、柳江、洛清江、西江汇流、贺江流域在 4 月上旬开始进入暴雨季节，集中出现在 5 月中旬至 6 月中旬；西津流域在 4 月中旬开始进入暴雨季节，集中出现在 5 月中旬和 7 月下旬；红水河流域在 4 月下旬开始进入暴雨季节，集中出现在 6 月上旬和中旬；郁江流域在 5 月上旬开始进入暴雨季节，集中出现在 5 月下旬和 7 月下旬；右江流域 5 月上旬进入暴雨季节，集中出现在 6 月中旬和 7 月下旬；左江流域 5 月上旬进入暴雨季节，集中出现在 5 月中旬和 7 月下旬；北盘江下游和龙滩近库区 5 月上旬进入暴雨季节，集中出现在 6 月上旬和中旬；南盘江流域和北盘江上游 5 月中旬进入暴雨季节，集中出现在 6 月中旬和下旬。另外，南北盘江流域在 7 月中旬开始暴雨日数较少，其他大部流域在 8 月中、下旬之后暴雨日数逐步减少。

从彩图 3.11c 可见，暴雨强度变化呈东部强、西部弱，汛期初期弱，中、后期强的分布，洛清江流域最强，6 月中旬到 7 月中旬持续大于 60.0 mm/d，南盘江最弱，4 月上、中旬基本无暴雨日，旬暴雨强度大部小于 44.0 mm/d。出现 3 个暴雨强度中心，最大值中心在洛清江流域（71.0 mm/d），出现在 6 月中旬，次大值中心在红水河下游（68.9 mm/d），出现在 6 月中旬，第三大值中心在西江流域南部的右江上游和西津流域（67.4 mm/d），出现在 9 月上旬和中旬。造成西江流域暴雨强度出现季节和空间分布差异的原因主要有两个方面：一是由于 6—7 月西太平洋副热带高压北跳,热带辐合带常常随之北抬,因而影响广西的天气系统不仅仅有冷空气、高空槽等西风带系统,热带系统也是主要影响系统之一,强降雨主要出现在西江流域东部及中部的洛清江流域和红水河下游;二是9月主要是以台风、热带辐合带等热带系统降雨为主,强降雨一般出现在西江流域的南部,处于台风登陆后强的西南风辐合区域。

总体而言,暴雨面雨量和日数呈东部多、西部少,前汛期多、后汛期少的分布,暴雨强度呈东部强、西部弱,汛期初期弱,中、后期强的分布,暴雨日在东北部最早开始,西部最早结束,强暴雨区在东部最早开始,西南部最迟结束。

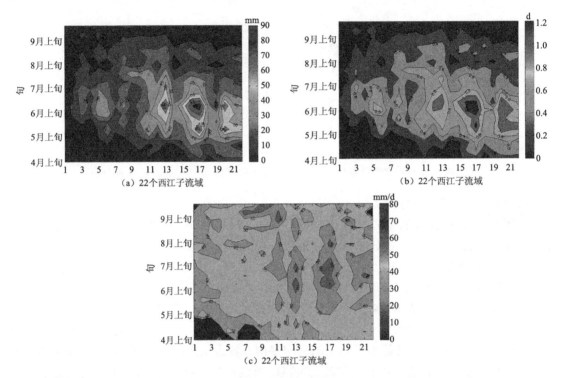

图 3.11　西江流域 1971—2015 年汛期旬平均暴雨面雨量(a. 单位:mm)、暴雨日数(b. 单位:d)
和暴雨强度(c. 单位:mm/d)空间分布(横坐标为西江 22 个子流域代码)

3.4.2.2　时间分布特征

(1)年际趋势变化特征

图 3.12 给出西江流域 1971—2015 年汛期平均暴雨面雨量、日数和强度的线性倾向分布。从图中可见,近 45 年来暴雨面雨量、日数和强度线性倾向为正,即随时间变化呈现上升趋势,这与有关西江流域降雨趋势变化研究结论一致[6-8]。暴雨面雨量和日数呈不显著增加趋势,而暴雨强度呈显著性增加趋势(通过 0.05 信度检验),对应的气候倾向分别为 11.62 mm/(10a)、0.15d/(10a)和 0.55(mm/d)/(10a),表明随着全球变暖等多种因素,45 年来西江流域汛期总平均暴雨面雨量增加了 52.3 mm、日数增多 0.7 d、强度增强 2.5 mm/d。说明西江流域暴雨这类灾害性天气有增多、增强的趋势。

从年代趋势看,暴雨面雨量和日数变化趋势基本一致,在 1976—1981 年、1993—2002 年出现 2 个偏多阶段,1982—1992 年、2009—2013 年出现 2 个偏少阶段。暴雨强度在 1976—

1978 年出现 1 个偏多阶段,1992—2011 年呈现波动上升趋势,在 1994 年、1998 年、2002 年、2008 年出现 4 个明显峰值,1979—1991 年出现 1 个偏少阶段。

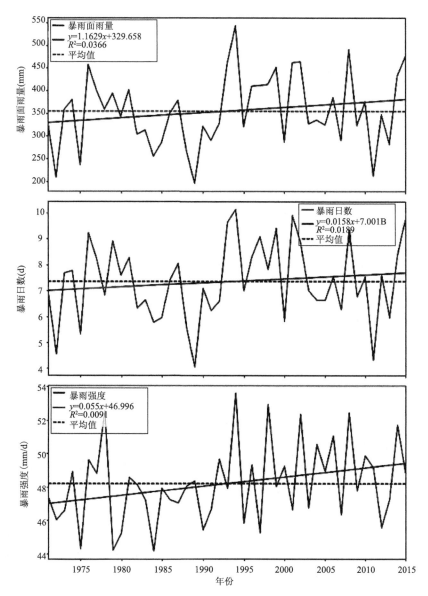

图 3.12　西江流域 1971—2015 年汛期平均暴雨面雨量、
暴雨日数和暴雨强度线性倾向分布

(2) 旬变化特征

图 3.13 给出西江流域 1971—2015 年汛期旬平均暴雨面雨量、日数和强度分布,从图中可以看出,4—9 月各旬暴雨面雨量及日数变化基本一致,大体呈单峰型分布,峰值和次峰值出现在 6 月中旬、上旬,年均暴雨面雨量在 830.0 mm,日数在 15.8 d,从 4 月上旬开始逐旬增加,5月上旬有一个较大的增幅,暴雨面雨量和日数分别由 224.1 mm 和 5.1 d 上升到 488.0 mm 和 10.8 d,此后持续上升,至峰值后逐旬呈减少趋势,8 月上旬降到一个低点(277.7 mm 和

6.3 d),8 月中旬再度上升至 348.6 mm 和 7.4 d,之后持续下降,9 月下旬降至 118.2 mm 和 2.5 d。暴雨强度呈波动增减分布,4 月上旬(41.7 mm/d)开始呈波动上升趋势,6 月中旬升至最强(52.4 mm/d),此后持续下降,至 8 月上旬降到一个低点(43.9 mm/d),8 月下旬再度上升至 47.8 mm/d,之后以波动下降为主。

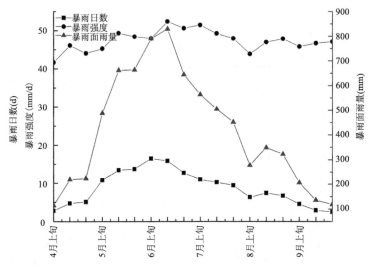

图 3.13　西江流域 1971—2015 年汛期旬平均暴雨面雨量、
暴雨日数和暴雨强度分布

3.4.2.3　突变检测及突变前后两时段空间差异

20 世纪 80 年代末以来全球气候加剧变暖,在气候变化背景下,极端天气气候事件屡屡发生,特别是高温干旱和暴雨洪涝。《2015 年中国气候变化监测公报》[9] 中证实:1961 年以来,中国单站极端高温事件发生频次的年代际变化特征明显,其中 20 世纪 90 年代末以来明显偏高,单站极端强降水事件的频次呈弱的增加趋势,其中 20 世纪 90 年代初以来呈较明显偏多趋势;另外,气候变化对中国降水总量影响不大,但是对时间、空间的分布影响很大,近 50 年总体趋势是:新疆和长江中下游、江南地区总体降水量增加,而西南到东北地区降水量减少。为了解中国大范围气候变暖大背景下西江流域降水是否存在显著的变化特征,首先采用 M-K 检验法对西江全流域平均暴雨面雨量、日数和强度进行突变检测,然后采用合成统计分析方法分析西江子流域平均暴雨面雨量、日数和强度突变前后两时段的空间差异。

(1)突变检测

在 M-K 突变检测中,如果原气象序列(UF)、反向气象序列(UB)在临界值 ± 1.96($\alpha =$ 0.05)之间有一显著交点,且 UF 上升超过 1.96 或 UB 下降低于 -1.96,则认为序列产生了突变,且这一交点就是突变开始点;反之,则认为没有产生突变。UF 或 UB 超过临界直线时,表明增加或减少趋势显著。图 3.14 给出了西江流域 1971—2015 年汛期平均暴雨面雨量、日数和强度 M-K 突变检验,从图中可见,西江流域暴雨面雨量、日数和强度同时在 20 世纪 90 年代初有一次最明显的增强趋势,突变点在 1992 年,其中暴雨强度 1993 年以来为持续增强趋势,在 2011 年超过 0.05 信度临界线,表明西江流域暴雨强度自 1993 年以来为显著增强趋势,而暴雨面雨量、日数在 1996 年以来呈现上升趋势；这不仅与中国大范围气候变暖的大背景相一致，也与张婷等[10]分析得出的华南地区降水趋势在 1992 年经历了一次比较明显的突变，年降水量由减少的趋势突变到增加趋势结论基本一致。

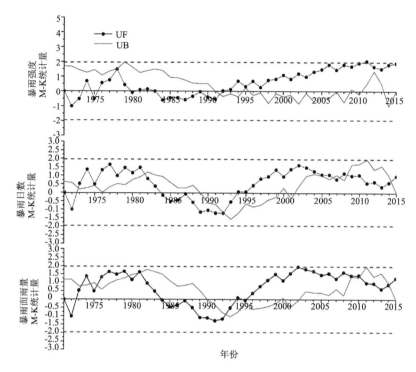

图 3.14　西江流域 1971—2015 年汛期平均暴雨面雨量、
暴雨日数和暴雨强度 M-K 突变检验（虚线为 0.05 信度临界线）

（2）突变前后两时段空间差异

为了解气候变暖大背景下西江流域汛期暴雨的变化特征，对 1992 年突变前后两个时段西江子流域汛期暴雨空间分布差异进行分析。彩图 3.15 给出年平均暴雨面面量、日数和强度突变后（1993—2015 年）减突变前（1971—1992 年）的差值分布图。由图可见，大部分子流域差值为正值，说明突变后西江大部子流域暴雨面雨量、日数和强度呈现增加趋势。彩图 3.15a 显示，暴雨面雨量增幅较大的为西江流域东部的桂江上游、红水河下游及洛清江流域等子流域，增幅达到 129.0～186.0 mm，西江流域南部和西部的左江流域和南盘江中下游趋于减少，减幅较大的是南部的左江流域，有 29.5 mm，其次是西部的南盘江中下游，减幅在 3.0～15.0 mm。彩图 3.15b 显示，暴雨日数增幅较大的为桂江流域和洛清江流域，增幅达到 1.7～2.8 d，左江流域和南北盘江部分子流域趋于减少，减幅较大的是左江流域，有 −0.6 d。彩图 3.15c 显示，暴雨强度增幅较大的为红水河下游及桂江上游，增幅达到 5.8～6.0 mm/d，南北盘江部分子流域、左江流域、郁江流域、融江流域、龙江流域趋于减少，减幅较大的是融江流域有 −1.4 mm/d。总体来看，突变后西江流域的东部子流域暴雨面雨量和日数多有增加，西部和南部部分子流域为减少，暴雨强度在中东部子流域增幅最大，趋于减弱的区域主要在西部、南部和北部的部分子流域，这与有关西江流域（强）降雨趋势变化研究结论一致[6,11,12]。

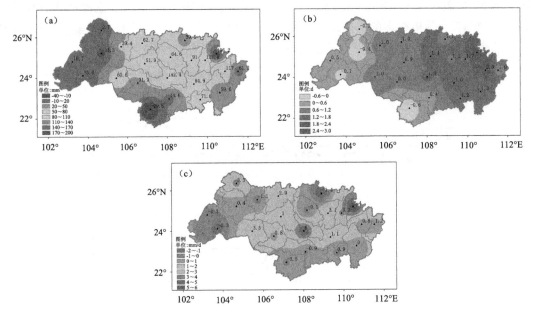

图 3.15　西江流域 1971—1992 年与 1993—2015 年汛期年平均
暴雨面雨量(a. 单位:mm)、日数(b. 单位:d)和强度(c. 单位：mm/d)差值分布图

参考文献

[1]　胡宝清,毕燕.广西地理[M].北京:北京师范大学出版社,2011.

[2]　徐玉霞.基于 GIS 的陕西省洪涝灾害风险评估及区划[J].灾害学,2017,32(2):103-108.

[3]　何慧,陆虹,欧艺.1959—2008 年广西西江流域洪涝气候特征[J].气候变化研究进展,2009,5(3):
　　　134-138.

[4]　张存,李飞,米鸿涛,等.江河流域面雨量等级[M].北京:中国标准出版社,2006.

[5]　徐晶,林建,姚学祥,等.七大江河流域面雨量计算方法及应用[J].气象,2001,11(27):13-16.

[6]　黄海洪,林开平,高安宁,等.广西天气预报技术与方法[M].北京:气象出版社,2012.

[7]　王兆礼,陈晓宏,张灵,等.近 40 年来珠江流域降水量的时空演变特征[J].水文,2006,26(6):71-75.

[8]　彭芸,夏建新,任华堂.近 50 年来我国降雨带空间变化及其影响分析[J].中国农村水利水电,2015,(5):
　　　45-48,52.

[9]　中国气象局气候变化中心.中国气候变化监测公报(2015)[M].北京:科学出版社,2016.

[10]　张婷,魏凤英.华南地区汛期极端降水的概率分布特征[J].气象学报,2009,67(3):442-451.

[11]　莫旭昱,张勇,秦雨,等.南北盘江流域降水的时空变化分析[J].云南地理环境研究,2012,24(1):7-11.

[12]　王兆礼,陈晓宏,张灵,等.近 40 年来珠江流域降水量的时空演变特征[J].水文,2006,26(6):71-75.

第 4 章　梯级水电站集雨区锋面和暖区暴雨概念模型

　　暴雨是西江流域主要气象灾害,开展西江流域暴雨天气过程的研究,有助于提高暴雨天气预报水平,对于该地区国民经济建设和防灾减灾、梯级水电站发电增效调度和防洪调度均具有重要意义;本章首先介绍了影响西江流域锋面和暖区暴雨的主要天气系统及特征,然后从天气影响系统和高低空配置入手,详细分析了不同类型暴雨天气过程的环流特征、概念模型和预报指标等,探讨了锋面和暖区暴雨预报方法及指标,并在业务中应用情况。

4.1　主要天气系统及特征

4.1.1　地面影响系统

　　(1)冷锋

　　在西风带系统造成西江流域的暴雨中,冷锋是一个重要的天气系统。暴雨主要是出现在地面锋面到 700 hPa 切变线(槽线)之间,但当锋前西江流域上空的暖湿空气层结不稳定时,也会出现锋前暖区暴雨。

　　西江流域暴雨前一天,冷锋一般在 28°~31°N,个别急行冷锋位于 35°N 附近,冷锋大多呈 NE-SW 走向。当锋后冷高压较强,南下速度快时,降水强度虽大,但由于降水时间短,大多出现大雨到暴雨天气,如果副热带高压强度较强,呈 SW-NE 走向,从东海伸向南海东部,使得西江流域上空偏南气流强盛,南北两大系统势力相当,强强对峙,西江流域也会出现较大范围的暴雨天气。

　　(2)静止锋

　　西江流域暴雨前一天,静止锋通常位于 25°~28°N,呈 E-W 向或 WNW-ESE 走向,一般位于地面冷高压后(西)部或西南倒槽内,如处于冷高压南部时,锋后等压线很稀疏,当静止锋的北面 5~10 个纬距内已出现一Δp_{24},即锋后气压梯度很小,锋面在华南地区摆动,若有其他天气系统配合时,容易造成西江流域持续性的暴雨。

　　(3)江南锋生

　　前汛期,在地面天气图上,位于 26°~28°N 的江南地区常有倒槽出现,当其他条件合适时,就会在倒槽内出现锋生,一般呈 E-W 向,锋生两侧温差不大,主要是 θse 较密集,是南面的暖湿气流北上与江南一带的残留弱冷空气交绥而成,故称之为江南锋生。

　　江南锋生对西江流域锋面暴雨的贡献主要是由于锋生时华南、江南暖湿气流加强,水汽往往较充沛,同时江南锋生多与 850 hPa 江南暖切变配合,将暖湿气流拦截在华南、江南,一旦有北方冷空气补充南下,暖切变加强成冷切变,将暖湿空气拦截在广西—贵州上空,使得西江流域有充沛的水汽被辐合抬升而产生暴雨,另一作用是使北方冷空气南下速度加快,其速度可加快 6～12 h。

（4）地面西南倒槽

若西南倒槽位于西江流域境内，当锋面进入倒槽时，西江流域很容易出现强降水，有利于暴雨产生的西南倒槽特征是：在 15°～25°N，105°～110°E 之间有近南北向等压线，到 25°～27°N 后等压线即向西折，形成东高西低、北高南低（即广西境内的气压比邻省广东、湖南、贵州的气压低）形势，西南倒槽较宽较强，锋面进入倒槽后，辐合区集中在西江流域北部，对桂江、柳江流域暴雨更有利。若倒槽气旋性弯曲位于桂中时，对红水河中下游、郁江流域暴雨最为有利。

有时地面冷高压刚东移出海不久，虽未能出现西南倒槽，但华南呈东高西低形势，这时只要有高空槽东移，也能引起西江流域产生暴雨。

4.1.2 低空影响系统

（1）切变线

与地面锋面相对应，若 850 hPa、700 hPa 有相应的切变线，500 hPa 有相应的高空槽配合，这时抬升，辐合作用较深厚，水汽饱和层（或接近饱和）高达 9～12 km，对暴雨产生就非常有利。

850 hPa 切变线一般在 27°～30°N，切变线的北侧若有 5～10 个纬距的偏东风，切变线移动速度慢，产生暴雨的条件最好，若为西北风，切变线移动速度快，产生暴雨的条件则较差。切变线南侧吹 SSW-S-SE 风有利于暴雨的产生，吹 W-WSW 风则不利于暴雨的产生。

（2）低空急流

预报实践和研究表明，前汛期西江流域出现的暴雨，大多数与低空急流有关。与前汛期暴雨相关最为密切的是 850 hPa 上的西南风低空急流。850 hPa 上，凡在 15°～30°N，100°～120°E 范围内，有连续的 4 站（或以上）出现风速≥12 m/s 的西南风，即定义为西南风低空急流。急流轴线多呈东北—西南向，暴雨的产生与急流轴位置有关，4—6 月最有利于暴雨产生的急流轴平均位置是：4 月位于河内—南宁—柳州一线；5 月在龙州—南宁—赣州一线；6 月在东方—梧州—赣州一线，且急流轴上最大风速核均位于桂林以南。大雨、暴雨区主要出现在急流轴左侧。当急流轴线位于龙州—桂林一线以北，且急流轴上最大风速核位于桂林以北时，西江流域一般不会有暴雨。

4.1.3 中高空影响系统

（1）华北槽

华北槽是指 500 hPa 西风槽东移到河套到华北一带的低槽，槽线通常位于 35°～45°N，110°～120°E（个别 105°～120°E）。当华北槽东移时，常常引导地面冷空气从偏东路南下，使西南倒槽南压，锋面与倒槽东北部的气旋性弯曲处容易产生暴雨，华北槽后 NW-SE 走向的等高线与南支槽前 SW-NE 走向的等高线，常在 30°N 附近的 105°～110°E 形成向西开口的"八"字形，使两股气流产生明显的辐合，随着槽的东移和冷空气的南下，使西江流域产生较大范围的暴雨天气。

（2）高原槽

高原槽是指位于青藏高原的西风槽，与西江流域暴雨关系密切的是在 500 hPa 上位于

$27° \sim 40°N, 90° \sim 105°E$ 区域内的高原槽。统计表明,该区域的高原槽出现后 $24 \sim 36\ h$ 内,西江流域有一次降雨过程;如果江南、华南一带有切变线、低涡、西南低空急流,地面又有静止锋或冷锋配合,西江流域就会有一次暴雨过程。$27° \sim 40°N, 90° \sim 105°E$ 区域称为关键区,进入这一区域的高空槽,大多来自高原西部,少数来自蒙古人民共和国西部和我国新疆北部一带。

（3）南支槽

南支槽是指低纬度南支西风急流中的短波天气系统,主要活动于 $20° \sim 30°N, 70° \sim 120°E$ 之间的西来槽和于该地新生的低槽。

南支槽的发生与发展要具备两个条件。一是南支西风急流和南支西风的存在;二是中纬度经向环流的发展。西风槽伸向副热带地区,向南支急流和南支西风气流区域中输送冷空气,激发南支西风急流或南支西风气流产生南支波动,尔后在适当的环流背景和地理环境条件下发展成南支槽。

西江流域初夏的暴雨天气,是在南支槽和锋面的共同作用下产生的。单一的南支槽或单一的锋面都不会产生全流域性的暴雨。暴雨产生在锋面上南支槽前的区域,南支槽移过 $110°E$ 时,暴雨天气结束。但当锋面在华南沿海静止,或静止锋在华南沿海北退时,若有南支槽东移,又会重新出现暴雨天气。

（4）副热带高压

副热带高压(主要是西太平洋副热带高压脊)的活动与西江流域暴雨密切相关。副热带高压主要是通过影响大尺度的辐合(辐散)和垂直运动区、水汽输送、低空急流的发展以及锋面和热带气旋等天气系统的移动对西江流域暴雨产生影响。

前汛期的强降水一般在副热带高压的西部或西北部边缘发生。有利于西江流域发生暴雨的形势是西太平洋副热带高压呈"带状"分布,脊线在 $13° \sim 18°N$,西脊点到达中南半岛或南海西部,$588\ dagpm$ 等高线在南海北部或华南沿海。副热带高压处于这个位置有利于水汽输送,副热带高压内气流的下沉运动又可加强经圈环流(形成反 Hadley 环流),有利于西江流域上空气流的上升运动。对华南前汛期暴雨的研究发现,华南西部前汛期多数暴雨发生在副热带高压减弱并向东南撤退的时候;当副热带高压呈方头状伸向南海东部,其脊线稳定在 $16°N$,而青藏高原也有高压稳定维持,处于两高之间的华南西部地区为槽区,这种形势有利于华南西部出现大范围的持续性暴雨,造成华南出现流域性的洪涝灾害。相反,当有冷空气南下时,如果正值副热带高压短期加强,往往对暴雨的产生不利。所以,在暴雨预报中必须关注副热带高压的短期变化。

在后汛期,副热带高压的位置、强度及其变化左右着台风的移向、移速和强度变化,副热带高压西部或西南部边缘的东到东南气流中因为常有台风、热带辐合带(ITCZ)、东风波和季风云团活动而产生大雨、暴雨。西江流域大多数季风暴雨都是在副热带高压偏东或偏弱的情况下发生的,但有时副热带高压在华南东部呈方头状,也有利于引导季风云团北上,在副热带高压西部造成暴雨过程。

（5）南亚高压

南亚高压是夏季对流层上部全球最强大、最稳定和范围最大的高压。南亚高压主要是由高原加热作用而形成,在 $500\ hPa$ 以下为热低压,$500\ hPa$ 以上转为高压,且越向上强度越大。在西江流域前汛期的暴雨集中期,南亚高压中心位置在中南半岛北部到青藏高原东部一带,西江流域位于其中心东北或东北偏东方的偏西北气流下,在 $200\ hPa$ 高度上,江南南部一般为偏西气流,海南岛为偏北气流,西江流域上空的气流呈逐渐地散开状,高空具备较好的辐散条件。

(6)西南季风槽

季风槽一般是指活跃于印度半岛中部的低压槽,其发展明显时可向东扩展到中南半岛,华南地区经常出现西南季风与东南季风的辐合区,有时低槽中甚至有低压或扰动。活跃的西南季风槽常常给西江流域南部带来连续性的暴雨,是热带系统中除热带气旋以外最为重要的降水系统。

普查历史资料发现,在印度季风槽发展的明显阶段,如果华西到我国东部沿海有高空槽或低涡活动,副热带高压较弱,常常可造成我国西南到北部湾一带地面低压槽发展,在许多情况下,气压场并不像传统认为的那样都是东西向或向西开口,而是从广西到广东沿海地区以南北向的等压线为主,气压梯度较大,使西南季风加强向北推进到两广的沿海,或者是出现副热带高压西部呈方头状伸到广东和南海北部,同时北部湾到中南半岛一带有扰动发展,广西南部出现低压槽,南海季风携带对流云团从副热带高压西部北上影响西江流域南部。

(7)孟加拉湾风暴

孟加拉湾风暴是在孟加拉湾和相邻的北印度洋地区发展出来的热带气旋,其强度等级划分与西北太平洋的气旋强度等级不同。孟加拉湾地区是全球热带气旋频繁活动的海域之一。孟加拉湾热带风暴(简称孟湾风暴,下同)由于多是伴随着西南季风活动而产生的,因此,其环流携带有大量的水汽,所到之处暴雨成灾汪洋泽国的情况并不少见。

由于孟湾风暴的活动期间多处于夏季汛期前后,因此,对于冬旱较重和夏汛期降水量偏少的地区来说,孟湾风暴带来的持续性降水会对旱情有很大的缓解作用甚至解除旱情,同时季风爆发前期的西南季风也会随着孟湾风暴的活动而北上或东进,是造成西江流域暴雨的重要天气系统之一,虽然出现次数少,但造成暴雨以上降水的范围在"异常天气事件"中是最大的。

(8)高空急流

200 hPa 高空西风急流是影响东亚天气、气候的重要系统。暴雨主要发生在高空急流的南侧,高空急流及其相伴随的次级环流的上升支使得暴雨强度增强。如果在高空急流入口区满足重力惯性波不稳定的条件,则会在高空急流入口区激发强热力直接环流,导致高空急流入口区南侧产生强上升运动,容易产生暴雨天气。

4.1.4　低涡影响系统

(1)切变线伴随本地低涡

与西南涡不同,前汛期造成西江流域出现大范围暴雨天气过程的切变线低涡系统中的低涡并不是从四川移来,而是形成于切变线西端的滇、黔、桂一带,在 850 hPa 上表现最为明显,在 925 hPa 和 700 hPa 上有时也有明显的低涡。华南前汛期的低涡总是沿切变线发生并移动,且与锋面保持一定的距离,当移到南岭附近时,850 hPa 切变线与地面锋线的位置相接近,尤其是西段,东段则后倾较明显。暖区暴雨通常发生在切变线上低涡的东南侧,而冷区暴雨则在锋后至 700 hPa 切变线之间,尤其是在 850 hPa 与 700 hPa 切变线之间更明显。

(2)西南涡

西南低涡是对流层中下层的天气系统,影响西江流域的西南涡是指产生在西南地区$(25°\sim35°N,100°\sim110°E)$ 700 hPa 或 850 hPa 上至少有一条闭合等高线的气旋性环流。

西南低涡移出原地之后,往往给沿途各地造成大雨、暴雨及大风天气。主要天气区出现在其前进方向的右前部位,最大比湿中心之北侧,最大风速轴的左侧。

影响西江流域的西南低涡,多数形式是低涡向南伸出一低槽,或者是南支槽与西南低涡叠加,使西南低涡发展成"北涡南槽"形式。西南低涡的南伸低槽对西江流域天气影响最大,大部分可引起降雨天气,如果西南低涡无南伸低槽配合,无降水的占大多数,且不容易出现暴雨天气。

西南低涡能否造成大雨、暴雨天气与其位置、移动路径、移动方向及移速有关。产生在 30°N 以南、100°E 以东地区且移向偏东和偏东南的西南低涡,对西江流域均有影响,若低涡移出源地后沿 30°N 东移,一般可造成西江流域大雨或暴雨天气。而产生在 30°N 以北、100°E 以西地区的西南低涡则几乎对西江流域无影响。产生在 30°N 以南的西南低涡,若其向东北移,对西江流域影响较小;若其移速>10 纬距/12 h,一般西江流域无大雨、暴雨天气,至多对西江流域北部造成中到大雨、局部暴雨天气。

4.2　暴雨天气过程分型及背景分析

本章涉及的流域分区与 2.1.3 节相同,将西江流域分为 22 个流域区间(称为子流域)。以 22 个子流域为研究基础,进行暴雨天气分型与统计。

有关流域暴雨或华南华中地区暴雨过程天气分型国内已有很多研究,冯志刚等[1]分析了淮河流域 26 个致洪暴雨过程的大气环流特征,归纳得到梅雨型、江淮气旋型、江淮切变线型、暖切变线型、深槽型和台风北上型六类典型环流型;张一平等[2]根据 2001—2010 年淮河上游短时强降水的环流形势和主要影响系统分析,将短时强降水过程分为副高边缘型、低槽型和台风倒槽型三种主要环流型;贾显锋等[3]对柳江流域 25 个致洪暴雨过程进行统计分析,将柳江致洪暴雨分为低槽切变类、低涡切变类和低空急流切变类三种类型;李菁等[4]对 1970—2006 年汛期华南西部(广西)重大锋面暴雨天气过程进行分析,归纳得到湘黔桂低涡型、深槽型、波动型、华北槽＋南支槽型和南支槽＋高后型五种类型锋面暴雨天气过程;张端禹等[5]依据南亚高压环流型和夏季风降水开始的早晚,将华南前汛期 24 个持续暴雨过程划分为夏季风降水前、后南亚高压东部型,夏季风降水后南亚高压带状、西部型四个类型;吴丽姬等[6]分析了南海夏季风爆发前后区域持续性暴雨气候分布特征,归纳得四种主要雨型;徐明等[7]通过分析近 53 年华南前汛期持续性暴雨特征及环流形势,归纳得到四种典型环流类型;周慧等[8]通过对湖南省大暴雨天气过程高低空环流形势特征分析,建立了五类天气学分型;陈静静等[9]根据湖南省暴雨预报经验和方法,采用 K-均值聚类法,通过反复迭代得到六类暴雨日客观天气型。本节对西江流域 1971—2015 年汛期 485 例锋面或暖区暴雨进行分型,并分析其天气背景。

4.2.1　暴雨天气过程分型及统计特征

4.2.1.1　暴雨天气分型

对 1971—2015 年汛期 485 例西江流域锋面或暖区暴雨天气过程采用 NCEP 1°×1° 再分析资料、EC 数值预报资料,按高低空环流、地面形势特征分成两大类、八种分型。其中锋面暴雨分为 5 种类型,即华北槽型(深槽型或华北槽＋南支槽)、高原槽型、多波动型、南支槽＋高后型(以下称高后槽前型)、低涡型;暖区暴雨分为 3 种类型,即锋前暖区型、季风加强型、孟湾风暴型,详见表 4.1。

表 4.1　1971—2015 年西江流域汛期锋面或暖区暴雨分型

总　型	天气分型	频次	出现时段	总计
锋面暴雨	华北槽型	150	4—9 月	429
	高原槽型	114	4—9 月	
	多波动型	44	4—9 月	
	高后槽前型	25	4—6 月	
	低涡型	96	4—8 月	
暖区暴雨	锋前暖区型	30	4—9 月	56
	季风加强型	16	6—7 月	
	孟湾风暴型	10	5—6 月	

从表 4.1 可见,西江流域汛期锋面暴雨出现的次数最多,共 429 例,平均每年约出现 9.5 例,占西风带暴雨的 88.5%,是主要天气类型;暖区暴雨 56 例,平均每年约出现 1.2 例,占西风带暴雨的 11.5%。其中,华北槽型暴雨天气过程有 150 例,占锋面暴雨总数的 35.0%,平均每年约出现 3.3 例;高原槽型暴雨天气过程 114 例,占锋面暴雨总数的 26.6%,平均每年约出现 2.5 例;多波动型暴雨天气过程 44 例,占总数的 10.3%,平均每年约出现 0.98 例;高后槽前型暴雨天气过程 25 例,占总数的 5.8%,平均每年约出现 0.56 例;低涡型暴雨天气过程 96 例,占总数的 22.4%,平均每年约出现 2.1 例;锋前暖区型暴雨天气过程有 30 例,占暖区暴雨总数的 53.6%,平均每年约出现 0.7 例;季风加强型暴雨天气过程 16 例,占暖区暴雨总数的 28.6%,平均每年约出现 0.4 例;孟湾风暴型暴雨天气过程 10 例,占暖区暴雨总数的 17.9%,平均每年约出现 0.2 例。

4.2.1.2　锋面暴雨统计特征

锋面暴雨是由地面冷锋或静止锋影响造成的暴雨天气过程。造成西江流域锋面暴雨天气过程的主要影响系统是冷锋或静止锋,以及低层切变线、低空西南急流、高空槽(南支槽)、低涡等。

(1)分类特征

华北槽型锋面暴雨:500 hPa 主要影响系统为华北槽,也可以有其他类型的槽配合,比如南支槽。华北槽区位于 25°～50°N,100°～115°E,振幅≥10 个纬距,南支槽位于 15°～27°N,90°～105°E,振幅≥5 个纬距 。

高原槽型锋面暴雨:500 hPa 有高空槽位于 20°～50°N,90°～120°E,振幅为 10～15 个纬距。对应 700 hPa 或 850 hPa 有切变线、低空急流进入影响区(20°～30°N),同时地面有锋面或辐合线进入影响区(20°～30°N,102°～115°E),造成西江流域集雨区暴雨天气过程。

多波动型锋面暴雨:500 hPa 在 25°～50°N,90°～105°E 环流场为相对平直的波动型环流(振幅为 5 个纬距);同时地面有气旋性弯曲等压线在影响区(20°～27.5°N)维持。

高后槽前型锋面暴雨:500 hPa 高空低槽位于 15°～27°N,90°～105°E,振幅≥5 个纬距,地面受出海高压后部偏南气流影响,静止锋位于 20°～25°N,同时 700 hPa 或 850 hPa 有切变线、低空急流进入影响区(20°～27.5°N)。

低涡型锋面暴雨:影响西江流域的低涡,在 700 hPa 或 850 hPa 在西南地区(25°～35°N,

100°～110°E)至少有一条闭合等高线的气旋性环流。

（2）时间变化特征

图 4.1 给出了西江流域 1971—2015 年汛期锋面暴雨过程出现频次年度变化情况,从图可见,西江流域 429 例锋面暴雨天气过程,最多的年份达 15 例,出现在 1997 年、2001 年和 2015 年,最少的年份为 4 例,出现在 1982 年、1985 年、2000 年和 2013 年。从年度统计线性变化趋势来看,西江流域锋面暴雨过程呈递增变化趋势。

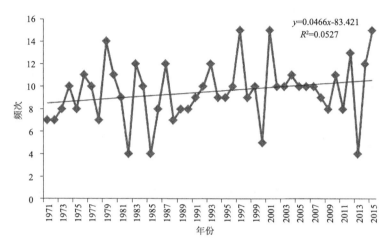

图 4.1　西江流域 1971—2015 年 4—9 月汛期锋面暴雨过程
出现频次年度变化

分析西江流域 1971—2015 年汛期各月锋面暴雨过程出现频次(图 4.2),锋面暴雨日数月总值分布具有明显的"单峰型"特征,峰值出现在 5 月,为 141 例,占过程总数(429 例)的 32.9%,6 月次之,为 133 例,占 31.0%,4 月有 56 例,占 13.1%,7 月有 53 例,占 12.4%,8 月有 32 例,占 7.4%,9 月最少,为 14 例,仅占 3.3%。

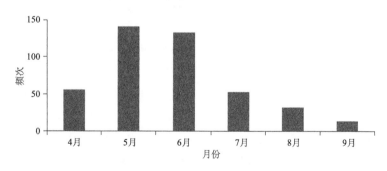

图 4.2　西江流域 1971—2015 年汛期锋面暴雨过程出现频次月度变化

图 4.3 给出了西江流域 1971—2015 年汛期 5 类锋面暴雨过程出现频次的年度变化,其中,华北槽型暴雨天气过程最多的年份达 11 例,为 1997 年,最少的年份为 0 例,出现在 1978 年、1985 年和 2013 年;高原槽型暴雨天气过程最多的年份达 7 例,为 1980 年,最少的年份为 0 例;多波动型暴雨天气过程最多的年份达 5 例,为 1983 年,最少的年份为 0 例;高后槽前型暴雨天气过程最多的年份达 2 例,为 1987 年、1998 年,最少的年份为 0 例;低涡型暴雨天气过程

最多的年份达 7 例,为 2001 年,最少的年份为 0 例。

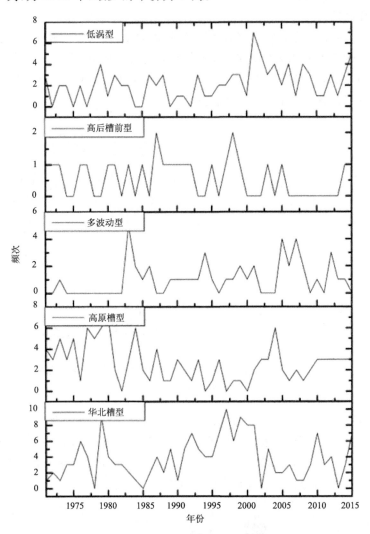

图 4.3　1971—2015 年 4—9 月西江流域集雨区汛期
5 类锋面暴雨出现频次年度变化

　　从年度统计线性变化趋势来看,年度变化呈递增趋势的有华北槽型暴雨、多波动型暴雨、西南涡型暴雨;年度变化呈递减趋势的有高原槽型暴雨、高后槽前型暴雨。

　　分析 5 类锋面暴雨过程出现频次的月变化(图 4.4),各类锋面暴雨日数月总值分布具都有明显的"单峰型"特征,华北槽型暴雨日数月总值峰值出现在 6 月,为 54 例,占过程总数的 36.0%,5 月次之,占 32.7%,9 月最少,为 6 例,仅占 4%。高原槽型暴雨日数月总值峰值出现在 5 月,为 44 例,占过程总数的 38.6%,6 月次之,占 28.1%,9 月最少,为 5 例,仅占 4.4%。多波动型暴雨日数月总值峰值出现在 5 月,分别为 19 例,占过程总数的 43.2%,7 月最少,为 1 例,仅占 2.3%。高后槽前型暴雨日数月总值峰值出现在 4 月和 5 月,各为 12 例,占过程总数的 48.0%,6 月最少,为 5 例,仅占 4.0%。低涡型暴雨日数月总值峰值出现在 6 月,为 34 例,占过程总数的 35.4%,7 月次之,为 30 例,占 31.3%,5 月 16 例,占 16.7%,8 月 12 例,占

12.5%,4 月 3 例,占 3.1%,9 月最少,仅 1 例,占 1.0%。

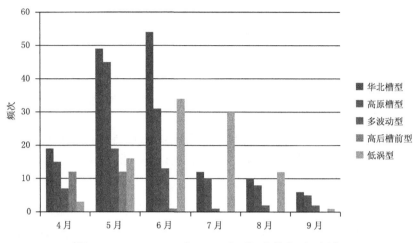

图 4.4　1971—2015 年 4—9 月西江流域集雨区汛期
5 类锋面暴雨出现频次月度变化

(3)空间变化特征

西江流域分布广阔,包括广西区大部、贵州省南部、云南省东部,地形复杂多变,造成暴雨分布极不均匀。分析西江 22 个子流域面雨量在 30 mm 以上的暴雨出现频率(彩图 4.5)发现,暴雨主要集中在洛清江流域和红水河下游,分别为 63.1% 和 62.7%,其次是柳江、桂江上游、桂江中下游、清水河、龙江、红水河上游流域,在 40%~58.5%,其他流域小于 40%。

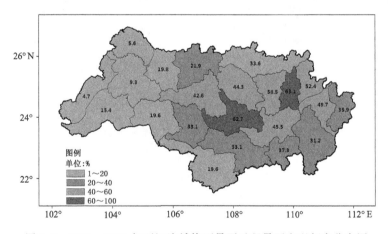

图 4.5　1971—2015 年西江流域锋面暴雨过程暴雨出现频率分布图

图 4.6 给出了西江流域 22 个子流域各类锋面暴雨出现频率分布情况,从图可见,华北槽型暴雨主要集中在红水河下游、洛清江和柳江流域,出现频率分别为 56.0%、54.7% 和 51.3%,其次是桂江中下游、桂江上游、清水河、红水河上游、龙江流域,在 40%~50%,其他流域在 4%~40%。

高原槽型暴雨主要集中在红水河下游、洛清江流域,出现频率分别为 64.9% 和 61.4%,其次是清水河、柳江、桂江中下游、桂江上游、西津和郁江流域,在40%～60%;其他流域在2%～40%。

多波动型暴雨主要集中在洛清江、红水河下游、柳江和桂江上游流域,出现频率分别在88.6%、79.5%、75%和63.6%;其次是桂江中下游、龙江、贺江、清水河、融江、西津流域,在40%～60%;其他流域在2%～40%。

高后槽前型暴雨主要集中在桂江上游和洛清江流域,出现频率分别在68%和60%;其次是红水河下游、柳江、龙江、桂江中下游、贺江、融江、右江、和红水河上游流域,在40%～60%;其他流域在0～40%。

低涡型暴雨主要集中在柳江、洛清江和红水河下游流域流域,出现频率分别在71.9%、67.7%和64.6%;其次是桂江上游、红水河上游、桂江中下游、龙江、右江和清水河流域,在40%～60%;其他流域在0～40%。

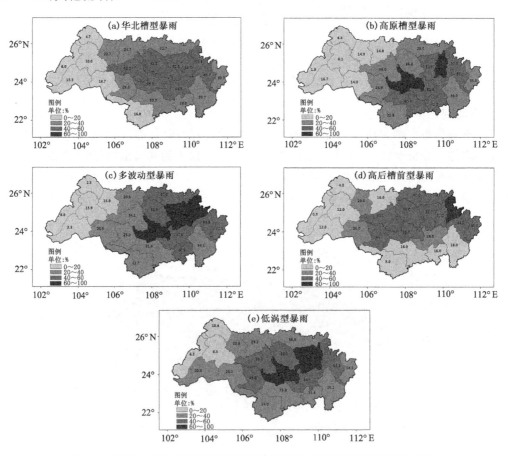

图4.6　1971—2015年西江流域汛期锋面暴雨过程暴雨出现频率分布图

4.2.1.3 暖区暴雨统计特征

暖区暴雨,通常意义是指产生于华南地面锋线南侧的暖区里的暴雨,或是南岭附近直到南海北部都没有锋面存在,且华南又不受冷空气或变性冷高脊控制时产生的暴雨。华南暖区暴雨一般发生在地面锋面系统前200～300 km的位置,有时候发生在西南风和东南风的汇合气流中,甚至无明显切变的西南气流里,是华南地区独特的强降雨现象。

（1）分类特征

锋前暖区型暴雨的定义：指产生于华南地面锋线南侧暖区里的暴雨，具有以下特点：①暴雨范围比锋面降水过程较小，但降雨强度较大；②降水时间较短，一般为几个小时到十几个小时，具有明显的中尺度特征；③为对流性降水，常伴有强烈雷暴活动；④主要发生在锋前 200～300 km 的暖区，出现时间要比锋面到达该地时间一般提早 24～30 h，但也有的短些或长些。

季风加强型暴雨定义：在南海季风和印度季风爆发后，特别是在前汛期的后期，有时会因为华南地区低压槽强烈发展，季风气流加强涌向南海北部和华南上空，造成流域集雨区出现暴雨到大暴雨，有时南部流域甚至出现特大暴雨；活跃的季风槽加上桂北有切变线或低涡活动，往往造成流域集雨区大范围暴雨天气。

孟湾风暴型暴雨的定义：孟湾地区出现结构完好的气旋性云团（有眼区），或者虽无眼区，但可在中心区域定出一条（或以上）轮廓清晰的回旋云带，则确定为一次孟湾风暴过程。

（2）时间变化特征

图 4.7 给出了 1971—2015 年西江流域暖区暴雨过程出现频次年度变化，由图可见，从年度统计线性变化趋势来看，西江流域集雨区暖区暴雨过程年度变化呈递减趋势；最多的年份达 4 例，出现在 1978 年，最少的年份为 0 例（共 11 年），出现在 1974 年、1979 年、1983 年、1984 年、1989 年、1995 年、2000 年、2001 年、2010 年、2011 年和 2013 年。

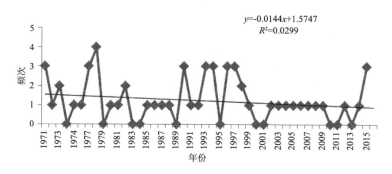

图 4.7　1971—2015 年西江流域汛期暖区暴雨过程出现频次年度变化

图 4.8 给出了 1971—2015 年 4—9 月西江流域暖区暴雨过程出现频次的月变化，从图可见，暖区暴雨日数月总值分布具有明显的"单峰型"特征，峰值出现在 6 月，为 24 例，占过程总数的 42.9%，5 月次之，为 17 例，占 30.4%；7 月为 11 例，占 19.6%；4 月为 3 例，占 5.4%；9 月为 1 例，占 1.8%；8 月最少，为 0 例。

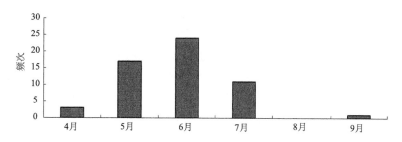

图 4.8　1971—2015 年西江流域集雨区汛期暖区暴雨过程出现频次月度变化

图 4.9 给出了西江流域 1971—2015 年汛期 3 类暖区暴雨过程暴雨出现频次的年度变化，其中，锋前暖区型暴雨天气过程最多的年份达 3 例，分别为 1977 年、1978 年、1996 年和 2015 年，最少的年份为 0 例（共 23 年）；季风加强型暴雨天气过程最多的年份达 3 例，分别为 1997 年和 1993 年，最少的年份为 0 例（共 34 年）；孟湾风暴型暴雨天气过程最多的年份达 2 例，为 1971 年，最少的年份为 0 例（共 36 年）。

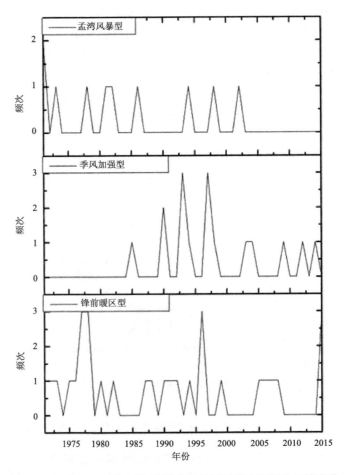

图 4.9　1971—2015 年西江流域暖区暴雨过程出现频次年度变化

从年度统计线性变化趋势来看，锋前暖区型暴雨、孟湾风暴型暴雨年度变化呈递减趋势，季风加强型暴雨过程年度变化呈递增趋势。

图 4.10 给出了 1971—2015 年西江流域暖区暴雨过程各月出现的情况，从图可见，锋前暖区型暴雨和孟湾风暴型暴雨日数月总值分布具有明显的"单峰型"特征，锋前暖区型暴雨峰值出现在 6 月，为 14 例，占过程总数的 46.7%，5 月次之，为 9 例，占 30.0%，4 月和 7 月分别为 3 例，仅占 10.0%，9 月为 1 例，占 3.3%；季风加强型暴雨峰值出现在 6 月和 7 月，分别为 8 例，占过程总数的 50.0%，其他月份为 0 例；孟湾风暴型暴雨日数月总值峰值出现在 5 月，为 8 例，占过程总数的 80.0%，6 月次之，为 2 例，占 20%，其他月份为 0 例。

（3）空间变化特征

彩图 4.11 给出了 1971—2015 年西江流域 22 个子流域出现面雨量在 30 mm 以上的暖区

暴雨过程暴雨出现频率分布情况,从图可见,暴雨主要集中在柳江、洛清江、红水河下游和桂江上游流域,分别在 71.4%、69.6%、66.1% 和 60.7%,其次是桂江中下游、清水河、龙江、红水河上游、贺江和郁江流域,在 40%~60%,其他流域在 4%~40%。

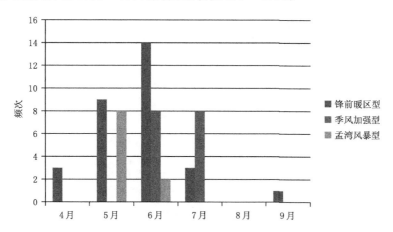

图 4.10　1971—2015 年西江流域集雨区汛期暖区暴雨过程次数月度变化

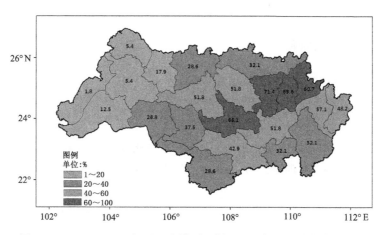

图 4.11　1971—2015 年西江流域暖区暴雨过程暴雨出现频率分布图

图 4.12 给出了 1971—2015 年 4—9 月西江 22 个子流域面雨量在 30 mm 以上的暴雨出现频率分布情况,从图可见,锋前暖区型暴雨主要集中在洛清江、柳江、红水河下游和桂江上游流域,分别占 73.3%、70.0%、66.7% 和 60.0%;其次是龙江、桂江中下游、清水河、贺江、红水河上游和郁江流域,分别在 40%~60%,其他流域在 0~40%。

季风加强型暴雨主要集中在红水河上游、红水河下游、柳江、龙江和洛清江流域,分别在 81.3%、75.0%、68.8%、68.8% 和 62.5%,其次是桂江中下游、右江、桂江上游、清水河、融江、贺江和郁江流域,分别在 40%~60%;其他流域在 0~40%。

孟湾风暴型暴雨主要集中在桂江中下游、桂江上游、柳江、贺江和清水河流域,分别在 80.0%、80.0%、80.0%、70.0% 和 70.0%,其次是西江汇流、西津、郁江和红水河下游流域,分别在 40%~60%,其他流域在 0~40%。

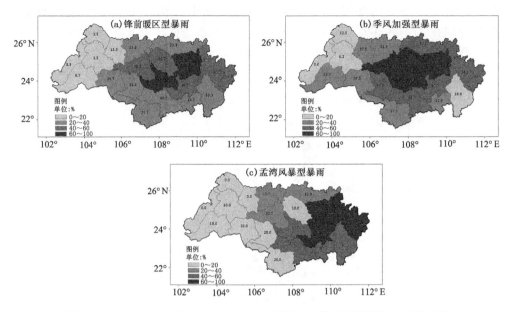

图 4.12　1971—2015 年西江流域集雨区汛期暖区暴雨过程暴雨出现频率图

4.2.2　典型暴雨个例环流特征

根据各型暴雨天气的环流特征、暴雨落区的不同,对各型暴雨天气进行细分,挑选出 3～10 个典型个例,采用 NCEP/NCAR 再分析资料,对暴雨出现前一天 20 时高低空环流特征进行分析。

4.2.2.1　华北槽型锋面暴雨

对西江流域 150 例华北槽型暴雨天气过程,根据华北槽与其他类型高空槽的相互作用,将华北槽型锋面暴雨分成 2 类,即华北深槽型和华北槽+南支槽型。

(1)华北深槽型

华北深槽型锋面暴雨开始的前一天,500 hPa 高度场上具有的共同特征是:亚欧为两槽一脊型,贝加尔湖附近为一个长波脊区,在 100°～115°E 为很深的长波槽区。副热带高压在台湾以东洋面,一般呈方头状,脊线位于 20°～25°N。当华北槽东移时,常引导中、低空切变线和地面锋面南移影响西江流域,造成暴雨天气。

按照暴雨天气出现的区域不同,分成东部暴雨型、西部暴雨型和全流域暴雨型。东部暴雨型的暴雨落区集中在桂江流域、柳江流域、洛清江流域 3 个流域(图 4.13a);西部暴雨型的暴雨落区集中在北盘江下游、红水河中游、右江流域 3 个流域(图 4.13b);全流域暴雨型暴雨范围较大,暴雨主要出现在中部地区(图 4.13c)。

对比分析三种类型的环流形势,其特征的不同之处如下。

在 500 hPa 高度场上(图 4.14),东部暴雨型在亚欧大陆为两槽一脊型,贝加尔湖附近为一个长波脊区,华北槽位于 100°～115°E,槽脊波动幅度≥20 个纬度,在 60°～80°E 槽区比较平直,副热带高压在南海东部,脊线位于 15°～18°N 附近(图 4.14a);西部暴雨型在亚欧大陆为两槽一脊型,华北槽较其他两者类型更偏东,位于在 120°～130°E,槽脊波动幅度≥20 个纬度,在 60°～80°E 也有一深槽区,副热带高压偏西,脊线在 25°N,125°E,呈方头状(图 4.14b);

全流域暴雨型在亚欧大陆为一槽一脊型,贝加尔湖附近为一个长波脊区,在 $100°\sim115°E$ 为华北深槽区,从我国华北伸到华西,槽脊波动幅度 $\geqslant20$ 个纬度,副热带高压位于 $20°N$,$120°E$,呈方头状,而且印缅地区有低槽活动(图 4.14c)。

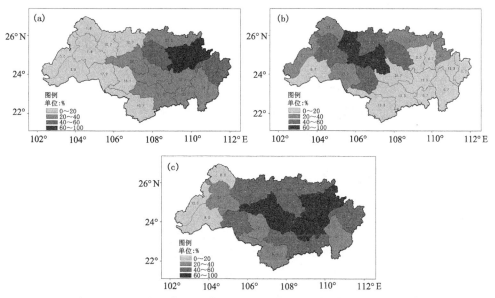

图 4.13　西江流域华北深槽型暴雨过程暴雨出现概率分布(单位:%)

(a. 东部型;b. 西部型;c. 全流域型)

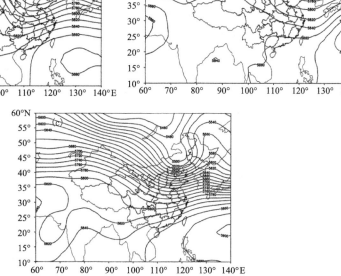

图 4.14　西江流域华北深槽型不同类型 500 hPa 高度场(单位:dagpm)

(a. 东部型;b. 西部型;c. 全流域型)

在 850 hPa 风场上,东部暴雨型与全流域暴雨型在华南中西部一带有低空急流,平均风速为 10～12 m/s,最大风速为 22～24 m/s,流域东部位于急流轴的左侧。东部暴雨型的切变线位于桂北一带,桂西北转北风(图 4.15a);西部暴雨型的切变线位于桂北一带,无明显低空急流(图 4.15b);全流域暴雨型的切变线位于湖南贵州中部一带(图 4.15c)。

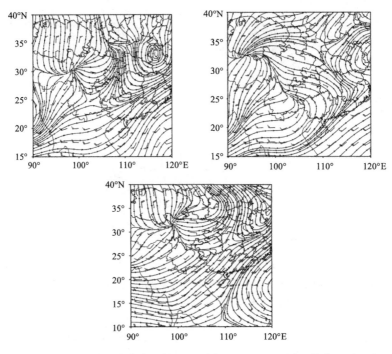

图 4.15　西江流域华北深槽型不同类型 850 hPa 风场(单位:m/s)
(a. 东部型;b. 西部型;c. 全流域型)

在海平面气压场上,三种类型的冷锋都在江南一带或者静止锋在南岭以南,全流域暴雨型在广西境内有气旋性弯曲等压线。东部暴雨型与西部暴雨型的冷空气从中路或西路南下影响西江流域(图 4.16a、b),而全流域暴雨型的冷空气从东路南下影响西江流域(图 4.16c)。

在 200 hPa 风场上,三种类型的西江流域都位于南亚高压右侧的辐散气流中。东部暴雨型与西部暴雨型的南亚高压位于印度大陆上空(图 4.17a、b),而全流域暴雨型的南亚高压位于中南半岛上空(图 4.17c)。

(2)华北槽+南支槽型

华北槽+南支槽型锋面暴雨开始的前一天,500 hPa 高度场的共同特征为:高纬度地区环流平直,中低纬度多波动移动,在新疆地区为长波脊区,华北或东北到华中有低槽;南支槽位于青藏高原南部;副热带高压在南海一带,脊线位于 15°～20°N 一带。暴雨当天副热带高压在南海较稳定,南支槽从青藏高原移出到 105°E 附近时,西江流域开始出现暴雨。

按照暴雨天气出现的区域不同,分成东部暴雨型、西部暴雨型和全流域暴雨型。东部暴雨型的暴雨落区集中在桂江、柳江 2 个流域(图 4.18a);西部暴雨型的暴雨落区集中在红水河中下游、右江、融江 3 个流域(图 4.18b);全流域暴雨型的暴雨落区主要出现在流域中部地区(图 4.18c)。

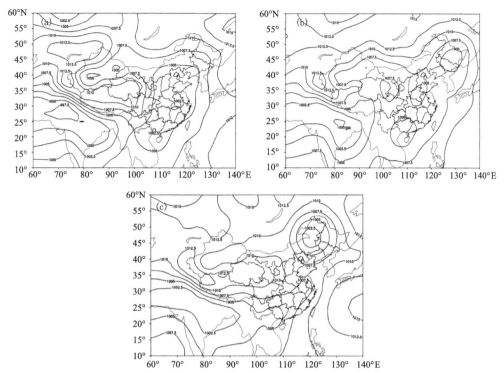

图 4.16　西江流域华北深槽型不同类型海平面气压场(单位:hPa)

(a. 东部型;b. 西部型;c. 全流域型)

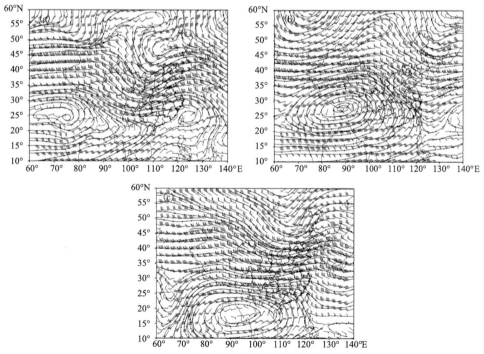

图 4.17　西江流域华北深槽型不同类型 200 hPa 风场(单位:m/s)

(a. 东部型;b. 西部型;c. 全流域型)

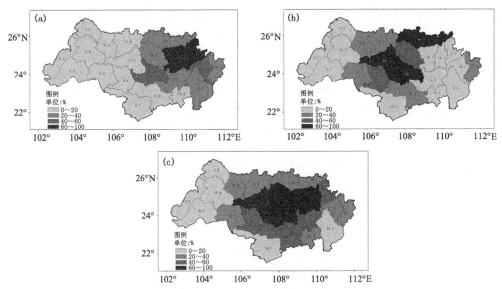

图 4.18　西江流域华北槽＋南支槽型暴雨过程暴雨出现概率分布

(a. 东部型；b. 西部型；c. 全流域型)

对比分析三种类型的环流形势，其特征的不同之处如下。

在 500 hPa 高度场上，三种类型在新疆地区为长波脊区，在 120°～130°E 为深槽区，从我国东北伸到华中，槽脊波动幅度≥20 个纬度。南支槽位于青藏高原南部，振幅≥5 个纬距。东部型与全流域型的副热带高压在南海一带，脊线位于 15°～20°N 一带，呈方头状(图 4.19a、c)。

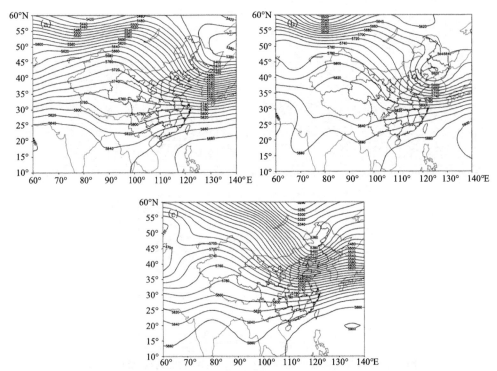

图 4.19　西江流域华北槽＋南支槽型不同类型 500 hPa 高度场(单位：dagpm)

(a. 东部型；b. 西部型；c. 全流域型)

西部型的副高脊线位于 $18°\sim20°N$ 一带(图 4.19b)。

在 850 hPa 风场上,东部型与全流域型的切变线在南岭;华南西部一带有急流,平均风速为 10 m/s,最大风速为 14 m/s(图 4.20a、c)。西部型切变线位于南岭一带,无明显低空急流(图 4.20b)。

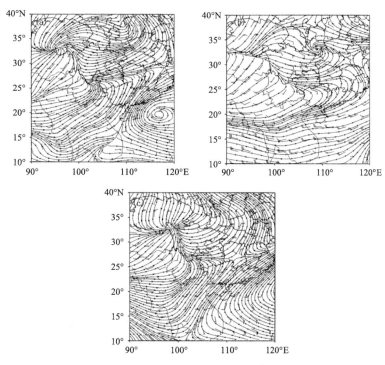

图 4.20　西江流域华北槽＋南支槽型不同类型 850 hPa 风场(单位:m/s)
(a. 东部型;b. 西部型;c. 全流域型)

在海平面气压场上,三种类型的冷锋都在江南一带或者静止锋在南岭以南,东部型和全流域暴雨型在广西境内有气旋性弯曲等压线。东部暴雨型与西部暴雨型的冷空气将从中路或西路南下(图 4.21a、b),而全流域暴雨型的冷空气将从东路南下(图 4.21c)。

在 200 hPa 风场上,三种类型的西江流域都位于南亚高压右侧的辐散气流中。东部暴雨型与西部暴雨型的南亚高压位于印度大陆上空(图 4.22a、b),而全流域暴雨型的南亚高压位于中南半岛上空(图 4.22 c)。

4.2.2.2　高原槽锋面暴雨

高原槽型锋面暴雨开始的前一天,500 hPa 高度场上具有的共同特征是:亚欧为两槽一脊型,贝加尔湖附近为一个长波脊区,在 $100°\sim115°E$ 为很深的长波槽区。副热带高压在南海一带(多出现在 4—6 月中和 9 月),脊线位于 $15°\sim18°N$ 附近,或者在台湾以东洋面(多出现在盛夏),一般呈方头状,脊线位于 $25°N$ 左右,印缅地区有低槽活动。当 500 hPa 深槽东移时,常引导中、低空切变线和地面锋面南移影响流域集雨区,造成暴雨天气。

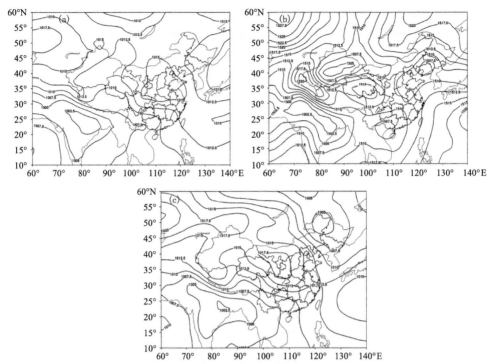

图 4.21　西江流域华北槽＋南支槽型不同类型海平面气压场（单位：hPa）

（a. 东部型；b. 西部型；c. 全流域型）

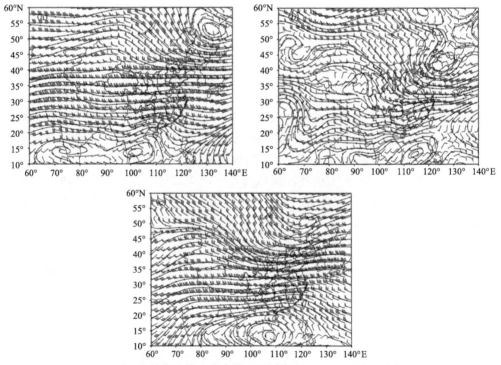

图 4.22　西江流域华北槽＋南支槽型不同类型 200 hPa 风场（单位：m/s）

（a. 东部型；b. 西部型；c. 全流域型）

　　根据 500 hPa 环流特征的不同,将高原槽型锋面暴雨分成 4 类,即 5 月高原槽型、6 月高原槽＋副高西进型、6 月高原槽＋副高东退型、7—8 月高原槽型。5 月高原槽型的暴雨落区主要出现在西江流域北部、东部,西江西部流域出现强降雨频率较低(图 4.23a)。6 月高原槽＋副高西进型的暴雨落区主要位于桂江中下游、贺江、柳江、洛清江和郁江流域,其余流域强降雨出现频率较低(图 4.23b)。6 月高原槽＋副高东退型的暴雨落区范围较大,以红水河下游和洛清江流域为中心,除了南盘江、北盘江和右江上游流域降雨频率较低外,其余流域降雨频率都较高(图 4.23c)。7—8 月高原槽型的暴雨落区主要集中在西江东部、北部流域(图 4.23d)。

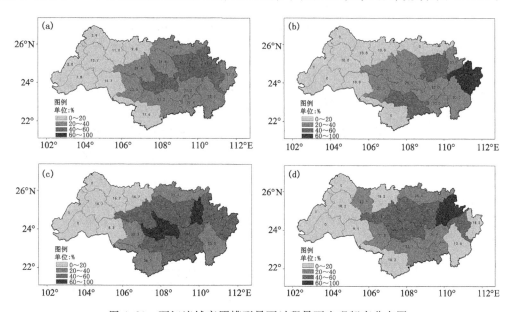

图 4.23　西江流域高原槽型暴雨过程暴雨出现频率分布图
(a. 5 月高原槽型;b. 6 月高原槽＋副高西进型;c. 6 月高原槽＋副高东退型;d. 7—8 月高原槽型)

　　各型高原槽型锋面暴雨在 500 hPa 高度场上特征为:5 月高原槽型的中高纬为一槽一脊型,在 100°～115°E 为很深的长波槽区,高原槽位于 25°～35°N,90°～110°E,副热带高压在南海一带,脊线位于 15°～18°N 附近(图 4.24a);6 月高原槽＋副高西进型的中高纬为两槽两脊型,高原槽位于 25°～35°N,90°～110°E,副热带高压位置西进至西江流域东南部附近,脊线位于 15°～20°N 附近(图 4.24b);6 月高原槽＋副高东退型的中高纬为两槽一脊型,高原槽位于 25°～35°N,100°～110°E,副热带高压位置东退至南海或黄海以东,脊线位于 15°～18°N 附近(图 4.24c);7—8 月高原槽型的中高纬为波动型,高原槽位于 30°～40°N,100°～110°E,流域集雨区位于槽底,副热带高压西进至流域集雨区东南部,脊线位于 22°～26°N 附近(图 4.24d)。

　　850 hPa 风场上,5 月高原槽型在西江流域北部有切变线,约在 27.5°N 附近,位置偏北,且有低空急流(图 4.25a);6 月高原槽＋副高西进型在流域北部有切变线,约在 27.5°N 附近,位置偏北,低空为偏南风,无明显的低空急流(图 4.25b);6 月高原槽＋副高东退型有切变线在流域北部摆动,在 25°～27.5°N,低空急流轴位置偏南(图 4.25c);7—8 月高原槽型流域北部有切变线,在 25°N 附近,位置偏北,流域东南部有低空急流(图 4.25d)。

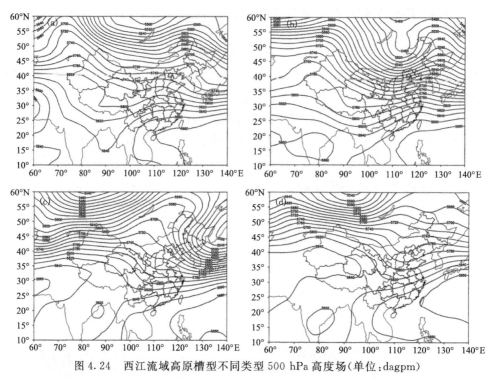

图 4.24　西江流域高原槽型不同类型 500 hPa 高度场(单位：dagpm)

(a.5 月高原槽型；b.6 月高原槽＋副高西进型；c.6 月高原槽＋副高东退型；d.7—8 月高原槽型)

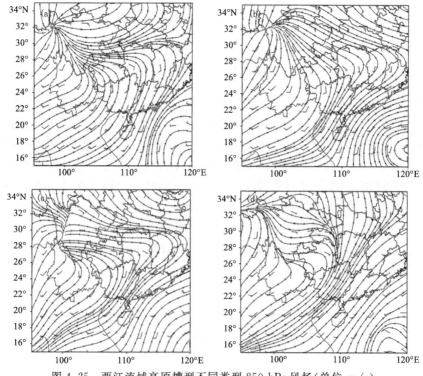

图 4.25　西江流域高原槽型不同类型 850 hPa 风场(单位：m/s)

(a.5 月高原槽型；b.6 月高原槽＋副高西进型；c.6 月高原槽＋副高东退型；d.7—8 月高原槽型)

　　在海平面气压场上,5 月高原槽型流域北部有倒槽(图 4.26a);6 月高原槽+副高西进型流域中北部有倒槽(图 4.26b);6 月高原槽+副高东退型倒槽位于流域中部(图 4.26c);7—8月高原槽型无较明显的倒槽,气旋性弯曲位于流域北部(图 4.26d)。

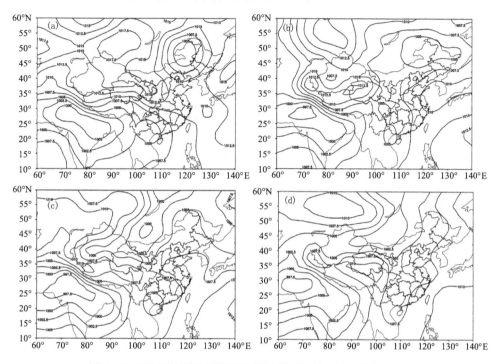

图 4.26　西江流域高原槽型不同类型海平面气压场(单位:hPa)

(a.5 月高原槽型;b.6 月高原槽+副高西进型;c.6 月高原槽+副高东退型;d.7—8 月高原槽型)

　　在 200 hPa 风场上,4 种类型的西江流域都位于南亚高压右侧的辐散下沉气流中。5 月高原槽型与 6 月高原槽+副高西进型的南亚高压位于中南半岛上空(图 4.27a、b),而 6 月高原槽+副高东退型与 7—8 月高原槽型的南亚高压位于印度大陆上空(图 4.27c、d)。

4.2.2.3　多波动型暴雨

　　多波动型锋面暴雨开始的前一天,在 500 hPa 高度场上,中高纬地区的槽脊比较平,南支在高原地区不断有小槽从高原移出,致使西江流域出现暴雨;同时低纬副热带高压加强西伸,西脊点有时可伸至 100°E 附近,副热带高压脊线在 15°N 附近,西江流域处于副热带高压的西北侧,受其西北侧的偏西南气流影响(图 4.28a)。

　　在 850 hPa 风场上,流域北部有切变线摆动,流域上空常会出现低空急流,最大风速可达16~20 m/s(图 4.28b)。

　　在海平面气压场上,冷空气从中路或东路南下,流域范围内有气旋性弯曲等压线(图4.28c)。

　　在 200 hPa 风场上,西江流域位于南亚高压右侧的辐散下沉气流中。南亚高压位于印度大陆上空(图 4.28d)。

　　多波动型暴雨落区主要集中在北部流域,其中强降雨出现频率最高的是柳江流域(图4.29)。

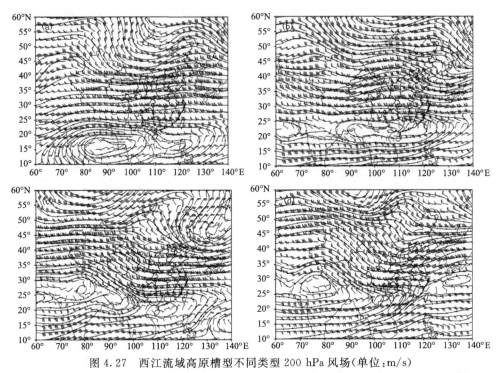

图 4.27　西江流域高原槽型不同类型 200 hPa 风场（单位：m/s）

（a. 5 月高原槽型；b. 6 月高原槽＋副高西进型；c. 6 月高原槽＋副高东退型；d. 7—8 月高原槽型）

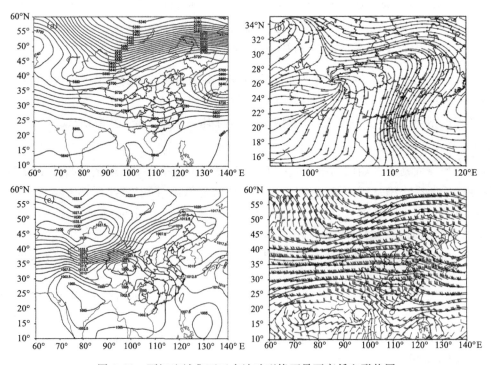

图 4.28　西江流域集雨区多波动型锋面暴雨高低空形势图

（a. 500 hPa 高度场，单位：dagpm；b. 850 hPa 风场，单位：m/s；c. 海平面气压场，单位：hPa；

d. 200 hPa 风场，单位：m/s）

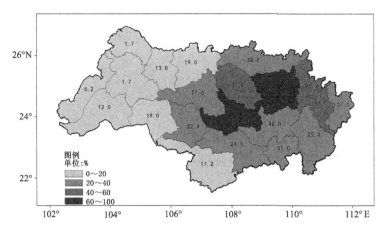

图 4.29　西江流域集雨区多波动型暴雨过程暴雨出现频率分布图

4.2.2.4　高后槽前型暴雨

暴雨出现前,亚洲中、高纬度为两槽一脊型,副高脊从日本南部海面向西南伸到中国南海,广西低层(850 hPa 到地面)西南倒槽明显。在这样的系统组合下,地面冷空气母体少动,分裂的冷空气从中一东路南下。锋面到达华南沿海后,分裂的冷高压东移到 110°E 以东。河套西部处于高压后部,等压线呈南北向。有大片 $-\Delta p_{24}$ 出现,$-\Delta p_{24}$ 中心 $\leqslant -8$ hPa,此时 850 hPa 切变线南移到贵阳和南宁之间,无力再移。暴雨前一天,高压东移出海,高压后部低层倒槽发展,低空急流出现,它与切变线北部东一东北气流造成强烈辐合,容易出现暴雨天气。

位于江南到西江流域之间的 850 hPa 切变是预报槽前高后有无暴雨的关键。在普查中发现,造成西江流域暴雨的高后槽前型暴雨形势可以细分为两种型:第一型是起报日 850 hPa 有切变线,第二型则是 850 hPa 起报日无切变线,暴雨日有切变线。

高后槽前型暴雨出现在高空槽东移的时候:起报日 850 hPa 有切变线时,随着高空槽东移,切变线得到加强,产生暴雨;起报日 850 hPa 无切变线的,高空槽东移时,槽后的偏北引导气流使 27°～30°N 产生偏东或东北气流,形成切变线的同时产生暴雨。

高后槽前型暴雨落区位于 850 hPa 切变线附近,多为红水河下游、洛清江、清水河、西江、桂江中下游、郁江、西津和融江流域等流域。

无论第一型还是第二型,200 hPa 环流均为新疆到青藏高原为高空脊区,从河套以西到青藏高原东部、再到中南半岛,为长波槽区(图 4.30a);500 hPa 环流特征均为中高纬度环流平直,从中国新疆到蒙古为弱脊区,脊前有长波槽;高原地区为多波动多小槽东移,南支锋区在 90°～110°E 为深长波槽区。副热带高压 586 线伸到南海一带,一般呈细长状,脊线位于 15°～18°N 附近(图 4.30b)。

第一型:850 hPa 有切变线

在 850 hPa 风场上,在南岭附近有较明显切变线存在,当高空槽东移,冷高压继续出海时,切变线减弱或北退,强降雨落在切变线的南侧或附近(图 4.31a)。

在海平面气压场上,出海高压中心位于长江口附近,西南暖低压尚未发展形成,华南和西南区域的气压值较高,华南地区有气旋性弯曲等压线,有弱静止锋(图 4.31b)。

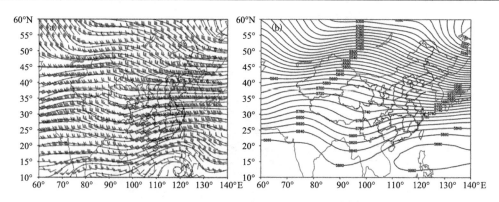

图 4.30　高后槽前型两种型中高空形势

(a. 200 hPa 风场,单位:m/s;b. 500 hPa 高度场,单位:dagpm)

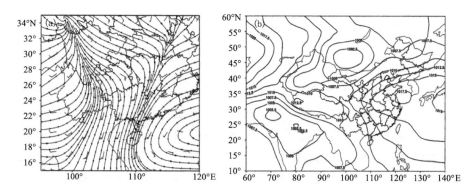

图 4.31　高后槽前型第一型低层形势

(a. 850 hPa 风场,单位:m/s;b. 海平面气压场,单位:hPa)

第二型:850 hPa 无切变线

在 850 hPa 风场上,起报日长江流域即 30°N 以南均无切变线存在,低空急流或偏南气流强盛(图 4.32a)。

在海平面气压场上,南北向等高线密集,在我国东部从 20°N 延伸至 40°N,一般出海高压已东移出长江口,西南暖低压或河套暖低压发展,冷锋在长江流域一带,暴雨开始后出海冷高压在东海加强(图 4.32b)。

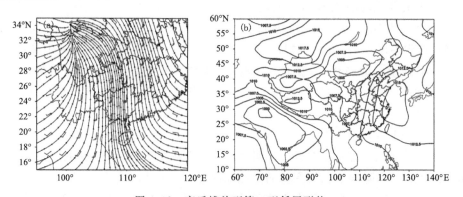

图 4.32　高后槽前型第二型低层形势

(a. 850 hPa 风场,单位:m/s;b. 海平面气压场,单位:hPa)

4.2.2.5　低涡型暴雨

（1）湘黔桂低涡型

湘黔桂低涡有别于西南涡，是指生成或活动在湘黔桂地区中低层的气旋性涡旋，高度场、风场等都具有明显的特征，表现为在湘、黔、桂地区 850～700 hPa 有气旋式流线闭合或700～500 hPa 至少有一条等高线闭合的低压中心，对西江流域暴雨天气有重要关系。即前汛期造成西江流域出现大范围暴雨天气过程的切变线低涡系统中的低涡并不是从四川移来的，而是形成于切变线西端的滇、黔、桂一带，在 850 hPa 上表现最为明显，在 925 hPa 和 700 hPa 上有时也有明显的低涡。湘黔桂低涡多出现在 4—6 月，一般都有锋面配合，也同属于锋面暴雨类型。湘黔桂的暴雨落区主要集中在桂江、柳江和红水河中下游流域（图 4.33）。

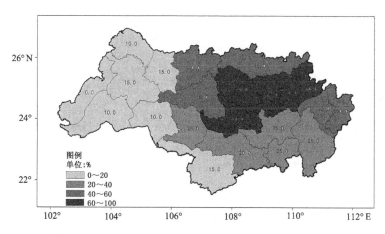

图 4.33　西江流域湘黔桂低涡暴雨过程暴雨出现概率

湘黔桂低涡型锋面暴雨的前一天，500 hPa 高度场上副热带高压位于 120°E 以东地区，高纬度地区槽脊波动幅度大，西西伯利亚为槽区，新疆贝加尔湖一带为长波脊区，脊前堪察加半岛为一较深的长波槽区，槽低可伸至川、黔一带，诱发湘黔桂低涡发生。此类型锋面暴雨落区在西江东北部流域的 500 hPa 环流特征是西西伯利亚槽区比较浅，堪察加半岛槽区比较深，可伸至朝鲜半岛，在华北到华西还有一个低槽，另外，在印度北部和缅甸也为低槽区，副热带高压位于 125°E 以东地区（图 4.34a、b）；暴雨落区在西江西北部流域时 500 hPa 环流特征为：西西伯利亚槽区比较深，贝加尔湖脊区比较弱，堪察加半岛槽区平直，河套到四川有小波动东移，印度和孟加拉湾为低槽区，副热带高压分成两环，西环在台湾岛附近（图 4.34c）；暴雨落区在西江东部流域，则 500 hPa 环流表现为：北极涡偏西，西西伯利亚槽区较深，贝加尔湖脊区较强，堪察加半岛槽区也较深，槽底可伸至川、黔一带，副热带高压位于 120°E 以东，范围较大（图 4.34d）。

（2）西南低涡

西南低涡是指产生在西南地区（25°～35°N，100°～110°E）至少有一条闭合等高线的气旋性环流。

造成西江流域暴雨过程的西南低涡天气系统，根据季节划分为初夏西南低涡和盛夏西南涡两种，初夏西南涡指前汛期 4—6 月影响西江流域的西南涡，盛夏西南涡指后汛期 7—9 月影响西江流域的西南涡。初夏西南涡多有冷空气配合，属于锋面暴雨，盛夏西南涡则属于暖区暴

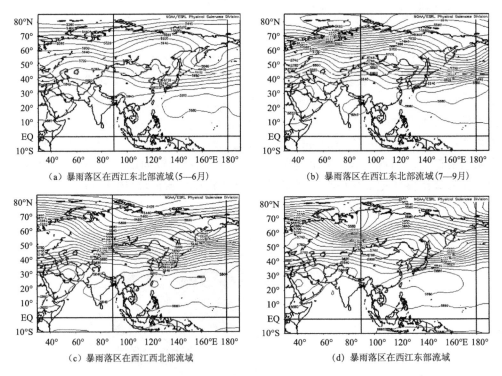

（a）暴雨落区在西江东北部流域（5—6月）　　　（b）暴雨落区在西江东北部流域（7—9月）

（c）暴雨落区在西江西北部流域　　　（d）暴雨落区在西江东部流域

图 4.34　湘黔桂低涡型锋面暴雨前 500 hPa 环流场特征

雨，无明显冷空气配合，是盛夏季节西风带系统造成暴雨过程的主要类型，并且多造成连续性的暴雨过程。

西南涡造成的暴雨除低涡直接进入西江流域影响外，多数与河套、华北低槽东南移共同影响，形成"北槽南涡"的形势。根据动态的环流变化特征的研究，归纳出有暴雨的西南涡生成前 1～2 d 及当天的 500 hPa 环流场分布特征。

①初夏（4—6月）西南涡

初夏西南涡的暴雨落区主要集中在桂江、柳江、红水河中下游和西江汇流 4 个流域（图 4.35）。

在 200 hPa 风场上，高纬地区从巴尔喀什湖到贝加尔湖为宽广槽区的槽前西南气流，从贝加尔湖到我国东北地区则为西北气流控制的脊区，中低纬地区从青藏高原到我国华东地区均为南亚高压北部西北气流控制中，为宽广的脊区（图 4.36a）。

在 500 hPa 高度场上，中高纬为宽广的两槽一脊型式，贝加尔湖至河套地区为高脊区，巴尔喀什湖和东亚地区为大槽区；中低纬高原东部至孟加拉湾为低槽区，与中高纬的高脊区形成反位相，同时，在 25°～40°N，85°～105°E 范围内等高线稀疏，这种反位相且等高线稀疏的配置极有利于形成西南涡，即在东亚槽后偏西北气流的引导下，700 hPa 和 850 hPa 从华北到江淮均盛行偏东风气流，与孟加拉湾低槽输送到华南地区的西南风形成气旋性环流；西江流域处在中低纬宽广的低槽区前，为强盛的西南气流控制，副高强度较弱，位置偏南，脊线位于 15°～18°N（图 4.36b）。

在 850 hPa 风场上，长江流域（30°N）一带为盛行偏东气流，西南涡多产生于 30°N 以南，105°E 以西向东或向东南移动至西江流域，产生暴雨（图 4.36c）。

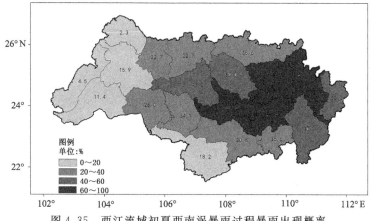

图 4.35　西江流域初夏西南涡暴雨过程暴雨出现概率

　　在海平面气压场上,长江流域以北为弱高压区,表明有弱冷空气南下,南北向的等压线向华南地区输送暖湿气流,西江流域所在西南地区处于印度半岛向东伸出的大低压倒槽中,普查中发现气压的低值区已移入西江流域中,表明极有利于辐合,产生暴雨(图 4.36d)。

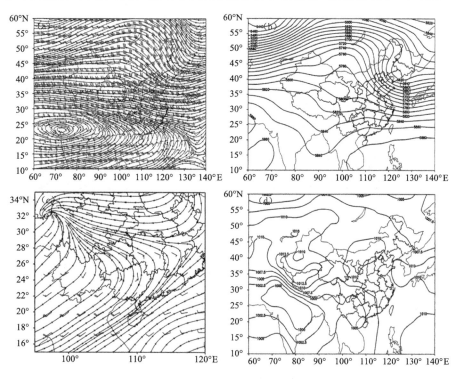

图 4.36　初夏西南涡高低空形势

(a. 200 hPa 风场,单位:m/s;b. 500 hPa 高度场,单位:dagpm;c. 850 hPa 风场,单位:m/s;
d. 海平面气压场,单位:hPa)

②盛夏(7—8 月)西南涡

　　盛夏西南涡的暴雨落区主要集中在桂江、柳江、红水河中下游和西江汇流 4 个流域(图4.37)。

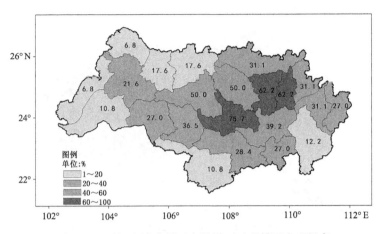

图 4.37 西江流域盛夏西南涡暴雨过程暴雨出现概率

在 200 hPa 风场上,位于高纬度的巴尔喀什湖和贝加尔湖之间为高脊区,中纬从新疆到河套地区、青藏高原到华南地区均为脊前强盛西北风、东北风控制,良好的辐场有利于中低层上升运动的形成和维持,为产生强降雨提供了有利的高层条件(图 4.38a)

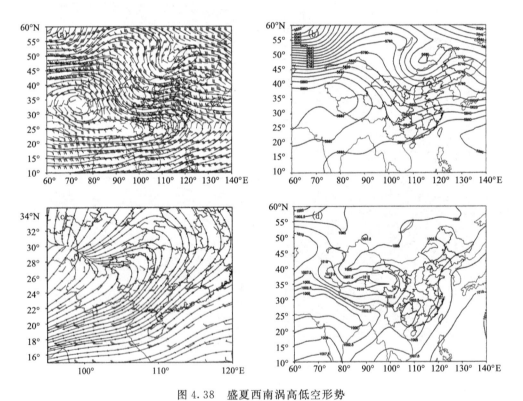

图 4.38 盛夏西南涡高低空形势

(a. 200 hPa 风场,单位:m/s;b. 500 hPa 高度场,单位:dagpm;c. 850 hPa 风场,单位:m/s;
d. 海平面气压场,单位:hPa)

在 500 hPa 高度场上,青藏高原西部有高压自西移入或高原西部有高压环流,新疆和田一带高度≥588 dagpm,且稳定加强;500 hPa 河套低槽加强,振幅≥10 纬距;印度低压建立,新德里吹东风,从河套至西南地区到印度半岛为深槽区,深槽北段加深,向东南移,南段有小槽生成东移;30°N 附近站点 500 hPa H≤586 dagpm,$\Delta H_{24\,h}$≤-3 dagpm;副高南撤,海口吹偏西风或西南风;南海地区不能有低压活动(图 4.38b)。

在 850 hPa 风场上,相比 500 hPa 或 700 hPa 低涡,该层的低涡位置更偏东、偏南一些,来自孟加拉湾低槽的西南气流和中南半岛北上的偏南气流在西江流域汇合,多数加强为急流,为暴雨的产生提供了极有利的条件(图 4.38c)。

在海平面气压场上,盛夏季节,青藏高原地区常常为一冷高压,印度低压建立是环流场的前提之一,新德里出现稳定的东风;江南地区有大片的负变压区;西江流域及西南地区为大范围的 1002.5 hPa 低压(图 4.38d)。

4.2.2.6 锋前暖区型暴雨

锋前暖区型暴雨发生前 1~3 d,500 hPa 高度场上,在我国华北地区有明显的高空槽自西向东移动,槽底伸到 30°N 以南,同时我国西南地区到孟加拉湾存在另一个较深的南支槽,这两支槽在东移过程中同位相增强发展。副热带高压脊从冲绳岛一带经台湾南部向西南伸到 100°~105°E,脊线在 18°N 附近,高压南缘在 5°N 附近或更南,一般在华东沿海形成高压坝,江南地区出现东高西低的形势。850 hPa 风场上,长江以南大部地区有强盛的西南或偏南气流,江南地区有切变线或低涡。一般西南风从孟加拉湾经中南半岛、南海、华南直到达长江流域,并在华南西部形成西南风急流。地面上西南暖低压逐渐建立,并伸展到长江流域,有时候在江南西部出现"江南锋生"或江南地区东部有静止锋存在,华南西部等压线呈南北向,东部沿海不存在高压脊。

锋前暖区第一型暴雨产生于华南地面锋线南侧暖区里,其环流特征如下。

在 200 hPa 流场上,从新疆到华北,从青藏高原到华东地区,我国大陆都是南压高压脊前宽广的西北气流控制(图 4.39a)。

在 500 hPa 高度场上,副高强度弱,位置偏东,西脊点未达 120°E 以西;在 25°~35°N,110°~120°E 的区域内有很深的低槽(在 15 个经距内等高线南北落差≥8 个纬距),槽底伸至 30°N 以南,我国西南地区到孟加拉湾存在另一宽广深厚的南支槽,这两支槽在东移过程中同位相增加发展。南支槽输送西南风从孟加拉湾经中南半岛、南海、华南直达长江流域,并在华南西部形成急流(图 4.39b)。

在 850 hPa 风场上,与 500 hPa 深槽对应,有一条强盛的西南低空气流,为暴雨的产生提供了高温、高湿的条件(图 4.39c)。

在海平面气压场上,有明显的西南倒槽(15°~27°N,100°~110°E 范围内出现 1~3 根南北向等压线),或者西南暖低压逐渐建立,有时候在江南西部出现"江南锋生"或江南地区有静止锋存在,华南西部等压线呈南北向,东部沿海不存在高压脊(图 4.39d)。

锋前暖区第二型暴雨产生时,南岭附近直到海南北部都没有锋面存在,而且华南又不受冷空气或变性冷高脊控制,其环流特征如下。

在 200 hPa 流场上,贝加尔湖地区为高空低涡,低涡槽南伸到青藏高原东部的四川、贵州地区,纬度较低的云南和华南地区则是南压高压脊前的西北气流控制(图 4.40a)。

在 500 hPa 高度场上,副高偏东,西脊点伸至 120°E 附近,脊线维持在 20°N 以南,朝鲜半

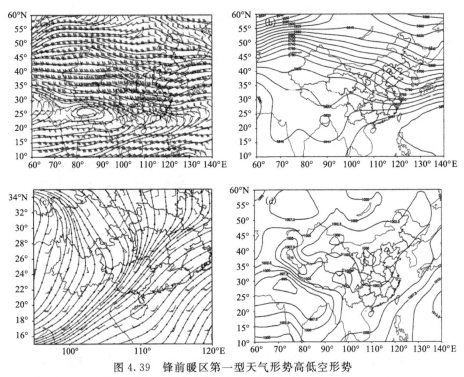

图 4.39　锋前暖区第一型天气形势高低空形势

（a. 200 hPa 风场，单位：m/s；b. 500 hPa 高度场，单位：dagpm；c. 850 hPa 风场，单位：m/s；
d. 海平面气压场，单位：hPa）

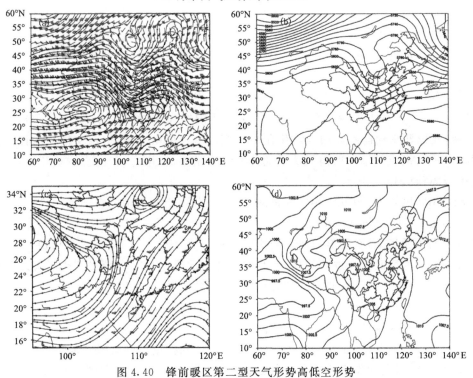

图 4.40　锋前暖区第二型天气形势高低空形势

（a. 200 hPa 风场，单位：m/s；b. 500 hPa 高度场，单位：dagpm；c. 850 hPa 风场，单位：m/s；
d. 海平面气压场，单位：hPa）

岛为大槽,槽底伸到 30°N 附近,高原南部有小槽东移,孟加拉湾至印度半岛为宽广的深槽,源源不断向华南输送高温、高湿的水汽(图 4.40b)。

在 850 hPa 风场上,整个华南区域处在宽广、深厚的孟湾槽前,西南气流输送充沛水汽。在流场上,在南岭附近有弱的暖式切变存在(图 4.40c)。

在海平面气压场上,长江流域以北为宽广大低压,低压中心位于河套地区,中心气压值低于 1000 hPa。在气压场上,虽然没有明显的西南倒槽,但是气压的最低值都位于西江流域内,形成辐合区,当高空槽东移时,动力抬升作用使高温高湿的大气状况极易产生强降雨(图 4.40d)。

4.2.2.7　季风加强型暴雨

200 hPa 风场上,南亚高压位于青藏高原以南地区,长江流域以南大部地区均处于南亚高压北部偏西北气流的控制中,西江流域处于南亚高亚前部西北风与东北风的转折中,流场辐散明显(图 4.41a)。

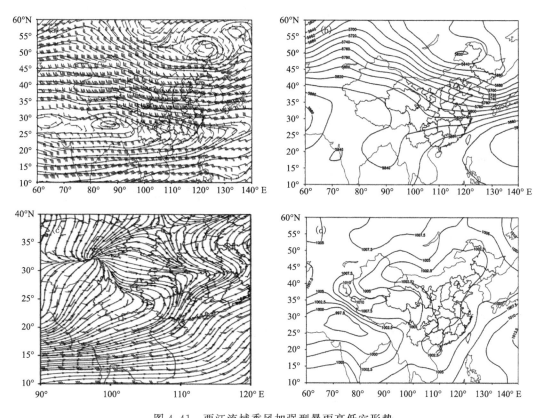

图 4.41　西江流域季风加强型暴雨高低空形势

(a.200 hPa 风场,单位:m/s;b.500 hPa 高度场,单位:dagpm;c.850 hPa 风场,单位:m/s;
d. 海平面气压场,单位:hPa)

在 500 hPa 高度场上,中高纬度槽脊波动幅度大,乌拉尔山为脊区,青藏高原东部或华北有槽东移,槽脊波动幅度≥10 个纬度,欧亚中高纬度等值线较稀;印度或孟加拉湾为低槽区;副热带高压脊线在 20°N,120°E 以东(图 4.41b)。

850 hPa 风场上,切变线在南岭附近;有西南风急流从中南半岛延伸到华南中部;850 hPa 平均风速 10 m/s,最大 18 m/s(图 4.41c)。

海平面气压场上,广西境内有气旋性弯曲等压线,或北部湾南部有低压槽(图 4.41d)。

4.2.2.8　孟湾低涡型暴雨

200 hPa 风场上,高纬度的巴尔喀什湖和贝加尔湖上空为槽区,中纬新疆和青藏高原为脊区,南亚高压中心位于北部湾海面,25°N 以南地区为南亚高压北部偏西气流控制(图 4.42a)。

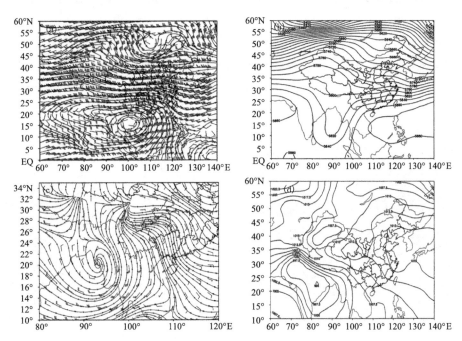

图 4.42　西江流域孟湾低涡型暴雨高低空形势

(a. 200 hPa 风场,单位:m/s;b. 500 hPa 高度场,单位:dagpm;c. 850 hPa 风场,单位:m/s;
d. 海平面气压场,单位:hPa)

在 500 hPa 高度场上,有深槽东移,主要位于 10°~30°N,80°~110°E;振幅大于 10 个纬距;副高西伸,西脊点位于 105°E 附近,脊线位于 13°N 附近(图 4.42b)。

850 hPa 风场上,在孟加拉湾上空有低涡存在,在流域集雨区出现偏南风急流(图 4.42c)。

海平面气压场上,地面倒槽位置偏西偏南,气旋性弯曲位于流域集雨区左江、郁江流域附近(图 4.42d)。

孟湾低涡型暴雨降雨落区范围较大,属于全流域降雨。

4.3　暴雨概念模型及预报方法建立

分析上一节中的典型暴雨天气的高低空环流形势特征,根据冷锋或静止锋、切变线、西南急流、高空槽、低涡等之间的相互配置,总结各型暴雨天气的概念模型。

4.3.1　锋面暴雨概念模型

4.3.1.1　华北深槽型暴雨天气概念模型

华北深槽型锋面暴雨天气概念模型见图 4.43。

高层 200 hPa 上，从东北一直到四川一带为槽区，槽区比较深厚。南亚高压位于印度半岛东侧，广西上空处于其东部的西北—偏北气流控制中。

500 hPa 天气形势图上，发生华北深槽型锋面暴雨开始的前一天，500 hPa 上具有的共同特征是：亚欧为两槽一脊型，贝加尔湖附近为一个长波脊区，在 100°～115°E 为很深的长波槽区。副热带高压在南海一带（多出现在 4—6 月中和 9 月），脊线位于 15°～18°N 附近，或者在台湾以东洋面（多出现在盛夏），一般呈方头状，脊线位于 25°N 左右，印缅地区有低槽活动。当 500 hPa 华北深槽东移时，常引导中、低空切变线和地面锋面南移影响广西，造成暴雨天气。

850～700 hPa 风场上，在华南西部一带有低空急流，700 hPa 平均风速为 10 m/s，最大风速为 24 m/s；850 hPa 平均风速为 10 m/s，最大风速为 22 m/s。

海平面气压场上，冷锋位于长江以南一带，或者静止锋在南岭，华南有倒槽。

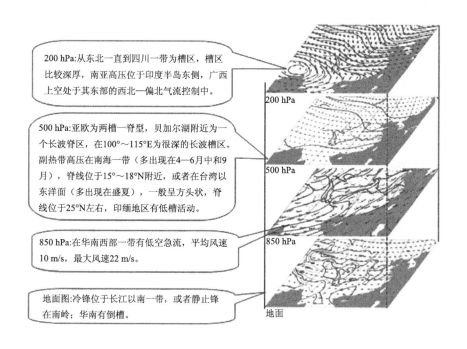

图 4.43　华北深槽型锋面暴雨天气概念模型

4.3.1.2　华北槽＋南支槽型暴雨天气概念模型

华北槽＋南支槽型锋面暴雨天气概念模型见图 4.44。

高层 200 hPa 上，南亚高压主体偏南，中心位于孟加拉湾一带，广西上空处于其东北部的西北气流控制中。贝加尔湖一带为宽广的槽区，槽底可达河套顶部。

500 hPa 高度场为一槽一脊型,东亚大槽位于 120°E 附近,在新疆地区为较浅的长波脊区,华北到华东有低槽,南支槽位于青藏高原南部,副热带高压在南海一带,脊线位于 15°~20°N一带。暴雨当天南支槽从青藏高原移出到 105°E 附近时,副热带高压在南海较稳定,西江流域开始出现暴雨。

850~700 hPa 风场上,700 hPa 切变线在 28°~30°N 一带,850 hPa 切变线在南岭,华南西部一带有急流,700 hPa 平均风速为 18 m/s,最大为 20 m/s,850 hPa 平均风速为 10 m/s,最大为14 m/s。暴雨当天切变线南压至黔桂交界,江南气压场呈向西南开口的倒槽。

海平面气压场上,冷空气将从中路或东路南下,冷锋在江南一带或者静止锋在南岭以南,广西境内有气旋性弯曲等压线。

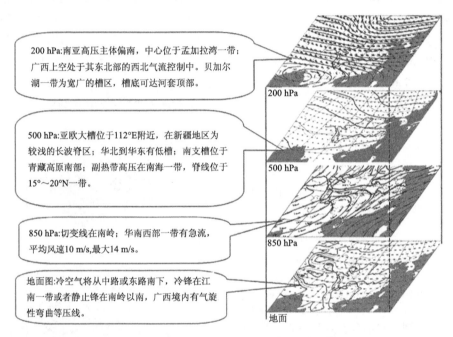

图 4.44 华北槽＋南支槽型锋面暴雨天气概念模型

4.3.1.3 高原槽型暴雨天气概念模型

高原槽型锋面暴雨天气概念模型见图 4.45。

高层 200 hPa 天气图上,南亚高压位于印度大陆北部,西江流域上空处于其东部的西北—偏北气流控制中。

500 hPa 天气形势图上中高纬为一槽一脊型,高原槽位于 25°~35°N,90°~100°E 副热带高压在南海一带,脊线位于 15°~18°N 附近。

850~700 hPa 风场上,在华南西部一带有低空急流,北部有切变线,约在 27.5°N 附近,位置偏北。

海平面气压场上,冷锋位于长江以南一带,或者静止锋在南岭,华南有倒槽。

4.3.1.4 多波动型暴雨天气概念模型

多波动型暴雨天气概念模型见图 4.46。

高层 200 hPa 南亚高压主体偏南,其中心位于孟加拉湾一带,亚洲中高纬地区环流平直,

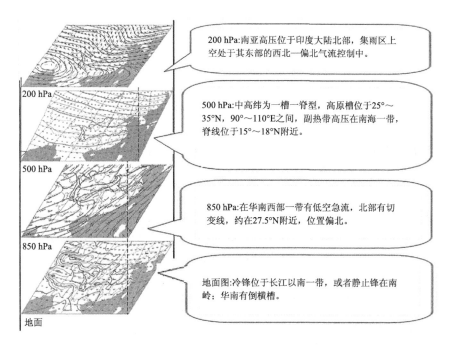

200 hPa:南亚高压位于印度大陆北部,集雨区上空处于其东部的西北—偏北气流控制中。

500 hPa:中高纬为一槽一脊型,高原槽位于25°~35°N,90°~110°E之间,副热带高压在南海一带,脊线位于15°~18°N附近。

850 hPa:在华南西部一带有低空急流,北部有切变线,约在27.5°N附近,位置偏北。

地面图:冷锋位于长江以南一带,或者静止锋在南岭;华南有倒横槽。

图 4.45　高原槽型锋面暴雨天气概念模型

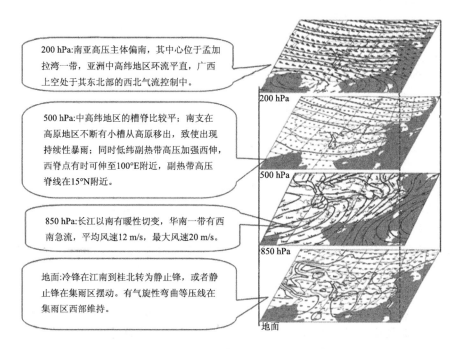

200 hPa:南亚高压主体偏南,其中心位于孟加拉湾一带,亚洲中高纬地区环流平直,广西上空处于其东北部的西北气流控制中。

500 hPa:中高纬地区的槽脊比较平;南支在高原地区不断有小槽从高原移出,致使出现持续性暴雨;同时低纬副热带高压加强西伸,西脊点有时可伸至100°E附近,副热带高压脊线在15°N附近。

850 hPa:长江以南有暖性切变,华南一带有西南急流,平均风速12 m/s,最大风速20 m/s。

地面:冷锋在江南到桂北转为静止锋,或者静止锋在集雨区摆动。有气旋性弯曲等压线在集雨区西部维持。

图 4.46　多波动型锋面暴雨天气概念模型

西江流域上空处于其东北部的西北气流控制中。

500 hPa 高度场上,中高纬地区的槽脊比较平,南支在高原地区不断有小槽从高原移出,致使西江流域出现持续性暴雨;同时低纬副热带高压加强西伸,西脊点有时可伸至 100°E 附近,副热带高压脊线在 15°N 附近,西江流域处于副热带高压的北侧。

850～700 hPa 风场上,长江以南有暖性切变,华南一带有西南急流;700 hPa 平均风速为 12 m/s,最大风速为 16 m/s,850 hPa 平均风速为 12 m/s,最大风速为 20 m/s。

海平面气压场上,暴雨前一天冷锋在长江流域一带,或者静止锋在南岭以北;暴雨当天冷锋在江南到桂北转为静止锋,或者静止锋在集雨区摆动,有气旋性弯曲等压线在集雨区西部维持。

4.3.1.5 高后槽前型暴雨天气概念模型

高后槽前型暴雨天气概念模型见图 4.47。

高层 200 hPa 南亚高压主体异常偏南,中心位于孟加拉湾中部以南地区;孟加拉湾北部到中南半岛为浅槽区,集雨区上空处于槽前西偏南气流控制中。

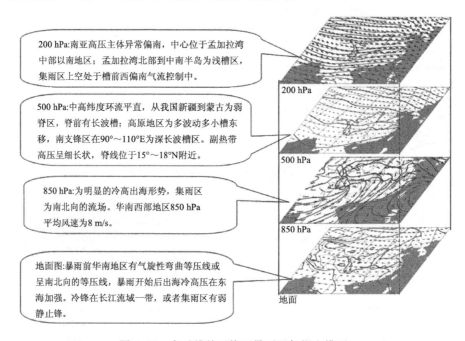

200 hPa:南亚高压主体异常偏南,中心位于孟加拉湾中部以南地区;孟加拉湾北部到中南半岛为浅槽区,集雨区上空处于槽前西偏南气流控制中。

500 hPa:中高纬度环流平直,从我国新疆到蒙古为弱脊区,脊前有长波槽;高原地区为多波动多小槽东移,南支锋区在 90°～110°E 为深长波槽区。副热带高压呈细长状,脊线位于 15°～18°N 附近。

850 hPa:为明显的冷高出海形势,集雨区为南北向的流场。华南西部地区 850 hPa 平均风速为 8 m/s。

地面图:暴雨前华南地区有气旋性弯曲等压线或呈南北向的等压线,暴雨开始后出海冷高压在东海加强。冷锋在长江流域一带,或者集雨区有弱静止锋。

图 4.47　高后槽前型锋面暴雨天气概念模型

500 hPa 高度场上,中高纬度环流平直,从我国新疆到蒙古国为弱脊区,脊前有长波槽;高原地区为多波动多小槽东移,南支锋区在 90°～110°E 为深长波槽区。副热带高压 5860 gpm 线伸到南海一带,一般呈细长状,脊线位于 15°～18°N 附近。

850 hPa 或 700 hPa 风场上,暴雨前一天表现集雨区无明显切变,850 hPa 表现为明显的冷高出海形势,集雨区为南北向的流场。华南西部地区 700 hPa 平均风速为 8 m/s,850 hPa 平均风速为 8 m/s。

海平面气压场上,暴雨前华南地区有气旋性弯曲等压线或呈南北向的等压线,暴雨开始后出海冷高压在东海加强;冷锋在长江流域一带,或者集雨区有弱静止锋。

4.3.1.6 湘黔桂低涡型暴雨天气概念模型

湘黔桂低涡型锋面暴雨天气概念模型见图 4.48。

高层 200 hPa 庞大的南亚高压位于青藏高原一带,集雨区高空处于其东部的偏北—东北气流控制中。

500 hPa 高度场上,暴雨前一天 500 hPa 上高纬度地区槽脊波动幅度大,西西伯利亚为槽区,新疆到贝加尔湖一带为长波脊区,脊前堪察加半岛为一较深的长波槽区,槽底可伸至川、黔一带,诱发湘黔桂低涡产生。而热带地区的副热带高压位于 120°E 以东地区。

低层 850~700 hPa 风场上,湘黔桂一带地区有低涡,长江以南有东北—西南向的切变,江淮一带(30°~34°N)吹偏东风;700 hPa 华南一带有风速为 12~24 m/s 的西南急流;850 hPa 华南一带有风速为 12~20 m/s 的西南急流,或是广西有风速为 6~8 m/s 的偏南风。

海平面气压场上,冷锋在江南一带,或者静止锋在南岭以南,西江西南流域有低压中心,华南有向西或西南开口的倒槽。

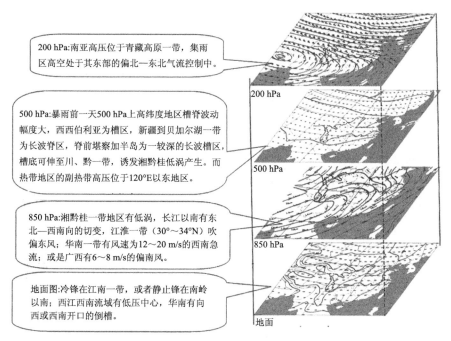

图 4.48　湘黔桂低涡型锋面暴雨天气概念模型

4.3.1.7　初夏西南涡型暴雨天气概念模型

初夏(4—6 月)西南涡型暴雨天气概念模型见图 4.49。

200 hPa 高度场上,南亚高压位于青藏高原一带,集雨区高空处于其东部的偏北—东北气流控制中。

500 hPa 高度场上,中高纬为宽广的两槽一脊型式,贝加尔湖至河套地区为高脊区,巴尔喀什湖和东亚地区为大槽区;中低纬高原东部至孟加拉湾为低槽区,与中高纬的高脊区形成反位相,同时,在 25°~40°N,85°~105°E 范围内等高线稀疏,这种反位相且等高线稀疏的配置极有利于形成西南涡,即在东亚槽后偏西北气流的引导下,700 hPa 和 850 hPa 从华北到江淮均盛行偏东风气流,与孟加拉湾低槽输送到华南地区的西南风形成气旋性环流;集雨区处在中低纬宽广的低槽区前,为强盛的西南气流控制,副高强度较弱,位置偏南,脊线位于 15°~18°N。

850 hPa 风场上,长江流域(30°N)一带盛行偏东气流,西南涡多产生于 30°N 以南,105°E 以西向东或向东南移动至集雨区,产生暴雨。

海平面气压场上,长江流域以北为弱高压区,表明有弱冷空气南下,南北向的等压线向华南地区输送暖湿气流,集雨区所在西南地区处于印度半岛向东伸出的大低压倒槽中,气压的低值区已移入西江流域,表明极有利于辐合,产生暴雨。

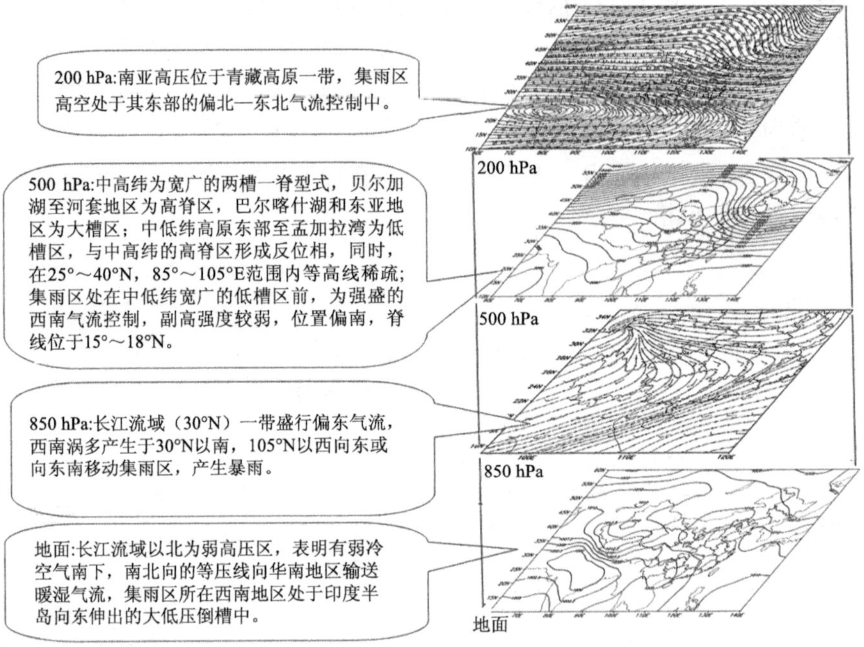

200 hPa:南亚高压位于青藏高原一带,集雨区高空处于其东部的偏北—东北气流控制中。

500 hPa:中高纬为宽广的两槽一脊型式,贝尔加湖至河套地区为高脊区,巴尔喀什湖和东亚地区为大槽区;中低纬高原东部至孟加拉湾为低槽区,与中高纬的高脊区形成反位相,同时,在25°～40°N、85°～105°E范围内等高线稀疏;集雨区处在中低纬宽广的低槽前,为强盛的西南气流控制,副高强度较弱,位置偏南,脊线位于15°～18°N。

850 hPa:长江流域(30°N)一带盛行偏东气流,西南涡多产生于30°N以南,105°N以西向东或向东南移动集雨区,产生暴雨。

地面:长江流域以北为弱高压区,表明有弱冷空气南下,南北向的等压线向华南地区输送暖湿气流,集雨区所在西南地区处于印度半岛向东伸出的大低压倒槽中。

200 hPa

500 hPa

850 hPa

地面

图 4.49　初夏西南涡型锋面暴雨天气概念模型

4.3.1.8　盛夏西南涡型暴雨天气概念模型

盛夏(7—8月)西南涡型暴雨天气概念模型特征见图 4.50。

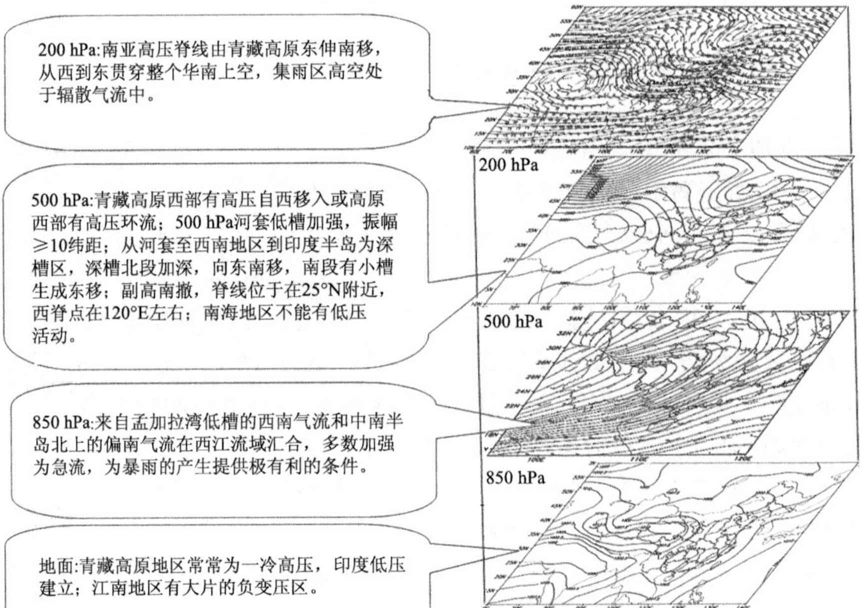

200 hPa:南亚高压脊线由青藏高原东伸南移,从西到东贯穿整个华南上空,集雨区高空处于辐散气流中。

500 hPa:青藏高原西部有高压自西移入或高原西部有高压环流;500 hPa河套低槽加强,振幅≥10纬距;从河套至西南地区到印度半岛为深槽区,深槽北段加深,向东南移,南段有小槽生成东移;副高南撤,脊线位于在25°N附近,西脊点在120°E左右;南海地区不能有低压活动。

850 hPa:来自孟加拉湾低槽的西南气流和中南半岛北上的偏南气流在西江流域汇合,多数加强为急流,为暴雨的产生提供极有利的条件。

地面:青藏高原地区常常为一冷高压,印度低压建立;江南地区有大片的负变压区。

200 hPa

500 hPa

850 hPa

地面

图 4.50　盛夏西南涡型暴雨天气概念模型

200 hPa 高度场上,南亚高压脊线由青藏高原东伸南移,从西到东贯穿整个华南上空,集雨区高空处于辐散气流中。

500 hPa 高度场上,青藏高原西部有高压自西移入或高原西部有高压环流,新疆和田一带高度≥588 dagpm,且稳定加强;500 hPa 河套低槽加强,振幅≥10 个纬距;从河套至西南地区到印度半岛为深槽区,深槽北段加深,向东南移,南段有小槽生成东移;副高南撤,脊线位于25°N 附近,西脊点在 120°E 左右;南海地区无低压活动。

850 hPa 风场上,来自孟加拉湾低槽的西南气流和中南半岛北上的偏南气流在西江流域汇合,多数加强为急流,为暴雨的产生提供极有利的条件。

海平面气压场上,青藏高原地区常常为一冷高压,印度低压建立是环流场的前提之一,新德里出现稳定的东风;江南地区有大片的负变压区。

4.3.2　暖区暴雨概念模型

4.3.2.1　锋前暖区型暴雨天气概念模型

锋前暖区型暴雨天气概念模型特征见图 4.51。

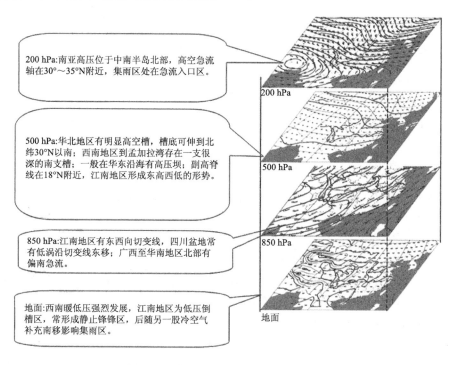

图 4.51　锋前暖区型暴雨天气概念模型

在高层 200 hPa 上,南亚高压位于中南半岛北部,高空急流轴在 30°~35°N 附近,集雨区处在急流入口区。

在 500 hPa 高度场上,华北地区有明显高空槽,槽底可伸到北纬 30°N 以南;西南地区到孟加拉湾存在一支很深的南支槽;一般在华东沿海有高压坝;副高脊线在 18°N 附近,江南地区形成东高西低的形势。

在 850~700 hPa 风场上,江南地区有东西向切变线,四川盆地常有低涡沿切变线东移,广西至华南地区北部有偏南急流,桂北与桂西北风速切变大于 8 m/s。

海平面气压场上,西南暖低压强烈发展,江南地区为低压倒槽区,常形成静止锋锋区,后随另一股冷空气补充南移影响集雨区。

4.3.2.2 季风加强型暴雨天气概念模型

季风加强型暴雨天气概念模型特征见图 4.52。

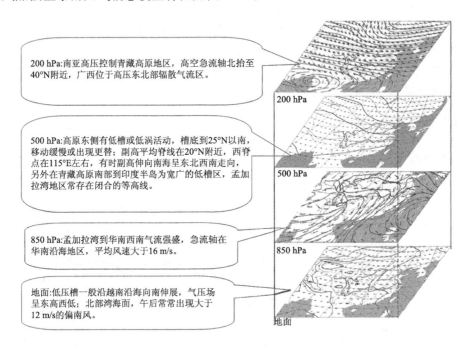

200 hPa:南亚高压控制青藏高原地区,高空急流轴北抬至40°N附近,广西位于高压东北部辐散气流区。

500 hPa:高原东侧有低槽或低涡活动,槽底到25°N以南,移动缓慢或出现更替;副高平均脊线在20°N附近,西脊点在115°E左右,有时副高伸向南海呈东北西南走向,另外在青藏高原南部到印度半岛为宽广的低槽区,孟加拉湾地区常存在闭合的等高线。

850 hPa:孟加拉湾到华南西南气流强盛,急流轴在华南沿海地区,平均风速大于16 m/s。

地面:低压槽一般沿越南沿海向南伸展,气压场呈东高西低;北部湾海面,午后常常出现大于12 m/s的偏南风。

图 4.52　季风加强型暴雨天气概念模型

在高层 200 hPa 上,南亚高压控制青藏高原地区,高空急流轴北抬至 40°N 附近,广西位于高压东北部辐散气流区。

在 500 hPa 高度场上,高原东侧有低槽或低涡活动,槽底到 25°N 以南,移动缓慢或出现更替;副高平均脊线在 20°N 附近,西脊点在 115°E 左右,有时副高伸向南海呈东北—西南走向,另外在青藏高原南部到印度半岛为宽广的低槽区,孟加拉湾地区常存在闭合的等高线。

在 850~700 hPa 风场上,孟加拉湾到华南西南气流强盛,急流轴在华南沿海地区,平均风速大于 16 m/s,北部湾到桂西的流线呈气旋性弯曲,西南地区常有 144 dagpm 以下的低压中心。

在海平面气压场上,低压槽一般沿越南沿海向南伸展,气压场呈东高西低;北部湾海面,午后常常出现风速大于 12 m/s 的偏南风。

4.3.3 暴雨预报方法及指标

统计分析 1971—2015 年 429 例锋面暴雨天气过程,根据暴雨发生前环流形势和要素场初始分布特征,可从冷空气强度、路径、副热带高压脊的位置、强度变化以及高低空、地面指标站之间的要素差等方面着手,总结出一些预报经验。预报指标主要分为天气图指标和数值预报指标两部分,根据环流特征,要素场分布,高空有否低涡,切变线、槽线及指标站要素变化等,确定指标要素,用以卡住形势或系统的演变。天气图选取暴雨发生前一天 20 时地面场、500 hPa 形势场、700 hPa 形势场、850 hPa 形势场作为预报基础;数值预报选择目前气象预报中预报能力较好的 ECMWF 预报模式作为基础,同样选取暴雨发生前一天 20 时地面预报场、500 hPa、700 hPa 和 850 hPa 预报形势场和风场。

4.3.3.1　华北深槽型暴雨预报指标

华北深槽并不能直接造成广西的暴雨,但当华北深槽东移时,容易引导冷空气从偏东路南下,使西南倒槽南压,锋面与倒槽东北部的气旋性弯曲处容易产生暴雨,华北深槽后 NW-SE 走向的等高线与南支槽前 SW-NE 走向的等高线,常在 30°N 附近的 105°～110°E 形成向西开口的"八"字形,使两股气流产生明显的辐合,随着槽的东移和冷空气的南下,使流域集雨区产生较大范围的暴雨天气。

因此,注意华北深槽东移以及地面锋面、850 hPa 切变线南下,是预报第二天暴雨的关键。

①河套到华北(35°～45°N,110°～120°E)一带有深槽,幅度≥10 个纬度,若 500 hPa 乌鲁木齐 $H \leqslant 584$ dagpm,拉萨与海口高度差≤−4 dagpm,南宁 $H \leqslant 587$ dagpm。

②850 hPa 切变线在 25°～30°N 与之相配合,并有低空急流加强,广西位于低空急流轴的左侧。

③地面要求东高西低,最好是倒槽(汕头 p—南宁 p)≥1.5 hPa,或南宁 $\Delta p_{24} \leqslant$ −1.5 hPa,或(郑州 p—汉口 p)≥2.5 hPa,或(西安 p—宜昌 p)≥2.5 hPa。

500 hPa 华北地区(32.5°～42.5°N、110°～125°E)有明显深槽,槽线位于太行山(110°E 以东),同时高原东部也有低槽活动。

(1)天气图指标

(a)乌鲁木齐 $p \geqslant 1019$ hPa

(b)锋后冷高压强度≥1017.5 hPa

(c)850 hPa 贵阳 $H \leqslant 146$ dagpm

(d)850 hPa 贵阳与南宁高度差≤−3 dagpm

(e)700 hPa 成都 $H \leqslant 308$ dagpm

(f)南宁、海口两站 700 hPa $H \leqslant 316$ dagpm

(g)500 hPa 乌鲁木齐 $T \leqslant -14℃$,且吹偏北风

(h)500 hPa 拉萨减海口高度差≤−4 dagpm

(2)ECMWF 数值预报指标

当 ECMWF 数值预报某一时次出现华北深槽型暴雨天气过程模式的环流特征时,可以参考表 4.2 预报判据。

表 4.2　华北深槽型暴雨天气 EC 数值预报指标表

	华北槽(全流域)	华北槽(西部)	华北槽(东部)
海平面气压场(hPa)			
成都 p—海口 p	0～4	−4～4	−2～1
汉口 p—海口 p	−1～3	−1～3	−1～0
兴仁 p—海口 p	2～3	−1～2	−2～1
桂林 p—海口 p	−3～−2	−1～1	−3～−2

	华北槽(全流域)	华北槽(西部)	华北槽(东部)
兴仁 p—赣州 p	0～3	−2～2	−1～0
乌鲁木齐、兰、成、汉与海口 Δp 之和	1～3	1～2	1～2
成、汉、兴、桂与海口 Δp 之和	1～7	0～3	1～5
广西 5 点气压之和	510～534	512～532	510～530
850 hPa 温度(℃)			
海口 T—恩施 T	4～8	0～3	1～6
广西 5 点 T 之和	90～101	105～112	105～108
500 hPa 高度(dagpm)			
关键 1	−4～1	−5～4	−1～0
关键 2	−9～−4	−4～5	−18～−6
东西高度差	−2～10	−1～12	−2～12
高原槽	16～41	20～28	33～44
东亚槽	−9～30	45～53	−3～35
500 hPa 30°N 高空槽位置(°E)	102.5	102.5	107.5
700 hPa 105°E 切变线位置(°N)	27.5～30.5	27.5～30	27.5～25
850 hPa 105°E 切变线位置(°N)	25～22.5	24～26.5	24.5～22.5
850 hPa 南风分量最大值与该格点北面 5 个纬距内最大风速差(m/s)	≥12.0	≥6.0	≥12.0

4.3.3.2 华北槽+南支槽型暴雨预报指标

南支槽常常以高原槽的共同作用的形式东移影响,所以判断高原槽的发展和影响是预报的重要问题,尤其是高原东侧,有时低槽停留 2～3 d 少动,待其后部偏北气流加强范围扩大时,低槽才移出影响华南。

必须注意高原东侧阶梯槽的叠加发展和东移,这是诱发第二天暴雨的关键。

①地面要求东高西低,最好是倒槽(汕头 p—南宁 p)≥1.5 hPa,或南宁 Δp_{24}≤−1.5 hPa,或(郑州 p—汉口 p)≥2.5 hPa,或(西安 p—宜昌 p)≥2.5 hPa。

②地面静止锋在 25°～30°N,850 hPa 切变线也在 25°～30°N 与之相配合。若偏北,则要求 700 hPa 高原边缘五站 H、ΔH_{24} 与成都 H、ΔH_{24} 之差的最大值都分别≥3 dagpm;若偏南,则要求 500 hPa(若羌 H—成都 H)≤−3 dagpm。

③700 hPa 切变线在 27°～35°N。若无切变,则要求(汕头 H—成都 H)≥10 dagpm。

④(a)850 hPa 图上 105°E 经线上,宜宾、成都、武都(56096)、兰州、52495、44373、44292(乌兰巴托),七站中(H—南宁 H)≥0 dagpm 的站数为 3～7 站;(b)700 hPa 和田(51828)、若羌(51777)、冷湖(52602)、格尔木(152818)、兰州(52889)高原边缘五站 H、ΔH_{24} 与成都 H、ΔH_{24} 之差的最大值都分别≥3 dagpm;(c)500 hPa(乌鲁木齐 H—北京 H)≥1 dagpm。符合以上三个条件中任一个条件则有暴雨。

(1)天气图指标

(a)成都 $p \geqslant 1004$ hPa

(b)850 hPa 贵阳与南宁差≤－2 dagpm

(c)830 hPa 贵阳 $H \leqslant 145$ dagpm

(d)850 hPa 南宁 $T \geqslant 19℃$

(e)700 hPa 成都 $H \geqslant 307$ dagpm

(f)700 hPa 海口 $H < 316$ dagpm

(g)500 hPa 南宁 $H \leqslant 587$ dagpm

(h)500 hPa 拉萨与海口高度差≤－5 dagpm

(2)ECMWF 数值预报指标

当 ECMWF 数值预报某一时次出现华北槽＋南支槽型暴雨天气过程模式的环流特征时，可以参考表 4.3 中的预报判据。

表 4.3　华北槽＋南支槽型暴雨天气 EC 数值预报指标表

	华北槽＋南支槽(全流域)	华北槽＋南支槽(西部)	华北槽＋南支槽(东部)
海平面气压场(hPa)			
成都 p—海口 p	0～17	－1～8	5～12
汉口 p—海口 p	3～11	2	5～8
兴仁 p—海口 p	－4～0	0～2	－5～－1
桂林 p—海口 p	0～6	－1～1	－1～1
兴仁 p—赣州 p	－6～－1	－1～－0	－6～－2
乌鲁木齐、兰、成、汉与海口 Δp 之和	－15～4	－4～5	－2～6
成、汉、兴、桂与海口 Δp 之和	－8～0	－1～2	－10～5
广西 5 点气压之和	536～546	517～524	526～566
850 hPa 温度(℃)			
海口—恩施 T	7～16	1～4	8～14
广西 5 点 T 之和	92～98	100～104	66～110
500 hPa 高度(dagpm)			
关键 1	－11～1	－1～1	－12～3
关键 2	－9～－6	－4～－2	－12～－3
东西高度差	－10～4	－10～2	－11～10
高原槽	55～78	3～49	－9～74
东亚槽	43～65	32～45	29～115
500 hPa30°N 高空槽位置(°E)	105～110	102～105	105～110
700 hPa105°E 切变线位置(°N)	30.0～27.5	30.0～25.5	25～30
850 hPa105°E 切变线位置(°N)	27.5～25	27.5～25	25～27.5
850 hPa 南风分量最大值与该格点北面 5 个纬距内最大风速差(m/s)	≥10.0	≥8.0	≥10.0

4.3.3.3　高原槽型暴雨预报指标

(1)500 hPa 高度场要求,关键 1≤−7 dagpm,关键 2≤−7 dagpm,高原槽指数≥15;

(2) 海平面气压场要求东高西低(兴仁 p—赣州 p)≤−4 hPa;

(3)850 hPa 广西 5 点温度和≥80 ℃(少数个例低于 80 ℃)。

(4)高原槽进入关键区的指标:

①以冷温槽进入南疆为条件,当和田站 500 hPa ΔT_{24}≤−1℃时,从降温时算起,未来 36—48 h 即有西方路径的高原槽进入关键区;

②当有北支锋区上的低槽从萨彦岭—巴尔克什湖一带进入新疆后,如果乌鲁木齐站 500 hPaΔT_{24}<−3 ℃时,则 24～36 h 后高原低槽东南移进入关键区;若 ΔT_{24}>−3 ℃时,则高原低槽以东移为主,对西江流域无影响。

从实践和普查得知,当贵州、湖南境内有静止锋存在,或北方有冷锋移入江南时,只要有高空槽进入关键区,则从低压槽进入关键区算起,未来 36 h 内西江流域就有一次暴雨过程。

4.3.3.4　多波动型暴雨预报指标

多波动型暴雨的产生,首先需要流域集雨区内具备充足的能量和饱和的水汽,当具备了充足的热力和水汽条件时,随着高原不断有小波动东移,引导冷空气南下带来扰动,流域集雨区便开始出现强降雨。

因此,充足的热力与水汽条件,以及随后的动力条件,是预报多波动型暴雨的关键。

(1)广西气压之和≤544 hPa,850 hPa 广西温度之和≥86 hPa。

(2)海平面气压场要求东高西低(兴仁 p—赣州 p)≤−1 hPa(少数个例为 1 hPa 或 0 hPa)。南高北低,−3 hPa≤(成都 p—兴仁 p)≤11 hPa。

(3)高空要有小波动东移,因此,关键 1 Δ24 h≥1 dagpm(暴雨发生前 2 天—暴雨发生前 1 天),并且−6 dagpm≤关键 1≤5 dagpm(少数小于−6 的个例槽较深)。

当强降雨出现在流域集雨区西北部时,有以下指标:

①成都 24 h Δp≥0 hPa,(成都 p—兴仁 p)≥1;

②在 20°～30°N,105°～110°E 这个区域内,地面气压最低点的连线最好位于 22.5°～25°N,以使幅合区位于流域集雨区北部;

③105°～112.5°E 应有多条南北向等压线,而在 110°～120°E 不能有太多等压线,以使强降雨区域偏西;

④850 hPa 温度上,兴仁 T 不能为最高 T,最高温度应为罗平(兴仁西面);

⑤850 hPa 切变线位于 27.5°N 附近,河池和兴仁(25°N)不能有偏北风分量。

4.3.3.5　高后槽前型暴雨天气预报指标

850 hPa 切变线能否在江南到广西(西江流域)维持是预报有无暴雨的关键。

(1)一般切变线过南宁(22.5°N)后就很难北抬,容易南移消失。切变线不过南宁(22.5°N)的预报指标参考表 4.4。

表 4.4　850 hPa 切变线与高压位置的关系表

850 hPa 切变线位置	武都	成都	贵阳	南宁
地面冷高压位置	40°～50°N	40°～45°N	35°～40°N	35°～40°N
	95°～100°E	100°～105°E	105°～110°E	110°E 以东

(2)850 hPa 切变线过贵阳附近时,其后一般吹东北风,河套西部的高度与南海高压(选一最高值的高度差)≤−3 dagpm。

(3)地面锋面过南宁时,河套到新疆转为大片 −$\Delta p_{24\,h}$,−$\Delta p_{3\,h}$。河套西部的 $\Delta p_{24\,h}$ ≤−8 hPa。

①500 hPa

第一型要求关键 1≤−7,暴雨日的 24 h 变量为正值。

第二型要求关键 1≤−7,暴雨日的 24 h 变量为正值。

②850 hPa

第一型要求 ΔT 桂林—恩施温差≥5℃,ΔT 海口—恩施温差≥10℃(有锋区)。

第二型要求 ΔT 桂林—恩施温差≤5℃,ΔT 海口—恩施温差≤10℃(无锋区)。

③海平面气压场

第一型:Δp 兴仁—海口≤−2 hPa,Δp 桂林—海口≤3 hPa,Δp 成都—杭州≤−6 hPa,Δp 兴仁—赣州≤−6 hPa。

第二型:Δp 兴仁—海口≤−2 hPa,Δp 桂林—海口≤3 hPa,Δp 成都—杭州≤−8 hPa,Δp 兴仁—赣州≤−5 hPa。

④850 hPa 或 700 hPa 风场:华南西部地区 700 hPa 平均风速为 8 m/s,850 hPa 平均风速为 8 m/s。

4.3.3.6　西南低涡移动的预报判据和暴雨落区

影响西江流域的西南低涡,多数形式是低涡向南伸出一低槽,或者是南支槽与西南低涡叠加,使西南低涡发展成"北涡南槽"形式。西南低涡能否造成西江流域暴雨天气与其位置、移动路径、移动方向及移速有关。产生在 30°N 以南、100°E 以东地区且移向偏东和偏东南的西南低涡,对西江流域天气均有影响;而产生在 30°N 以北、100°E 以西地区的西南低涡几乎对西江流域无影响。

(1)低涡东—东北移,则暴雨落区在低涡的东部或东北部,其预报判据为:

①河套或华北槽较深,槽的振幅≥8 个纬距;

②河套西部有小高压,副热带高压脊线位置较南,但脊的北缘较宽广,副热带高压与槽前西南气流明显;

③低涡随低槽与副热带高压间的强西南气流向东北或偏东移;

④暴雨主要分布在 850 hPa 切变线附近、700 hPa 槽前 3～5 个经距与 500 hPa 槽前 5～8 个经距汇合的地方,即低涡移动路径的右侧前方。

(2)低涡偏东移或东南移,则暴雨多分布在涡的第 4 象限(即涡的东南部),其预报判据为:

①河套或华北槽较深,槽振幅≥10 个纬距,槽后吹东北风更有利于暴雨在西江流域发生;

②副热带高压脊线较偏南,海口一般吹偏西风,槽底及副热带高压北缘多为西风;

③700 hPa 河套高压较明显,500 hPa 河套地区有高压脊发展;

④850 hPa 若低涡北面冷高压不强(北面冷高压高度比南宁、海口、三亚站高度接近),则低涡随西风气流东移。850 hPa 若低涡北面冷高压较强(北面冷高压高度比南宁、海口、三亚高度较高,且高压范围要扩展到河套以东(110°E)),则低涡随 850 hPa 切变线向东南移。

4.3.3.7　锋前暖区型暴雨预报指标

对 1990—2015 年典型锋前暖区暴雨个例的有关物理量场进行合成统计分析,确定一些物理量的特征值;根据不同类型暴雨影响系统的特点,设定一些关键区域,计算相关物理量和环流特征量;物理量包括水汽通量、水汽通量散度、涡度、散度、K 指数、垂直速度、假相当位温等,每个物理量以满足某类暴雨总个例数的 70% 以上的值确定为诊断阈值。

(1)海平面气压场江南地区呈倒槽形势,西南低压中心≤1000 hPa;

(2)广西上空有偏南风或西南风急流,桂东与桂西北风速切变≥8 m/s;西南风和东南风指数平均分别大于 35、20;

(3)热力分析:广西 K 指数≥36 ℃,KY 指数>2℃,SI≤−1,850 hPa 的广西假相当位温≥346.0 K;广西至江南是能量舌,弱冷空气从四川经贵州渗透南下;

(4)广西上空含有丰富的水汽,850 hPa 以下相对湿度≥90%,80% 湿层可伸展至500 hPa;925～850 hPa 桂东南至广东沿海为水汽通量中心,850 hPa 的水汽通量≥18 g/(cm·hPa·s);

(5)广西近 1000～500 hPa 为负散度层,中心在 925 hPa(平均≤−2.5×10⁻⁵·s⁻¹),高层200 hPa 为正散度(中心值≥2.5×10⁻⁵·s⁻¹);强涡度中心在 700 hPa(平均≥5×10⁻⁵·s⁻¹);强烈垂直速度出现在 700 hPa(平均≤−4×10⁻³hPa/s)。

4.3.3.8 季风加强型暴雨预报指标

(1)天气图指标

①500 hPa 上,青藏高原东部或华北有槽东移,槽脊波动幅度≥10 个纬度;

②500 hPa 副热带高压不能太强,其 588 dagpm 西脊点只能在 20°N,110°E 附近,同时南海和菲律宾北部不能有热带云团发展;

③850 hPa 沿 110°E 的 20°～25°N 范围内有经向风的增加,风速在 8～12 m/s,形成横跨中南半岛的西南急流;

④地面要求东高西低,广西境内有气旋性弯曲等压线,或北部湾南部有低压槽;

⑤孟加拉湾有低槽存在,5°～22.5°N,85°～105°E 有对流云团发展。

(2)ECMWF 数值预报指标

当 ECMWF 数值预报某一时次出现季风型暴雨天气过程模式的环流特征时,可参考表4.5 中的预报判据。

表 4.5　季风加强型暴雨天气 EC 数值预报指标表

	季风槽
海平面气压(hPa)	
成都 p—海口 p	−2～0
汉口 p—海口 p	−1～0
兴仁 p—海口 p	1～3
桂林 p—海口 p	−1～2
兴仁 p—赣州 p	0～3
乌鲁木齐、兰、成、汉与海口 Δp 之和	−8～2
成、汉、兴、桂与海口 Δp 之和	−2～1
广西 5 点气压之和	497～524

续表

	季风槽
850 hPa 温度（℃）	
海口—恩施 T	1～3
广西 5 点 T 和	99～107
500 hPa 高度（dagpm）	
关键 1	−14～1
关键 2	−6～−4
东西高度差	−8～2
高原槽	15～66
东亚槽	−28～3
500 hPa 30°N 高空槽位置（°E）	105～110
700 hPa 105°E 切变线位置（°N）	30.0～27.5
850 hPa 105°E 切变线位置（°N）	23.5～24.5
850 hPa 南风分量最大值与该格点北面 5 个纬距内最大风速差（m/s）	≥12.0

4.3.3.9　孟湾风暴型暴雨预报指标

（1）影响广西的孟湾风暴，往往是在东移的南支西风槽引导下移入广西，因此，判断孟湾槽的强度非常关键，500 hPa 高度场要求（15°N，95°E）P≤584 hPa，并且≤桂林（25°N，110°E）P。

（2）副高西脊点在 105°E 附近或以东，（20°N，120°E）p≥587。

（3）地面要求东高西低，（20°N，95°E）P−（20°N，110°E）p≤−7。

（4）850 hPa 切变线位于 22.5°～25°N。

（5）孟湾低涡向东北移的环流形势是：副高脊向西南伸到中南半岛东部，高压脊宽大，在 110°E 的脊线位于 15°N 或以南；青藏高原有深槽东移；低层有明显倒槽出现。在这样的天气系统组合下，孟加拉湾风暴容易东北移。

（6）预报孟湾低涡东北移的着眼点

①500 hPa 在 90°E 附近有低槽向南加深，印度东部偏北气流加强。

②200 hPa 上的高压中心在孟湾低涡生成发展时位于风暴的上空，以后移到低涡的东南方，一般位于 15°～20°N，100°～110°E 一带。若中南半岛北部吹≥16 m/s 的西南风，低涡即向东北移。

③滇南、桂西到中南半岛高空有大片−ΔH_{24}≤−3 dagpm 东移，500 hPa 南宁 H−思茅 H≥4 dagpm，汕头 H＞南宁 H。

④孟湾低涡在 17°～22°N 的中南半岛西部沿海登陆后，如在 850～700 hPa 仍有低压环流存在，则低涡云系向东北移动影响西江流域的可能性更大。

4.4　暴雨概念模型应用分析

4.4.1　"20000608"华北槽型全流域暴雨天气过程

（1）概况

2006 年 6 月 8—9 日，受华北槽、地面静止锋和切变线影响，西江流域出现了一次大范围暴雨天气过程。24 h 面雨量≥30 mm 有 11 个流域，其中面雨量≥60 mm 有 2 个流域。最大降雨量出现在北盘江下游流域，达 72.4 mm。

受暴雨影响，柳江流域、西江汇流流域各大江河水位相继上涨，柳州水文站 12 日 08 时水位达 87.56 m，超警戒水位 6.06 m，西江梧州 14 日 17 时水位达 20.56 m，超警戒水位 5.56 m，均为 2006 年汛期江河最高水位。桂北、桂中的河池、柳州、来宾、百色、桂林、梧州等市的部分地区出现洪涝灾害，损坏大型水库 1 座、中型水库 2 座、小型水库 27 座；损坏山区河流堤防240 处 32.42 km，堤防决口 245 处 13.72 km，损坏护岸 208 处，损坏水闸 36 座，冲毁塘坝 442座，损坏灌溉设施 3501 处；损坏水电站共 42 座，损坏输电线路 68.37 km。

（2）环流特征与影响系统

①500 hPa 华北槽加深东移，引导地面弱冷空气南下

暴雨发生前一天，即 8 日 20 时（图 4.53a），亚洲中高纬度地区为两槽一脊，脊区位于我国新疆地区，两槽分别位于我国华北地区和贝加尔湖西部，25°N 以北地区高度均低于 580 dagpm，贵阳为西北风，风速 12 m/s。副热带高压西伸至我国南海海面，脊线位于 25°N 左右。9 日 20时（图 4.53b），华北槽东移至我国东北到华东一带，振幅为 20 个纬度，槽后西北风加大，贵阳为正西风，风速 14 m/s。副热带高压稳定维持在南海，呈方头状，脊线依然位于 25°N 左右。

海平面气压场上，8 日 20 时（图 4.53c），西江流域大部地区处于低压区，静止锋位于广西沿海，24 h 变压为负值。青藏高原东部有弱冷空气堆积，24 h 变压为正值，预示着冷空气将南下。9 日 20 时（图 4.53d），静止锋北抬到桂北，西江流域大部地区处于一闭合低压区。弱冷空气从西路南下贵州北部，强降雨过程开始。

②850 hPa 切变线南压进入西江流域

8 日 20 时（图 4.53e），850 hPa 华南大部为偏南风，四川东部至长江流域存在一条弱的切变线，河套地区为正北风，风速 4 m/s。9 日 20 时（图 4.53f），切变线南压到贵州与湖南中南部，强降雨开始出现于贵州中部地区。

③西南季风活跃，西南低空急流建立

西南季风为暴雨发生带来丰沛的水汽和不稳定能量。8 日 20 时（图 4.53e），南岭南部地区出现一条西南低空急流，风速 12 m/s，流域大部地区位于急流轴的左侧，有利于暴雨的发生。9 日 20 时（图 4.53f），西南季风加强，西南低空急流继续维持，在广西上空出现风速辐合。

（3）暴雨预报指标应用

500 hPa 高度场上，8 日 20 时关键 1、关键 2 均为正值，说明华北槽已逐渐东移，槽后引导气流引导地面冷空气南下。

850 hPa 风场上，8 日 20 时有一条切变线在 25°N 维持，中南半岛出现偏西风急流，最大风速 12 m/s；9 日 20 时广西境内出现低涡沿切变线东移，急流的风速加大到 16 m/s，为暴雨的

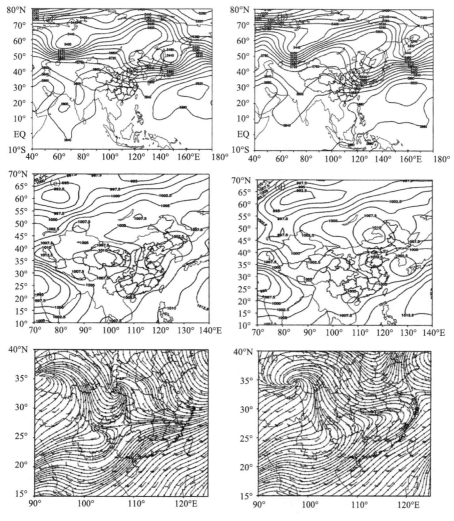

图 4.53　2006 年 6 月 8—9 日高低空形势场

(a.8 日 500 hPa 高度场,单位:dagpm;b.9 日 500 hPa 高度场,单位:dagpm;c.8 日海平面气压场,单位:hPa;
d.9 日海平面气压场,单位:hPa;e.8 日 850 hPa 风场,单位:m/s;f.9 日 850 hPa 风场,单位:m/s)

产生提供了充沛的水汽。

海平面气压场上,8 日 20 时兴仁 p—海口 $p=3$,说明有冷空气从西路南下影响集雨区;到了 9 日 20 时兴仁 p—海口 $p=7$,说明仍有冷空气南下,冷暖空气在集雨区上空交汇,容易产生暴雨天气。

4.4.2　"19970708"华北槽十南支槽型暴雨天气过程

(1)概况

1997 年 7 月 7—8 日,受华北槽、南支槽、地面静止锋和切变线影响,西江流域出现了一次大范围暴雨天气过程。24 h 面雨量≥30 mm 有 9 个流域,其中面雨量≥60 mm 有 2 个流域。最大降雨量出现在洛清江流域,达 94.2 mm。

这次强降雨天气过程造成西江主要支流水位急剧上涨,7 月 10 日 20 时,梧州水文站出现洪峰最高水位 24.31 m,超警戒水位 9.31 m,为新中国成立以来第 3 大洪水。洪水冲毁堤坝 5076 处,长 113.6 km;水利渠道 1689 处,长 119.54 km;山塘水库损坏 89 座。

(2)环流特征与影响系统

①500 hPa 华北槽引导南支槽东移与地面弱冷空气南下

暴雨发生前一天,即 7 日 20 时,亚洲中高纬度地区为两槽一脊,脊区位于我国新疆地区,两槽分别位于我国华北地区和贝加尔湖西部。华北大槽槽底与南支槽连接,在广西、湖南上空,两者构成了典型的“丁”字槽形势,形成了华南持续性暴雨的常见典型形势。南支槽的东移有利于西江流域上空中层大气整体斜压性的增加和扰动动能的加大,它们的贡献在于槽前输送正涡度,槽后带来冷平流,有利于槽前的辐合上升运动,使大气不稳定能量增加,形成暴雨天气(图 4.54a)。

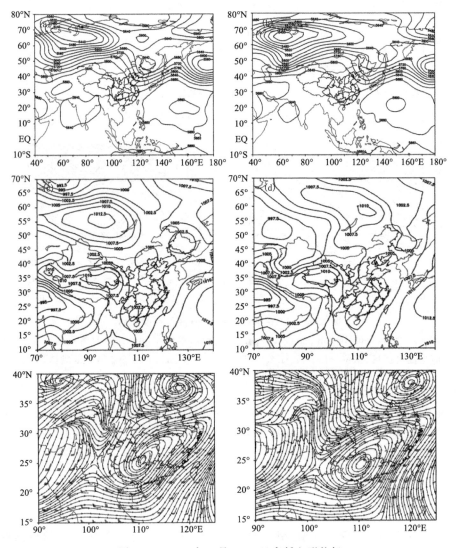

图 4.54　1997 年 7 月 7—8 日高低空形势场

(a. 7 日 500 hPa 高度场,单位:dapgm;b. 8 日 500 hPa 高度场,单位:dagpm;c. 7 日海平面气压场,单位:hPa; d. 8 日海平面气压场,单位:hPa;e. 7 日 850 hPa 风场,单位:m/s;f. 8 日 850 hPa 风场,单位:m/s)

副热带高压一直稳定维持在台湾以东的洋面上,呈方头状,脊线位于 25°N 左右。副热带高压的稳定对华北槽和南支槽的东移有明显的阻挡作用,为南北冷暖空气强烈交汇和持续性强降水的维持提供了有利的大尺度环流背景条件(图 4.54b)。

海平面气压场上,7 日 20 时,青藏高原东部有弱冷空气堆积,24 h 变压为正值,预示着冷空气将从四川至贵州一线南下(图 4.54c)。8 日 20 时,西江流域大部地区处于一闭合低压环流内(图 4.54d)。随着华北槽东移,弱冷空气从贵州北部南下影响,强降雨过程开始。

②西南季风活跃,西南低空急流建立

西南季风为暴雨发生带来丰沛的水汽和不稳定能量。7 日 20 时,南岭南部地区出现一条西南低空急流,风速 12 m/s,为暴雨的产生集聚了大量的热量和水汽。流域大部地区位于急流轴的左侧,有利于暴雨的发生(图 4.54e)。8 日 20 时,西南季风加强,西南低空急流继续维持,在广西上空出现风速辐合(图 4.54f)。

③850 hPa 低涡与切变线南压进入西江流域

7 日 20 时,850 hPa 低涡与切变线进入广西北部,南海至广东上空出现风速 16 m/s 的低空急流。长江流域吹正东风,有利于切变线在桂北一带维持。8 日 20 时,低涡南压到广西中部,切变线与低空急流维持,西江流域集雨区中部出现强降雨天气。

(3)暴雨预报指标应用

500 hPa 高度场上,7 日 20 时关键 1=4 dagpm、关键 2=－6 dagpm,说明华北槽、南支槽东移,槽后引导气流引导地面冷空气南下。8 日 20 时关键 1=3 dagpm、关键 2=－8 dagpm,说明华北槽已东移出海,而南支槽不断加强,在集雨区上空维持,同时南宁 H=582 dagpm≤587 dagpm,说明集雨区处于一个低槽区,有利于暴雨的产生。

850 hPa 风场上,7 日 20 时中南半岛出现西南急流,最大风速为 16 m/s;8 日 20 时切变线南压到广西境内,急流的风速依然维持在 16 m/s。

海平面气压场上,8 日 20 时兴仁 p—海口 p=4 hPa,说明有冷空气从西路南下影响集雨区,冷暖空气在集雨区上空交汇,容易产生暴雨天气;到了 9 日 20 时兴仁 p—海口 p=3 hPa,说明冷空气已经南下,气压梯度在减小。

4.4.3　"20110511"高原槽型暴雨天气过程

(1)概况

2011 年 5 月 11—17 日,受高原槽、切变线和地面冷空气共同影响,西江流域出现了一次大范围暴雨天气过程。其中 10 日 20 时至 11 日 20 时有 5 个流域 24 h 面雨量≥30 mm。最大降雨量出现在龙滩近库区,达 58.8 mm;11 日 20 时至 12 日 20 时有 10 个流域 24 h 面雨量≥30 mm,面雨量≥60 mm 有 3 个流域。最大降雨量出现在红水河中下游流域,达 90.3 mm。这次降水过程有效缓解了广西大部地区前期出现的气象干旱,广西 42 个水库中的 25 个水库蓄水增多,其中大化县岩滩水库增多达 2.49 亿 m^3,其余 24 个水库增多 0.01 亿~0.5 亿 m^3。强降雨造成广西红水河、柳江、郁江及西江出现 2011 年以来最大一次涨水过程,江河涨幅在 2~11 m,其中灵奇河、龙江上游、蒙江上游出现超警戒洪水。西江梧州站于 15 日 18 时出现洪峰水位 15.27 m。

(2)环流形势分析

此次暴雨过程发生前,欧亚中高纬地区为典型的两脊一槽环流形势。5 月 10 日 20 时,乌拉尔山以东的西伯利亚西部和亚洲东岸的中高纬地区为高压脊,冷涡中心位于贝加尔湖北部,其低槽南伸至蒙古南部,同时青藏高原南侧至孟加拉湾(90°E附近)有较深的南支槽,副热带高压主体位于120°E以东,脊线位于16°N附近,流域集雨区上空为槽前西南气流影响。11日20时乌拉尔山地区转为低槽区,巴尔喀什湖附近的高压脊在东移中得到加强,贝加尔湖冷涡分裂出的低压槽移入内蒙古中东部后形成新的冷涡,河套地区、西南地区东部相应出现阶梯式的短波槽,槽后冷空气南下与孟加拉湾南支槽前的暖湿气流在流域集雨区北部交汇,为暴雨的发生提供了有利环流条件(图4.55a)。

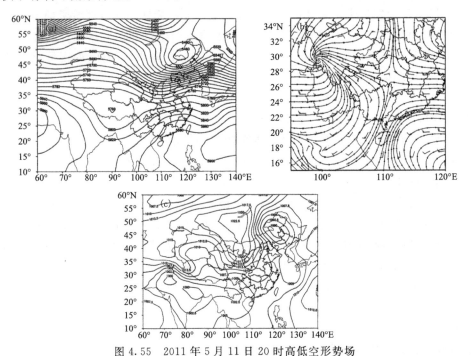

图4.55 2011年5月11日20时高低空形势场

(a.500 hPa高度场,单位:dagpm;b.850 hPa风场,单位:m/s;c.海平面气压场,单位:hPa)

850 hPa风场上,11日08时滇、黔、桂交界出现一个由东北气流、西南气流和东南气流汇合而成的辐合中心,延伸出的切变线在流域集雨区北部摆动。11日20时,流域集雨区西北部有低涡形成,北部湾到西江流域一线出现风速8 m/s以上的偏南风,其中沿海地区风速在12 m/s以上,强降水落区出现在低涡的东南侧(图4.55b)。12日08时,中尺度低涡移到流域集雨区北部,其东部和东南部均出现风速12 m/s以上的低空急流,暴雨落区随之东移。

海平面气压场上,11日20时,冷高压中心位于贝加尔湖以南地区,锋区位于河套至四川一带。云南东部至广西西部有倒槽,出现气旋性弯曲等压线,强降水出现在倒槽的东北部(图4.55c)。

综合表明,此次区域性暴雨天气过程是在500 hPa高原槽、850 hPa低涡和地面倒槽的共同作用下产生的。

(3)暴雨预报指标应用

500 hPa高度场上,10日20时关键1=-12 dagpm、关键2=-2 dagpm,高原槽指数=40,说明有高原槽东移影响集雨区,并引导地面冷空气南下。11日20时关键1=-11 dagpm、关键 2＝－6 dagpm，高原槽指数＝32，说明高原槽在集雨区上空维持。12—15 日，关键 1、关键 2 均为负值，说明集雨区始终处于槽前的偏西南气流中，有利于上升运动的产生。

850 hPa 风场上，10 日 20 时集雨区上空出现一条西南急流，最大风速为 16 m/s；11—15 日有切变线在广西境内维持，急流的风速逐渐减小，但仍有 8 m/s。

海平面气压场上，10 日 20 时兴仁 P－赣州 P＝－6 hPa，杭州 P－成都 P＝－3 hPa，说明地面气压场东高西低，容易产生暴雨天气。

4.4.4　"20120511"多波动型暴雨天气过程

（1）概况

2012 年 5 月 11—15 日，受冷空气、低涡切变线和小波动东移影响，西江流域出现了一次大范围暴雨天气过程。其中 11 日 20 时至 12 日 20 时有 5 个流域 24 h 面雨量≥30 mm。最大降雨量出现在洛清江流域，达 49.1 mm。

（2）环流形势分析

500 hPa 高度场上，11 日 20 时，在欧亚中高纬地区为二脊一槽型，在贝加尔湖南部有一宽广的槽区，我国东北地区受高压脊控制。12 日 20 时低值中心移至贝加尔湖东面，582 dagpm、584 dagpm 线在流域集雨区上空摆动，呈相对较平直、多波动东移的形势（图 4.56a）。

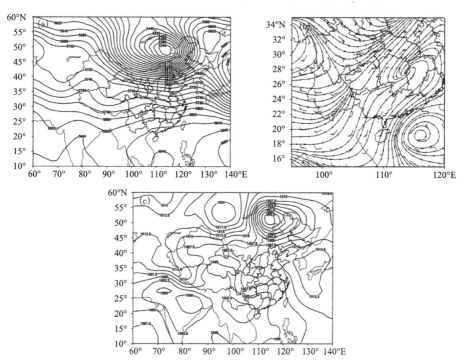

图 4.56　2012 年 5 月 11 日 20 时高低空形势场

（a.500 hPa 高度场，单位：dapgm；b.850 hPa 风场，单位：m/s；c.海平面气压场，单位：hPa）

850 hPa 风场上，11 日 20 时至 15 日 20 时，850 hPa 切变线在流域集雨区上空摆动，低空急流出现在流域集雨区东部、中部上空，辐合区位于流域集雨区东部、中部，其中降雨强度最大的 12 日 20 时至 13 日 20 时，共有 10 个流域 24 h 降雨量超过 60 mm，这些流域分区都位于集雨区东部、中部(图 4.56b)。

海平面气压场上,11 日 20 时,呈现东高西低的形势,低压中心位于云南中南部(图 4.56c)。12 日 11 时在集雨区北部形成一条锋面并逐渐南移,12 日 20 时到 13 日 20 时锋面南压流域集雨区中部,14 日 20 时南下到了北部湾海面,随着锋面的南压,流域集雨区中部、东部大部出现了强降水天气。

(3)暴雨预报指标应用

500 hPa 高度场上,11 日 20 时关键 1=-2 dagpm、关键 2=-1 dagpm,高原槽指数=4,说明有小槽东移影响集雨区。到 13 日 20 时关键 1=0 dagpm、关键 2=-7 dagpm,高原槽指数=60,说明有高原槽加深,并东移影响集雨区。14—15 日,关键 2 均为负值,说明集雨区始终处于槽前的偏西南气流中,有利于上升运动的产生。

850 hPa 风场上,11—13 日有西南急流在集雨区上空维持,最大风速 16 m/s;14—15 日有切变线南压影响集雨区。

海平面气压场上,11 日 20 时兴仁 p-赣州 p=-7 hPa,说明地面气压场东高西低,容易产生暴雨天气。

4.4.5 "19710404"高后槽前型暴雨天气过程

(1)概况

在此次暴雨天气过程中,西江流域 24 h 面雨量达暴雨量级的有 8 个流域:红水河下游、西津、龙江、柳江、洛清江、清水河、西江和桂江中下游,面雨量最大为洛清江流域,达 50.8 mm。

(2)环流形势分析

500 hPa 高度场上,高纬地区环流较平直,东亚上空有槽区,中低纬从青藏高原到孟加拉湾上空为深厚的南支槽,副高偏强,西脊点西伸至 110°E 附近,北缘扩至 20°N 附近,副高脊线维持在 15°N 左右,西江流域处在南支槽前和副高西北侧强盛的西南气流中,平均风速达 16 m/s。南支槽系统深厚(图 4.57a)。

850 hPa 流场上,27.5°N 至河套以南盛行东北或偏东风,与华南盛行的偏南气流在南岭(25°N)附近形成暖式切变,有温度锋区存在(图 4.57b)。

海平面气压场上,河套以北地区为低压区,无冷空气补充南下,地面高压中心位于长江出海口,西江流域处于明显的出海高压后部,南北向等压线在西南地区形成明显的倒槽,表明东高西低明显,倒槽内辐合条件极有利于产生强降雨(图 4.57c)。

(3)暴雨预报指标应用

500 hPa 高度场上,3 日 20 时关键 1=-9 dagpm、关键 2=-7 dagpm,高原槽指数=4;到 13 日 20 时关键 1=-3 dagpm、关键 2=-8 dagpm。关键 1 的 24 h 变量为正值,说明有槽东移影响集雨区。14—15 日,关键 2 均为负值,说明集雨区始终处于槽前的偏西南气流中,有利于上升运动的产生。

850 hPa 温度场上,3 日 20 时 T 桂林-T 恩施=7≥5 ℃,T 海口-T 恩施=11≥10 ℃;说明 850 hPa 有锋区,有利于强降雨发生。

850 hPa 风场上,3 日 20 时有较强的偏南气流,最大风速 10 m/s。

海平面气压场上,3 日 20 时 Δp 乌鲁木齐-海口=5 hPa,Δp 兰州-海口=7 hPa,Δp 成都-海口=2 hPa,表明无冷空气补充南下;同时,Δp 兴仁-海口=-3 hPa≤-2 hPa,Δp 桂

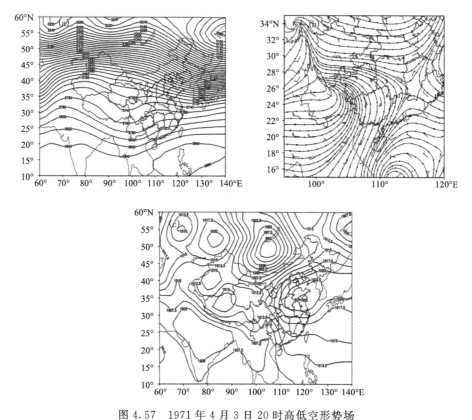

图 4.57 1971 年 4 月 3 日 20 时高低空形势场

(a. 500 hPa 高度场,单位:dagpm;b. 850 hPa 风场,单位:m/s;c. 海平面气压场,单位:hPa)

林-海口=3 hPa≤3 hPa;Δp 成都-杭州=-9 hPa≤-6 hPa,Δp 兴仁-赣州=-8 hPa≤ -6 hPa,说明地面气压场东高西低,容易产生暴雨天气。

4.4.6 "20040709"季风槽型暴雨天气过程

(1)概况

2004 年 7 月 9—11 日,受西南季风爆发影响,西江流域出现了一次大范围暴雨天气过程。有 13 个流域 24 h 面雨量≥30 mm,其中面雨量≥60 mm 的有 4 个流域。最大降雨量出现在洛清江流域,达 138.2 mm。

(2)环流特征与影响系统

①西南季风爆发,华南地区出现西南低空急流

7 月 8 日 20 时,孟加拉湾存在低压槽区,印度季风爆发,季风气流加强涌向中南半岛和华南上空,850 hPa 出现西南低空急流,风速为 14 m/s,并在华南地区出现辐合,不断有季风云团涌向中越边境,为暴雨发生提供了丰沛的水汽和不稳定能量(图 4.58e)。9—10 日,西南季风继续加强,风速达 16~20 m/s,低空急流一直延伸到我国淮河流域(图 4.58f)。

②500 hPa 低槽东移,引导地面弱冷空气南下

7 月 8 日 20 时,500 hPa 青藏高原东部有低槽出现,振幅为 5 个纬度,山东半岛有弱脊区。副热带高压比较弱,位于台湾以东洋面,脊线位于 25°N 左右(图 4.58a)。7 月 11 日 20 时,低

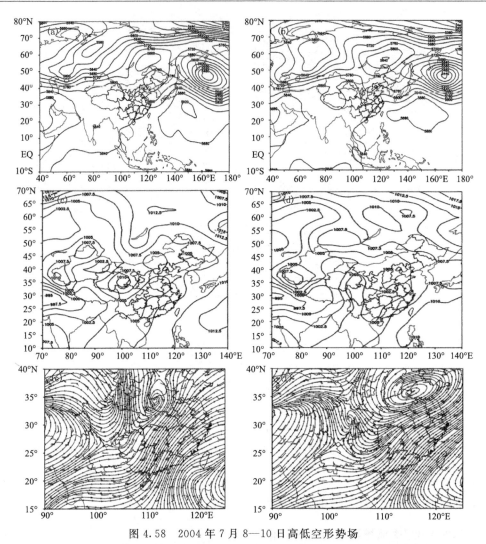

图 4.58　2004 年 7 月 8—10 日高低空形势场

(a. 8 日 20 时 500 hPa 高度场,单位:dagpm;b. 11 日 20 时 500 hPa 高度场,单位:dagpm;

c. 8 日 20 时海平面气压场,单位:hPa;d. 10 日 20 时海平面气压场,单位:hPa;

e. 8 日 20 时 850 hPa 风场,单位:m/s;f. 9 日 20 时 850 hPa 风场,单位:m/s)

槽东移至 100°~115°E 附近,贵阳转西北风,流域大部地区位于槽前西南气流中。副热带高压稳定在台湾以东洋面,脊线位于 25°N 左右(图 4.58b)。

海平面气压场上,7 月 8 日 20 时,西江流域大部地区受暖低压控制,青藏高原有弱冷空气堆积,24 h 变压为正值,预示着冷空气将南下(图 4.58c)。7 月 9 日 20 时,弱冷空气移至四川中部,西江流域中部有两根东北—西南向等压线,西部流域开始出现强降雨。7 月 10 日 20 时,弱冷空气从西路南下影响流域北部,冷暖空气交汇,北部流域的强降雨开始(图 4.58d)。

(3)暴雨预报指标应用

500 hPa 高度场上,8 日 20 时关键 1=-2 dagpm、关键 2=-4 dagpm;到 13 日 20 时关键 1=1 dagpm、关键 2=-11 dagpm。关键 1 的 24 h 变量为正值,说明有槽东移影响集雨区。副热带高压 588 dagpm 线西脊点在 20°N,140°E 附近,强度不强。

850 hPa 风场上,8 日 20 时中南半岛到广西有西南急流出现,最大风速为 14 m/s。到 9 日 20 时西南急流加强,最大风速达 16 m/s,西南季风爆发。

海平面气压场上,8 日 20 时 Δp 成都—杭州＝—3 hPa,Δp 兴仁—赣州＝—5 hPa,说明地面气压场东高西低,容易产生暴雨天气。

参考文献

[1]　冯志刚,程兴无,陈星,等.淮河流域暴雨强降水的环流分型和气候特征[J].热带气象学报,2013,29(5): 824-832.

[2]　张一平,乔春贵,梁俊平.淮河上游短时强降水天气学分型与物理诊断量阈值初探[J].暴雨灾害,2014, 33(2):129-138.

[3]　贾显锋,丁治英,刘国忠.柳江致洪暴雨及其影响系统统计特征分析[J].广西气象,2006,27(3):29-31.

[4]　李菁,祁丽燕,黄治逢.华南西部重大锋面暴雨天气过程研究[J].热带气象学报,2009,25(增刊):48-58.

[5]　张端禹,郑彬,汪小康,等.华南前汛期持续暴雨环流分型初步研究[J].大气科学学报,2015,38(3): 310-320.

[6]　吴丽姬,温之平,贺海晏,等.华南前汛期区域持续性暴雨的分布特征及分型[J].中山大学学报(自然科学版),2007,46(6):108-113.

[7]　徐明,赵玉春,王晓芳,等.华南前汛期持续性暴雨统计特征及环流分型研究[J].暴雨灾害,2016,35(2): 109-118.

[8]　周慧,杨令,刘志雄,等.湖南省大暴雨时空分布特征及其分型[J].高原气象,2013,32(5):1425-1431.

[9]　陈静静,叶成志,吴贤云.湖南汛期暴雨天气过程环流客观分型技术研究[J].暴雨灾害,2016,35(2): 119-125.

附录:常用特征量的计算方法

关键 1:500 hPa 上 20095、25095、30095 三个格点高度之和与 20110、25110、30110 这三个格点高度之和的差,即关键 1＝(H20095＋H25095＋H30095)－(H20110＋H25110＋H30110)

关键 2:500 hPa 上 20105、25105、30105 三个格点高度之和与 20120、25120、30120 这三个格点高度之和的差,即关键 2＝(H20105＋H25105＋H30105)－(H20120＋H25120＋H30120)

东西高度差:500 hPa 上 25100、30100、35100、25105、30105、35105 六个格点高度之和与 25115、30115、35115、25120、30120、35120 六个格点高度之和的差,即东西高度差＝(H25100＋H30100＋H35100＋H25105＋H30105＋H35105)－(H25115＋H30115＋H35115＋H25120＋H30120＋H35120)

高原槽:500 hPa 上 30095、35095、40095、45095、50095 五格点高度之和与 30110、35110、40110、45110、50110 五格点高度之和的差,即高原槽＝(H30095＋H35095＋H40095＋H45095＋H50095)－(H30110＋H35110＋H40110＋H45110＋H50110)

第5章　梯级水电站集雨区台风暴雨分型及概念模型

西江流域流经西南和华南地区,是我国受台风影响最严重的地区之一,台风暴雨对西江流域梯级水电站的影响有两方面:一方面会造成西江流域支流上的水电站库区洪峰流量迅增而接近汛限水位,使得水电站发电受阻或对防洪堤坡、块石护坡、穿堤建筑物等造成损害;另一方面,台风暴雨也是西江流域梯级水电站库区蓄水的重要来源,对汛末梯级水电厂开展水库优化调度、水电站群的联合调度和库区排蓄水决策具有重要的作用。本章通过对西江流域台风暴雨面雨量分布特征的研究,建立了天气概念模型和预报指标,并介绍了在业务中的应用情况。

5.1　西江流域台风暴雨路径及分布特征

5.1.1　西江流域影响台风及台风暴雨定义

台风是形成于热带洋面上具有暖中心结构的强烈的低压涡旋。夏季,西江流域一般受副热带高压控制或副热带高压边缘影响,无明显冷空气南下,多高温少雨天气;而台风能将西太平洋和南海的大量水汽带到内陆,加上强烈的辐合上升运动,给西江流域带来强风暴雨天气。黄海洪等[1]研究表明:台风是造成广西后汛期暴雨的主要天气系统之一。

热带辐合带(ITCZ)是热带对流层低层风场上的辐合带,通常出现在赤道两侧 5°～10°N, 5°～10°S 处,是热带上升运动的集中区,其中深厚积云对流旺盛。ITCZ 除了适合台风生成之外,在盛夏季节也会直接影响西江流域中东部,带来暴雨天气。当台风从东海北上或在闽、浙登陆,有时会将与之联系的 ITCZ 拖曳北上到两广沿海,同时,台风西部的偏北气流促使江南的切变线南移,在广西上空与 ITCZ 合并,给西江流域中东部带来较明显的降水。有时台风在华南东部或华东登陆北上远离广西并减弱后,副热带高压没有及时西伸控制华南,随台风北上的 ITCZ 在北部湾演变成一个近东西向的低压槽,南海的西南季风持续影响也会造成西江流域的暴雨。有时强西南季风北进,也能把 ITCZ 推进到北部湾和广西沿海,ITCZ 上常常有扰动和小涡旋及其南侧的西南气流中的对流云团,可使西江流域南部出现暴雨。

本书统计中心最大风速在 6 级(风速 10.8 m/s)以上的台风个例。统计的台风个例是指: ①台风中心或其减弱的低压环流进入 19°N 以北、112°E 以西地区,并使得西江流域出现暴雨天气的台风影响过程;②台风在福州到浙江之间沿海登陆,台风以辐合带的形式影响西江流域出现暴雨天气。按照暴雨及暴雨过程标准进行筛选,普查 1971—2015 年西江流域共出现 74 个台风暴雨过程,其中连续 3 天出现暴雨的台风有 3 个("9412""1111""1119"),连续 2 天出现暴雨的台风 24 个,其余 47 个台风仅出现 1 个暴雨日。

5.1.2　台风暴雨的路径分类

1971—2015 年影响西江流域中上游地区的 74 个台风暴雨过程中,通过对登陆华南的台风与西江流域暴雨落区的关联分析,将影响西江流域的台风暴雨分为四类路径[2](图 5.1),即:

第 Ⅰ 类路径(西路型):台风在湛江市以西(或以南)沿海登陆,登陆点多数情况下出现在湛江市以西到海口之间,中心进入西江流域区域,或沿着 21°N 以北的北部湾北部海面西行,在防城港至越南北部再次登陆;

第 Ⅱ 类路径(中路型):台风在湛江市到珠江口以西之间沿海登陆,登陆后继续向西北行,台风中心越过 21.5°N 以北地区深入到西江流域区域;

第 Ⅲ 类路径(东路型):台风在珠江口以东至福州之间沿海登陆,分成两条路径,一条路径在珠江口附近沿海登陆后西行深入到西江流域区域,另一条路径登陆后减弱为热带低压,然后西行至江西省时,折向西南方向移动,经湖南省南部进入西江流域中游区域;

第 Ⅳ 类路径(辐合带型):台风在福州到浙江之间沿海登陆,登陆后减弱成为热带低压,然后继续西行至江西省或湖南省时,之后折向北偏东方向移动,以台风辐合带的形式影响西江流域区域。

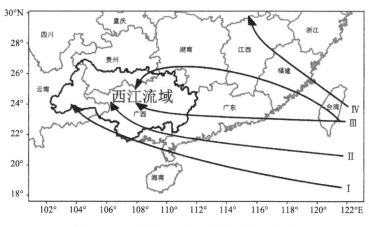

图 5.1　影响西江流域台风暴雨的四类路径

5.1.3　台风暴雨的统计特征

为了了解西江流域台风暴雨的气候特征,采用合成分析方法,首先统计 1971—2015 年西江流域 74 个台风暴雨过程出现情况,然后分别对西江流域全流域(22 个子流域累计)台风暴雨过程月分布和西江子流域台风暴雨空间分布特征进行分析。

5.1.3.1　台风暴雨月分布特征

表 5.1 给出了 1971—2015 年 6—11 月西江流域四类路径台风暴雨(面雨量≥30.0 mm)过程出现次数及占总数百分率。从表 5.1 可见,西江流域台风暴雨过程出现在每年 6—11 月,集中出现在 7—10 月,占影响总次数的 94.6%,主要出现在 7—8 月,占 63.5%,其次是 9—10 月,占 31.1%。其中 6 月份 3 个,占 4.1%,平均每年约 0.1 个,最多年是 1 个;7 月份 22 个,占

29.7%,平均每年 0.5 个,最多是 2 个,出现在 1982 年和 2001 年;8 月份 25 个,占 33.8%,平均每年 0.6 个,最多年有 2 个,分别出现在 1972 年、1976 年、1993 年、1994 年和 2013 年;9 月份 10 个,占 13.5%,平均每年 0.2 个,最多年是 1 个;10 月份 13 个,占 17.6%,平均每年 0.3 个,最多年是 2 个,分别出现在 1983 年、1988 年、1995 年和 2011 年;11 月份 1 个,占 1.4%。

台风暴雨主要以Ⅱ类路径和Ⅳ类路径为主,分别占总次数的 28.4%,其次为Ⅰ类路径,占 24.3%,最少为Ⅲ类路径,占 18.9%。6 月台风暴雨为Ⅱ类路径,7 月以Ⅱ类路径、Ⅲ类路径和Ⅳ类路径为主,占 90.9%,8 月以Ⅳ类路径为主,占 56.0%,9 月以Ⅱ类路径为主,占 50.0%,10 月以Ⅰ类路径为主,占 84.6%,11 月为Ⅰ类路径。

表 5.1　1971—2015 年 6—11 月西江流域四类路径台风暴雨过程出现次数及占总数百分率

台风暴雨四类路径	6 月	7 月	8 月	9 月	10 月	11 月	年合计	占总数百分率(%)
Ⅰ类路径(西路型)	0	2	2	2	11	1	18	24.3
Ⅱ类路径(中路型)	3	7	4	5	2	0	21	28.4
Ⅲ类路径(东路型)	0	7	5	2	0	0	14	18.9
Ⅳ类路径(辐合带型)	0	6	14	1	0	0	21	28.4
小计	3	22	25	10	13	1	74	100
累年平均	0.07	0.49	0.56	0.22	0.29	0.02	1.6	
占总数百分率(%)	4.1	29.7	33.8	13.5	17.6	1.4	100	

5.1.3.2　台风暴雨空间分布特征

(1)台风暴雨频次分布特征

表 5.2 给出了 1971—2015 年四类路径台风暴雨过程 22 个子流域出现暴雨日数及平均频次(这里的频次,是指台风暴雨过程各子流域出现暴雨的日数)。从表 5.2 可见,台风影响造成西江子流域出现各等级暴雨的平均总频次,以Ⅲ类路径最多(10.22 次),其次是Ⅰ类路径(8.23 次),然后是Ⅱ类路径(7.91 次),Ⅳ类路径最少(7.19 次);台风影响造成西江子流域出现暴雨的平均频次,Ⅲ类路径最多(7.79 次),其次是Ⅳ类路径(6.14 次),然后是Ⅱ类路径(5.29 次),Ⅰ类路径最少(5.06 次);台风影响造成西江子流域出现大暴雨的平均频次,Ⅰ类路径最多(3.06 次),其次是Ⅱ类路径(2.57 次),然后是Ⅲ类路径(2.36 次),Ⅳ类路径最少(1.05 次);台风影响造成西江流域出现特大暴雨的平均频次,Ⅰ类路径最多(0.11 次),其次是Ⅲ类路径(0.07 次),Ⅱ类路径平均 0.05 次,Ⅳ类路径无子流域出现特大暴雨。

以上分析表明,四类路径台风影响过程,造成西江子流域出现暴雨量级以上降水的平均频次,以Ⅲ类路径最多,其次是Ⅰ类路径,Ⅳ类路径最少,其中,特大暴雨量级降水的子流域平均出现频次,以Ⅰ类路径最多,其次是Ⅲ类路径,Ⅳ类路径为 0。

表 5.2　1971—2015 年四类路径台风暴雨过程 22 个子流域暴雨日数及平均频次

台风路径	台风暴雨总过程	西江 22 个子流域出现暴雨日数及平均频次	各等级台风暴雨			暴雨及以上总频次
			暴雨	大暴雨	特大暴雨	
Ⅰ类路径(西路型)	18	子流域暴雨日数	91	55	2	148
		子流域平均频次	5.06	3.06	0.11	8.23

台风路径	台风暴雨总过程	西江 22 个子流域出现暴雨日数及平均频次	各等级台风暴雨			暴雨及以上总频次
			暴雨	大暴雨	特大暴雨	
II 类路径（中路型）	21	子流域暴雨日数	111	54	1	166
		子流域平均频次	5.29	2.57	0.05	7.91
III 类路径（东路型）	14	子流域暴雨日数	109	33	1	143
		子流域平均频次	7.79	2.36	0.07	10.22
IV 类路径（辐合带型）	21	子流域暴雨日数	129	22	0	151
		子流域平均频次	6.14	1.05	0	7.19

（2）台风暴雨概率空间分布特征

图 5.2 给出了 1971—2015 年 22 个西江子流域台风暴雨（面雨量≥30 mm）过程出现概率（这里所述概率，是指暴雨过程各子流域出现暴雨的频繁程度，用百分比（%）表示）。从图 5.2 可见：

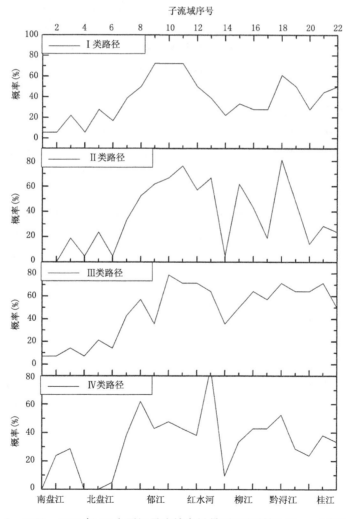

图 5.2　1971—2015 年 22 个西江子流域台风暴雨（面雨量≥30 mm）出现概率

Ⅰ类路径台风暴雨主要出现在左江流域、郁江流域和西津流域，出现概率在72.2%，其次在清水河流域，出现概率为61.1%，然后是红水河上游、右江上游、西江汇流和贺江流域，出现概率均为50.0%；出现概率最小的是南盘江上游、南盘江中游、北盘江上游，只有5.6%；其余子流域出现概率在16.0%~44.0%。

Ⅱ类路径台风暴雨主要出现在清水河流域和西津流域，出现概率在76.0%~81.0%，其次红水河上游、红水河下游、郁江流域、左江流域、右江流域、龙江流域，出现概率在52.0%~67.0%，北盘江上游、龙滩近库区和融江流域，出现概率在4.7%~4.8%，而南盘江上游和南盘江中游出现概率为0，其余子流域出现概率在14.0%~48.0%。

Ⅲ类路径台风暴雨主要出现在郁江流域、红水河上游、西津、清水河和桂江中下游，出现概率在71.0%~79.0%，其次在红水河下游、柳江流域、西江汇流和桂江上游，出现概率为64.3%，出现概率最小的是南盘江上游、南盘江中游和北盘江上游，只有7.1%；其余子流域出现概率在14.0%~57.0%。

Ⅳ类路径台风暴雨主要出现在红水河下游，出现概率在85.7%，其次在右江流域、清水河流域，出现概率在52.0%~62.0%，龙滩近库区、融江流域出现概率为4.8%和9.5%，而南盘江上游、北盘江上游和北盘江下游出现概率为0，其余子流域出现概率在23.0%~48.0%。

以上分析表明，Ⅰ类路径台风暴雨集中出现在郁江干流的左江流域、郁江流域和西津流域；Ⅱ类路径台风暴雨集中出现在黔浔江河段的清水河流域和郁江干流的西津流域；Ⅲ类路径台风暴雨集中出现在郁江干流的郁江流域、西津流域，红水河河段的红水河上游，黔浔江河段的清水河流域，以及桂江干流的桂江中下游；Ⅳ类路径台风暴雨集中出现在红水河河段的红水河下游，这些子流域暴雨出现概率在71.0%~86.0%；四种类型台风暴雨在南盘江河段和北盘江支流出现概率最小，大部子流域暴雨出现概率小于7.1%，说明台风对位于贵州、云南一带的南、北盘江支流出现暴雨天气的影响较小。

(3)台风暴雨平均面雨量空间分布特征

彩图5.3给出了影响西江流域的四类路径台风暴雨平均面雨量分布。从彩图5.3a可见，对于Ⅰ类路径台风，西江流域平均面雨量为暴雨量级及以上降水的范围在中部和南部的郁江干流和红水河河段，以及黔浔江河段、柳江和桂江(贺江)支流的南部子流域，其中，面雨量为大暴雨量级(60~100 mm，下同)的有3个子流域，分别出现在左江、郁江和西津流域，其中最大值在郁江流域，达到80.7 mm；面雨量为暴雨量级(30~60 mm，下同)的有8个子流域，出现在右江流域、红水河上游、红水河下游、龙江流域、清水河流域、西江汇流、桂江中下游和贺江流域；南盘江上游、南盘江中游和北盘江上游面雨量在8.0~14.5 mm(小到中雨)，其他8个子流域面雨量在20~30 mm(大雨)。

从彩图5.3b可见，对于Ⅱ类路径台风，西江流域平均面雨量为暴雨量级及以上降水的范围在中部和南部的郁江干流和红水河河段，以及黔浔江河段、柳江支流和桂江支流的南部子流域，其中，西江各子流域面雨量为大暴雨量级的有1个子流域，出现在西津流域，面雨量为77.2 mm；面雨量为暴雨量级的有10个子流域，出现在右江流域、左江流域、郁江流域、红水河上游、红水河下游、龙江流域、柳江流域、清水河流域、西江汇流和贺江流域；南盘江上游、南盘江中游和北盘江上游面雨量在7.6~12.8 mm(小到中雨)，其他8个子流域面雨量在15.0~25.1 mm(大雨)。

从彩图5.3c可见，对于Ⅲ类路径台风，西江流域平均面雨量为暴雨量级及以上降水的出现在中东部的所有子流域,范围为最大,其中,西江各子流域面雨量为大暴雨量级的有 3 个子流域,在红水河下游、清水河流域和西津流域,最大值出现在红水河下游(66.7 mm);面雨量为暴雨量级的有 12 个子流域,出现在右江流域、左江流域、郁江流域、红水河上游、融江流域、龙江流域、柳江流域、洛清江流域、桂江上游、桂江中下游、西江汇流和贺江流域;南盘江上游和北盘江上游面雨量是 12.8～14.6 mm(小到中雨),其他 4 个子流域面雨量在 21.2～29.7 mm(大雨)。

从彩图 5.3d 可见,对于Ⅳ类路径台风,西江流域平均面雨量为暴雨量级及以上降水的范围在南部的郁江干流,以及红水河河段、黔浔江河段、柳江支流的南部子流域,其中,面雨量为暴雨量级的有 7 个子流域,出现在右江流域、郁江流域、西津流域、红水河下游、柳江流域、洛清江流域和清水河流域;南盘江上游、北盘江上游、北盘江下游和龙滩近库区面雨量在 6.6～13.2 mm(小到中雨),其他 11 个子流域面雨量在 17.4～29.8 mm(大雨)。

以上分析表明,面雨量为暴雨量级及以上降水的子流域,Ⅲ类路径范围为最大,出现在西江中东部的所有子流域,其次是Ⅰ类路径和Ⅱ类路径,出现在西江中南部子流域,Ⅳ类路径范围为最小,出现在西江中南部部分子流域,其中,Ⅰ类路径大暴雨面雨量的强度最强,其次是Ⅱ类路径,然后是Ⅲ类路径,Ⅳ类路径无子流域达到大暴雨量级。

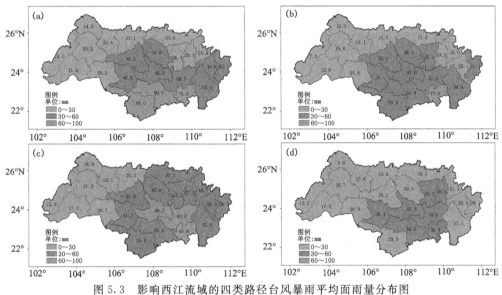

图 5.3　影响西江流域的四类路径台风暴雨平均面雨量分布图
(a. 为Ⅰ类路径;b. 为Ⅱ类路径;c. 为Ⅲ类路径;d. 为Ⅳ类路径)

5.2　概念模型

通过对影响西江流域的 74 个台风暴雨过程的气候特征分析,结合本书给出的影响西江流域台风暴雨路径的分类,针对每类路径选取多个典型个例,对典型个例台风暴雨出现前日和当日高低空环流形势或风场进行合成分析,建立了各类路径的台风暴雨天气概念模型。

5.2.1　第Ⅰ类路径台风暴雨天气概念模型

图 5.4 给出了第Ⅰ类路径台风暴雨天气概念模型,在暴雨出现前日 500 hPa 平均高度场

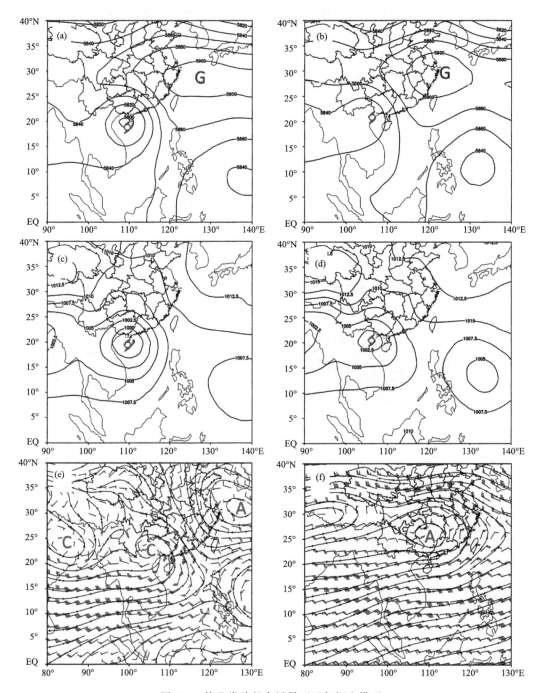

图 5.4　第Ⅰ类路径台风暴雨天气概念模型

(a. 为前 24 h 500 hPa 高度场,单位:dagpm;b. 为当日 500 hPa 高度场,单位:dagpm;

c. 为前 24 h 1000 hPa 气压场,单位:hPa;d. 为当日 1000 hPa 气压场,单位:hPa;

e. 为当日 850 hPa 风场,单位:m/s;f. 为当日 200 hPa 风场,单位:m/s)

上(图 5.4a),副热带高压主体完整强大(副热带高压中心平均强度达 591 dagpm),呈方头块状,脊线位于 30°N 附近,588 dagpm 特征线西端点伸到 110°E,距台风中心的距离≥10 个纬距,台风中心与副高之间有密集的等高线,受副高西侧东南风气流引导,台风稳定向西偏北方向移动。在暴雨出现当日 500 hPa 平均高度场上(图 5.4b),台风中心进入越南北部或中越边界,副高南落西伸,588 dagpm 特征线西端点位于 108°E,在台风中心与副高之间仍有密集的等高线,台风后部(广西东南部)产生偏南风急流,带来大量不稳定能量,造成西江流域出现暴雨或大暴雨天气。

在暴雨出现前日海平面平均气压场上(图 5.4c),台风中心位于 20°N,110°E,中心气压平均≤997.5 hPa,海平面气压场表现为东高西低的形势,华南西部为向西开口的气压槽内,有利于风暴中心向偏西方向移动。在暴雨出现当日海平面平均气压场上(图 5.4d),台风中心进入越南北部或中越边界,中心气压平均在 1000.0~1002.5 hPa,表明其登陆后很快减弱,其东侧流场呈西北—东南向,而且等压线密集,有利于向广西南部地区输送充沛的水汽。

在台风暴雨出现当日的 850 hPa 平均流场上(图 5.4e),距台风中心东南侧 500~1000 km 范围有一支强劲的偏南风急流,平均风速在 12~14 m/s,同时,南海季风处于活跃期,西南风异常强盛,在台风中心南侧,从孟加拉湾经中南半岛到南海北部一带有一支风速为 12~16 m/s 的西南低空急流卷入台风环流,使台风环流得以维持或进一步加强,并为台风输送大量的水汽和不稳定能量。

在台风暴雨出现当日 200 hPa 平均流场上(图 5.4f),反气旋环流中心位于广西东北部,与 850 hPa 的气旋环流中心位置较为接近(小于 1000 km),表明台风中心高低层垂直对称结构较好,由于高层反气旋环流的辐散抽吸作用,对低层气旋环流的辐合有加强作用,利于台风加强和维持。

由于此类台风中心位置偏南(22°N 以南),暴雨或大暴雨天气主要出现在西江流域中南部子流域,另外,台风高低层配合最好,且台风中心的登陆点离广西沿海最近,台风登陆后仍然维持较强的强度,因而,该类路径台风暴雨强度为最强。

5.2.2　第Ⅱ类路径台风暴雨天气概念模型

图 5.5 给出了第Ⅱ类路径台风暴雨天气概念模型。在台风暴雨出现前日 500 hPa 平均高度场上(图 5.5a),副热带高压主体完整强大(高压中心平均强度达 591 dagpm),呈方头块状,脊线为东西向的带状分布,平均位于 30°N 附近,副高西脊点位于 108°E,距台风中心的距离≥10 个纬距,台风中心与副高之间有密集的等高线,在副高西南侧东南风气流引导下,有利于台风稳定向西北方向移动;同时,在河套地区有小槽东移,使得副高西脊点略有东退,有利于台风西行北翘,当台风中心进入 115°E 以西、19°N 以北时,台风中心越过 21°N 以北进入桂南,甚至深入到桂中内陆。在暴雨出现当日 500 hPa 平均高度场上(图 5.5b),台风中心进入广西内陆后,副高西脊点位于 112°E,在台风中心与副高之间有密集的等高线,台风后部(广西东部)产生偏南风急流,带来大量不稳定能量,造成西江流域出现暴雨或大暴雨天气。

在台风暴雨出现前日海平面平均气压场上(图 5.5c),台风中心位于 20°N,112°E,中心气压平均≤1000.0 hPa,海平面气压场表现为东高西低的形势,华南西部为向西开口的气压槽内,有利于风暴中心向偏西方向移动。在暴雨出现当日海平面平均气压场上(图 5.5d),台风登陆后中心气压平均在 1000.0~1002.5 hPa,台风东侧的流场等压线密集,有利于向广西南部地区输送充沛的水汽。

在暴雨出现当日 850 hPa 平均流场上(图 5.5e),距台风中心东南侧 500~800 km 范围有

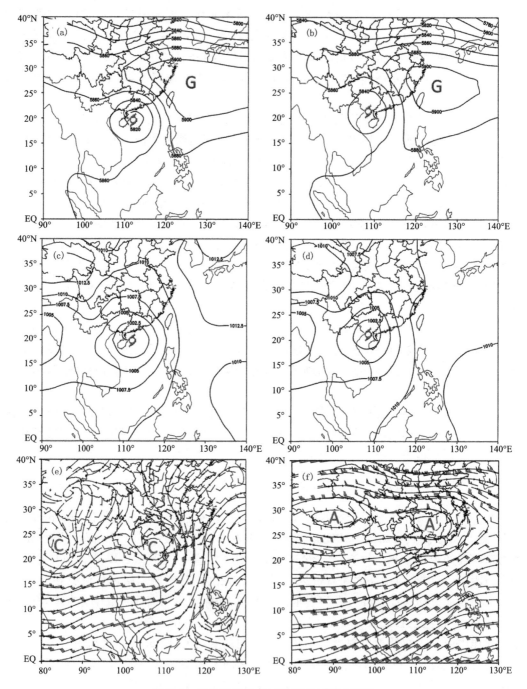

图5.5　第Ⅱ类路径台风暴雨天气概念模型

（a. 为前24 h 500 hPa高度场，单位：dagpm；b. 为当日500 hPa高度场，单位：dagpm；

c. 为前24 h 1000 hPa气压场，单位：hPa；d. 为当日1000 hPa气压场，单位：hPa；

e. 为当日850 hPa风场，单位：m/s；f. 为当日200 hPa风场，单位：m/s）

一支强劲的偏南风急流，平均风速在12～16 m/s，同时，在台风中心南侧孟加拉湾经中南半岛到南海北部一带有一支风速达到10～12 m/s的异常强盛西南气流卷入台风中心，使大量的水汽集中汇集到西江流域上空,并为台风输送大量的水汽和不稳定能量。

在台风暴雨出现当日 200 hPa 平均流场上(图 5.5f),华南南部到南海北部一带为反气旋环流控制,反气旋环流中心位于湖南一带,距离 850 hPa 的气旋环流中心约 800 km,表明台风中心高低层垂直对称结构较好,由于高层反气旋环流的辐散抽吸作用,对低层气旋环流的辐合有加强作用,利于台风加强和维持。

由于此类台风中心位置偏南(23°N 以南),暴雨或大暴雨天气主要出现在西江流域中南部,另外,台风登陆点在粤西,登陆后再进入广西后其强度很快减弱,因而,该类路径西江子流域暴雨强度较第 I 类路径偏弱。

5.2.3　第Ⅲ类路径台风暴雨天气概念模型

图 5.6 给出了第Ⅲ类路径台风暴雨天气概念模型。在暴雨出现前日 500 hPa 平均高度场上(图 5.6a),副热带高压脊线异常偏强(高压中心平均强度达 593 dagpm)、偏北(达到北纬33°~34°N),西脊点偏东(116°E),台风在福建登陆减弱成为热带低压的同时,西太平洋高压与河套地区的大陆高压合并,在热带低压北侧形成一强大的高压坝,阻挡了热带低压继续向西北方向移动的势头,在东环副热带高压南侧偏东气流引导下,热带低压先转向偏西方向移动,后期在大陆高压东侧的东北气流引导下,减弱的热带低压逐渐向西偏南方向移动。在暴雨出现当日 500 hPa 平均高度场上(图 5.6b),台风低压中心位于桂粤湘三省交界处,低压环流本体与南侧的偏西南气流卷入,带来大量不稳定能量,造成西江流域暴雨或大暴雨天气。

在暴雨出现前日海平面平均气压场上(图 5.6c),台风中心进入 23.0°N 以北地区,中心气压平均≤997.5 hPa,台风中心东侧等压线密集且有气流的辐合。在暴雨出现当日海平面气压场上(图 5.6d),台风中心进入 25.0°N 以北地区,最低气压≤1000 hPa,台风中心东侧等压线密集且有气流的辐合,有利于向台风中心补充充沛的水汽。

在暴雨出现当日 850 hPa 平均流场上(图 5.6e),距台风中心东南侧 500~1000 km 范围有一支强劲的偏南风急流,平均风速在 12~16 m/s。同时,在台风中心南侧孟加拉湾经中南半岛到南海北部一带有一支风速为 12~18 m/s 西南风卷入台风中心。

在暴雨出现当日 200 hPa 平均流场上(图 5.6f),反气旋环流中心位于 32°N,100°E 点附近,西江流域处于其东南侧,为偏东辐散气流,对低层的辐合上升运动有一定的加强作用。

由于此类台风中心位置偏北(23°N 以北),暴雨或大暴雨天气主要出现在西江流域的中东部子流域,另外,台风从广东或福建登陆后,到达西江流域范围后很快减弱,因而,西江流域暴雨强度较第 I 类、第 II 类路径偏弱。

5.2.4　第Ⅳ类路径台风暴雨天气概念模型

图 5.7 给出了第Ⅳ类路径台风暴雨天气概念模型。在台风暴雨出现前日 500 hPa 平均高度场上(图 5.7a),中高纬度低槽在东亚上空发展加深,河套到高原地区有深槽,冷空气侵袭副热带高压,使副高明显减弱东退,西脊点位于 120°E,西侧为稳定的偏南气流,台风在福建登陆后逐渐减弱为低压,其环流受副高西侧偏南风气流引导,转向北或偏东北方向移动,与之相伴的辐合线北抬到华南地区。在台风暴雨出现当日 500 hPa 高度场上(图 5.7b),台风减弱后的低压环流已消失,广西主要受其减弱后的辐合线影响。

在暴雨出现前日海平面平均气压场上(图 5.7c),台风减弱后的低压中心进入 25.0°N,

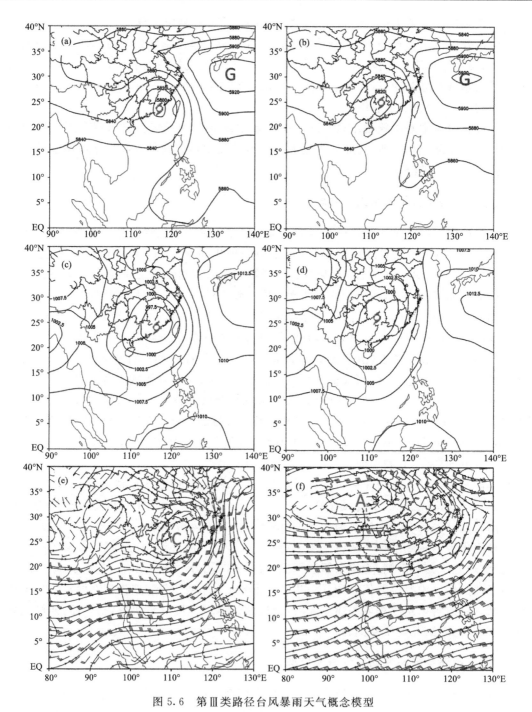

图 5.6　第Ⅲ类路径台风暴雨天气概念模型

(a. 为前 24 h 500 hPa 高度场,单位:dagpm;b. 为当日 500 hPa 高度场,单位:dapgm;

c. 为前 24 h 1000 hPa 气压场,单位:hPa;d. 为当日 1000 hPa 气压场,单位:hPa;

e. 为当日 850 hPa 风场,单位:m/s;f. 为当日 200 hPa 风场,单位:m/s)

115°E 附近,最低气压为≤1000 hPa;在暴雨出现当日海平面平均气压场上(图 5.7d),台风低压北移过程中继续减弱,最低气压为 1000.0~1002.5 hPa,广西处于两个高压之间的低值区,有利于水汽辐合加强。

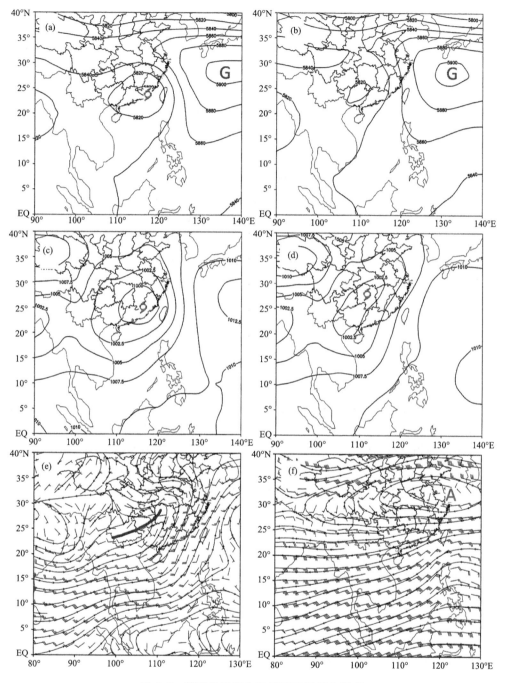

图 5.7　第Ⅳ类路径台风暴雨天气概念模型

(a. 为前 24 h 500 hPa 高度场,单位:dagpm;b. 为当日 500 hPa 高度场,单位:dagpm;

c. 为前 24 h 1000 hPa 气压场,单位:hPa;d. 为当日 1000 hPa 气压场,单位:hPa;

e. 为当日 850 hPa 风场,单位:m/s;f. 为当日 200 hPa 风场,单位:m/s)

在暴雨出现当日 850 hPa 平均流场上（图 5.7e），随着台风北移，辐合带随之北抬到贵州至湖南一带，辐合带南侧 500～1000 km 范围有一支偏南风气流，平均风速在 10 m/s，它与孟加拉湾和南海的西南风相连接，广西中南部位于辐合带南侧的偏南气流辐合区域，暴雨出现在该地区。

在暴雨出现当日 200 hPa 平均流场上（5.7f），反气旋环流位于 33°N 附近，对低层的气流辐合上升运动具有加强的作用。

此类台风中心位置偏北（25°N），主要受台风辐合带影响，西江流域降水强度和范围均为最小，暴雨主要出现在广西中南部地区。

以上分析可知，第Ⅰ类和第Ⅱ类路径台风登陆地段多数在 23°N 以南的粤西或桂南沿海，由于副热带高压脊线位置偏南，台风中心进入 115°E 以西时，向北移动的分量受到牵制，多数都是沿着 20°～23°N 偏西北行，主要造成西江中南部较大范围的暴雨天气，但因台风中心的登陆点离广西最近，影响西江流域的台风强度偏强，所以大暴雨强度偏强。第Ⅲ类路径台风登陆地段多在 23°N 以北的粤东至福州沿海，这类台风登陆后，强度迅速减弱，以热带风暴或热带低压的强度从广西东北部进入并影响西江流域，造成西江东部大范围的暴雨天气，暴雨出现范围最大，但因台风强度较第Ⅰ类路径和第Ⅱ类路径台风弱，所以大暴雨强度偏弱。第Ⅳ类路径台风登陆地段多在 25°N 以北的福州到浙江沿海，进入江西、湖南省后向偏北方向移动，以台风南部的辐合带影响西江流域，降水强度和范围在四种路径中为最弱（小）。

5.3　台风暴雨预报指标

利用 ECMWF 数值预报产品和 MICAPS 资料，从中提取相应关键区的格点资料进行因子组合，得到影响西江流域梯级水电站集雨区的台风暴雨预报诊断指标。

其中，副高面积指数与副高强度指数定义，以 ECMWF 数值预报产品（精度为 0.25°×0.25°）为依据，副高面积指数为：20°～55°N，110°～140°E，500 hPa 高度值大于 587 dagpm 的格点数之和，反映副高的控制范围；副高强度指数为：20°～55°N，110°～140°E，500 hPa 高度值大于 587 dagpm 的格点的高度值之和，反映副高的强度。

5.3.1　第Ⅰ类路径台风暴雨预报诊断指标

地面气压场：沪与桂气压梯度为 5～10 hPa，粤与桂气压梯度为 6～11 hPa；广西最低气压≤1000 hPa。

500 hPa 高度场：沪与桂高度差为 4～10 dagpm，粤与桂高度差为 3～8 dagpm；广西最低高度≤581.0 dagpm；副热带高压面积指数为 42～95，强度指数为 46～340 dagpm。

850 hPa 风场：台风进入广西时，南风分量较大，平均南风分量达≥16 m/s，这有利于水汽的输送，进而产生大范围的暴雨。

5.3.2　第Ⅱ类路径台风暴雨预报诊断指标

地面气压场：沪与桂气压梯度在 6～12 hPa，且粤与桂气压梯度在 6～16 hPa，广西最低气压≤1000 hPa。

500 hPa 高度场：沪与桂高度差为 5～14 dagpm，且粤与桂高度差为 3～14 dagpm；广西最低高度≤582 dagpm,副热带高压面积指数为52～114,强度指数为64～423 dagpm。

水汽条件:广西上空从925～500 hPa相对湿度≥80%,水汽充沛,湿层深厚。

垂直速度:台风进入广西后,从925～200 hPa的对流层均为上升运动,其中上升速度最大值中心出现在700～400 hPa,一般情况下达到-30×10^{-3}～-40×10^{-3}hPa;有些个例超过-60×10^{-3}hPa。

涡度:从925～200 hPa的整个对流层为正涡度,涡旋度强;正涡度最大值中心出现在700～400 hPa,一般情况下达到40×10^{-5}～60×10^{-5}s^{-1};有些个例超过80×10^{-5}s^{-1}。

散度:对流层低层(700 hPa以下)为负散度,最大辐合中心位于850 hPa附近,一般情况下达到-20×10^{-5}～-30×10^{-5}s^{-1};有些个例超过-35×10^{-5}s^{-1};高层(250～200 hPa)为正散度,最大辐散中心位于200 hPa附近,一般情况下达到20×10^{-5}～30×10^{-5}s^{-1}。

5.3.3　第Ⅲ类路径台风暴雨预报诊断指标

当减弱的热带低压中心进入广西时,地面气压场:广西最低气压值在995～1004 hPa,粤与桂的气压梯度≥4 hPa。

500 hPa高度场:广西最低高度值在579～585 hPa,粤与桂的高度差≥3 dagpm;副热带高压面积指数≥74,强度指数≥188 dagpm。

850 hPa风场:从孟加拉湾到南海北部有一支风速大于12 m/s的西南季风向广西上空输送水汽和不稳定能量。

水汽条件:广西上空从925～400 hPa相对湿度≥70%,水汽充沛,湿层深厚。

垂直速度:台风进入广西后,从925～200 hPa的对流层均为上升运动,其中上升速度最大值中心出现在700～400 hPa,一般情况下达到-30×10^{-3}～-40×10^{-3}hPa;有些个例超过-60×10^{-3}hPa。

涡度:从925～200 hPa的整个对流层为正涡度,涡旋度强;正涡度最大值中心出现在700～400 hPa,一般情况下达到40×10^{-5}～60×10^{-5}s^{-1};有些个例超过80×10^{-5}s^{-1}。

散度:对流层低层(700 hPa以下)为负散度,最大辐合中心位于850 hPa附近,一般情况下达到-20×10^{-5}～-30×10^{-5}s^{-1};有些个例超过-35×10^{-5}s^{-1};高层(250～200 hPa)为正散度,最大辐散中心位于200 hPa附近,一般情况下达到20×10^{-5}～30×10^{-5}s^{-1}。

5.3.4　第Ⅳ类路径台风暴雨预报诊断指标

当辐合带影响广西时,地面气压场:(25°N,117.5°E)与桂林(25°N,110°E)气压梯度在-10～5 hPa,(25°N,117.5°E)与海口(20°N,110°E)气压梯度在-10～1 hPa,(25°N,130°E)与(25°N,117.5°E)气压梯度在10～25 hPa,(25°N,117.5°E)该点气压≤1000 hPa;桂林(25°N,110°E)与海口(20°N,110°E)气压梯度在-5～2 hPa;广西气压梯度之和在470～530 hPa。

500 hPa高度场:东部副高588线有三个纬圈宽呈方头状西伸;桂林(25°N,110°E)格点的高度≤584 dagpm,(35°N,110°E、115°E、120°E)三点的平均高度≥586 dagpm;(25°N,130°E)与(25°N,117.5°E)高度差为10～25 dagpm;副热带高压面积指数≤75,强度指数为100～260 dagpm。

850 hPa风场:台北(25°N,120°E)网格点偏南风≥12 m/s。

5.4　台风暴雨应用分析

本节主要对"1409"号"威马逊"台风暴雨天气过程进行分析。

(1)概述

台风"威马逊"于 2014 年 7 月 12 日在西北太平洋上生成,15 日 18 时 20 分在菲律宾中部沿海登陆,随后穿过菲律宾中部进入南海。18 日 05 时在南海北部加强为超强台风,15 时 30 分前后登陆海南省文昌市翁田镇,登陆时中心附近最大风速为 60 m/s(17 级,超强台风级);经琼州海峡 4 h 后,以同等强度再次在广东省湛江市徐闻县龙塘镇沿海登陆,19 日 02 时进入北部湾;19 日 07 时 10 分在广西防城港光坡镇沿海第三次登陆,登陆时中心附近最大风力为 15 级(风速 48 m/s,强台风级),09 时在防城港市减弱为台风级,之后继续向西行,19 日 12 时 18 分在龙州县中越交界减弱为热带风暴,进入越南北部;20 日 04 时在云南境内减弱成热带低压。

2014 年 7 月 19—21 日,受超强台风"威马逊"影响,左江、红水河下游、郁江、右江和清水河流域出现暴雨到大暴雨(图 5.8),郁江、西江梯级电厂不同程度发电受阻,其中左江、山秀、仙衣滩、桂航 4 个梯级电厂受阻全停。7 月 19 日,受"威马逊"影响,电网用电负荷大幅度下降,比计划少 2500 MW 左右,广西电网按应急预案停运 5 台火电机组后,仍有近 1400 MW 左右的缺口。调度中心调减龙滩、天生桥一、二级发电出力共 2000 MW,共调减西电水电份额共 850 MW;7 月 20 日,红水河—乐滩区间流量大幅度上升,调度中心通过发电预泄,增发水电电量约 1.4 亿 kW·h。

7 月 19 日至 21 日 18 时,广西电网损失负荷 149.3 万 kW,累计损失电量 7758 万 kW·h。停电影响重要用户 50 户,广西电网 10 kV 及以上输电线路跳闸 1174 条次,停运配变(台区)23748 台,500 kV 线路跳闸 2 条次,220 kV 线路跳闸 46 条次,110 kV 线路跳闸 41 条次,10 kV 线路跳闸 1240 条次,累计停电户数 190.7 万户。

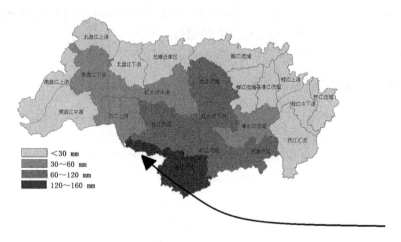

图 5.8　台风"威马逊"面雨量分布图

(2)形势场分析

判定"1409"号台风"威马逊"在珠江口以西到海口之间登陆,登陆后稳定向西北方向移动,台风中心进入广西内陆;或沿着 21°N 以北,在北部湾北部海面西行,在防城港至越南北部再次登陆(图 5.9),属于第Ⅰ类路径台风。

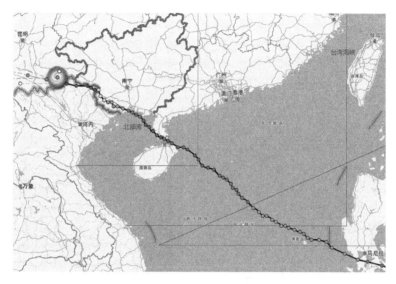

图 5.9　台风"威马逊"路径

7 月 18 日 20 时 200 hPa 风场上,在青藏高原南侧有反气旋环流,辐散气流抽吸作用使上升气流加强,"威马逊"台风得到维持和发展加强(图 5.10a)。

在 500 hPa 高度场上,西太平洋副热带高压脊线位于 30°N,青藏高原北侧有小槽东移北收,副热带高压加强西伸,台风稳定向西北方向移动(图 5.10b)。

在 850 hPa 风场上,南海季风活跃,西南风异常强盛,距台风中心南侧约 500 km 的范围,有一支最大风速为 20 m/s 的西南风卷入台风中心,为台风输送了大量的水汽和不稳定能量,利于"威马逊"台风发展加强(图 5.10c)。

在海平面气压场上,当"威马逊"台风中心进入 115°E 以西关键区时,地面气压场表现为东高西低的形势,华南西部处在向北开口的气压槽内,广西气压普遍下降 2~7 hPa ,有利于台风中心向西北方向移动(图 5.10d)。

(3)暴雨预报指标

地面气压场:上海(30°N,120°E)与海口(20°N,110°E)气压梯度 35 hPa,台北(25°N,120°E)与海口气压梯度 35 hPa,马尼拉(17.5°N,120°E)与海口气压梯度 35 hPa,海口气压值为 974 hPa,上海、台北、马尼拉与海口气压梯度较大,台风强度强;桂林(25°N,110°E)与海口气压梯度 29 hPa,并且桂林站点的气压值为 1003 hPa,广西气压值之和为 508 hPa,不利于台风加强发展,即台风填塞相对较快。

500 hPa 高度场:上海(30°N,120°E)与海口(20°N,110°E)高度差 19 dagpm,台北(25°N,120°E)与海口高度差 18 dagpm,马尼拉(17.5°N,120°E)与海口高度差 16 dagpm;副热带高压面积指数 83,强度指数 176 dagpm。高度差相对较大,西太平洋副热带高压呈虎口状西伸,台风中心紧致,584 dagpm 等高线的范围较大,台风填塞较慢,而影响广西的 584 dagpm 等高线的范围较小,因此,对西江流域台风暴雨强度虽然大,但影响范围相对较小。

850 hPa 风场:台风进入广西时,台风内圈南风分量达 20~22 m/s,这有利于水汽的输送,

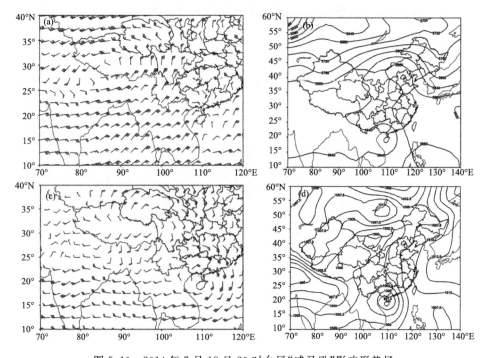

图 5.10　2014 年 7 月 18 日 20 时台风"威马逊"影响形势场

(a. 200 hPa 风场,单位:m/s;b. 500 hPa 高度场,单位:dagpm;c. 850 hPa 风场,单位:m/s;

d. 海平面气压场,单位:hPa)

而产生大范围的暴雨;(22.5°N,112.5°E)与(25.0°N,112.5°E)风梯度 10 m/s,(22.5°N,110°E)与(25.0°N,110°E)风梯度 12 m/s。台风(22.5°N,112.5°E)与(25.0°N,112.5°E)两点梯度较大时,也就是台风比较紧致,台风暴雨强度大,影响范围较小。

参考文献

[1]　黄海洪,林开平,高安宁,等.广西天气预报技术与方法[M].北京:气象出版社,2012.

[2]　钟利华,李仲怡,李勇,等.西江流域台风暴雨面雨量分布特征及天气概念模型[J].气象研究与应用,2017,38(3):13-22.

第 6 章　梯级水电站集雨区降水环流客观分型及暴雨过程预报方法

大气环流形势一般会决定区域天气气候的类型及其变化[1],大气环流持续异常会引起气候的异常变化,甚至导致极端天气气候事件发生。环流分型方法可以分为主观和客观两种,主观分型方法十分直观且容易解释其物理意义,但主要依靠经验,因人而异,有明显的主观性,不利于推广应用。本章采用 Lamb-Jenkinson 大气环流分型方法,对西江流域区域 850 hPa 高度场、500 hPa 高度场进行环流型定量划分,分析西江流域主要环流型降水出现概率的气候特征,研究主导环流型变化特征及其对西江流域总面雨量和子流域面雨量的贡献率,以及环流型配置与降水的关系,并通过从历史个例中寻找最优相似样本,对西江流域暴雨日进行预报研究。

6.1　客观分型基本原理及方法

6.1.1　客观分型基本原理

Lamb 环流分型法,目前应用较多的是 Lamb-Jenkinson 方法,该分型方法是 20 世纪 50 年代英国气象学家 Lamb[2] 提出的,Jenkinson 等[3] 通过定义指数及分类标准将 Lamb 分类方法客观化,该方法可以得到针对局地环流的客观数值描述,并从天气气候学角度研究局地环流及其与气候变化的联系。它操作性强,又有明确的天气气候学意义,更重要的是,可以把过去天气学分型法和天气统计学方法[4] 合二为一,从而可以准确描述环流主要成员的位置、强度及其演变情况,避开了主观性和不确定性的缺点。

6.1.2　客观分型方法

Lamb-Jenkinson 方法应用范围较广,如朱艳峰等[5] 计算了中国 16 个区逐日的 6 个环流指数及相应的环流分类,分析中国各区域不同季节各种环流类型出现的概率及其变化特征,清晰地分辨出各区域不同的环流配置型,说明该方法在我国大部分地区是适用的;一些学者针对中国不同的季节和区域,分析各种环流型的变化特征,研究主要环流型与气象要素(如降水、气温)的关系及在预测中的应用,如周荣卫等[6]、郝立生等[7]、马占良[8] 分别对北京地区、华北区域和青海省大气环流分型、特点及与气候的关系进行了分析,滕华超[9]、贾丽伟等[10] 分别对山东省和东北地区降水与大气环流关系进行分析,段雯瑜等[11] 和覃志年等[12] 分别将该方法应用于淮河流域夏季降水、冬季气温及广西延伸期区域性暴雨过程的预测。但这些研究主要采用海平面气压场资料展开对气候、气象要素影响的分析,而形成降水天气需要中低空大气环流的相互匹配、相互作用,以及自下而上各垂直高度层大气变化,尤其是中低空水汽、动力、辐合作用及其变化对强降水形成具有关键性作用。

　　利用 Lamb-Jenkinson 分型方法对西江流域进行环流的客观分型,首先需要进行区域划分,区域划分既能覆盖西江流域,又能反映影响系统的主要特点。由于西江流域地处中、南亚热带季风气候区,冬季受东北季风影响,夏季受东南季风和西南季风影响,所以研究区域取以图 6.1 中五角星处为中心点的 $15°\sim35°$N,$100°\sim115°$E 范围,该范围包含了整个西江流域和南北季风影响的主要区域。取该范围内每隔 $5°$ 的网格点为 1 个网格点(共 16 个点),对逐日 850 hPa 和 500 hPa 高度场进行环流分型。根据 16 个网格点数值,采用差分公式[11]计算中心点的地转风指数 u、v 和涡度指数 ξ_u、ξ_v,(其中 u、v 分别是地转风的纬向分量和经向分量,ξ_u 为 u 的经向梯度,ξ_v 为 v 的纬向梯度),$V=\sqrt{u^2+v^2}$,$\xi=\xi_u+\xi_v$(单位为 dagpm/$10°$)。

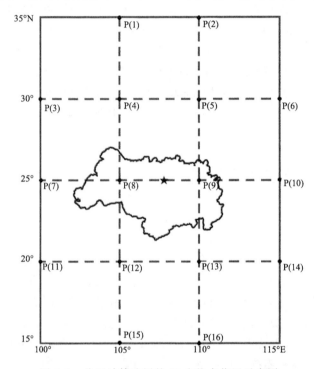

图 6.1　分型计算选用的 16 个格点位置示意图

6.2　降水天气环流客观分型

6.2.1　西江流域分区面雨量计算

　　资料采用 1971—2015 年 NCEP/NCAR 逐日平均 850 hPa 和 500 hPa 高度场及海温场再分析场(水平分辨率为 $2.5°\times2.5°$),及西江流域范围内($21.5°\sim27.0°$N,$102.2°\sim112.1°$E)122 个气象站(其中广西 77 个,云南 23 个,贵州 22 个)降水量资料(全国综合气象信息共享平台即 CIMISS 平台提取的 1971—2015 年逐日资料)。

　　应用本书第 2 章西江流域气候影响分析分区结果,对西江流域 22 个子流域采用泰森多边形法[13],利用西江流域范围 122 个气象站(图 2.13)1971—2015 年逐日降水量资料,计算西江流域历年 22 个子流域面雨量并建立时间序列(详见 3.1 节和图 3.1)。由图 3.1 可见,1971—2015 年西江流域年平均面雨量呈现东多西少、东北多西南少、下游多上游少的特点,这与有关西江流域降水变化的研究结论一致[14,15]。

6.2.2　降水天气环流型特征

研究环流型对西江流域面雨量的贡献大小,首先须了解该流域出现降水时各种环流型的出现概率以及各自的特点,图 6.2 给出了 1971—2015 年西江流域 850 hPa 和 500 hPa 高度场历年降水日环流型出现概率(大于 5%)分布(这里所述概率是指有降水天气时,环流型在一定时段内出现的频繁程度,用百分比(%)表示)。由图 6.2 可见,有 9 种环流型出现概率超过 5%,其中西风型、西南风型、气旋配合西南风型、气旋型、反气旋型和南风型是概率最大的 5 种环流型,而 500 hPa 西风型概率接近 60%,表明西江流域降水 500 hPa 环流以西风型为主要特征。

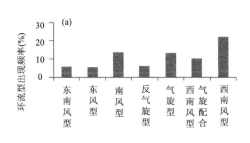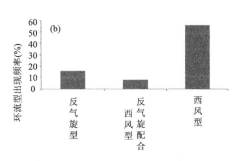

图 6.2　1971—2015 年西江流域降水日环流型出现概率(大于 5%)分布

表 6.1 给出了 1971—2015 年西江流域 850 hPa 和 500 hPa 高度场降水日出现概率高的前 3 种环流型,其中,850 hPa 为西南风型、南风型和气旋型,这 3 种环流型累计概率为48.8%;500 hPa 为西风型和反气旋型、反气旋配合西风型,这 3 种环流型累计概率达 80.1%。前 3 种环流型累计出现概率超过 48%,可表征 48%以上的西江流域降水天气环流特征,其中概率最大的环流型分别是 850 hPa 西南风型和 500 hPa 西风型,出现概率超过 21%,是西江流域降水天气的主要环流型。

表 6.1　1971—2015 年西江流域 850 hPa 和 500 hPa 高度场降水日出现概率的前 3 种环流型(单位:%)

序号	850 hPa		500 hPa	
	环流型	出现频率	环流型	出现频率
1	西南风型	21.9	西风型	56.2
2	南风型	13.5	反气旋型	15.9
3	气旋型	13.4	反气旋配合西风型	8.0

6.2.3　主导环流型对西江流域面雨量的贡献率

6.2.3.1　主导环流型对年总面雨量的贡献率

为了了解 1971—2015 年西江流域各主要环流型对面雨量的贡献情况,根据式(6.1)统计环流型对面雨量的贡献率,即

$$R_{\sigma} = \frac{\sum\limits_{i=1}^{45}\sum\limits_{K=1}^{N} R_{c}(i,k)}{\sum\limits_{i=1}^{45} R_{b}(i)} \tag{6.1}$$

式中，i 为年序，c 为环流型，N 为某年 c 型环流出现的次数，R_c 表示出现该种环流型时的面雨量，R_b 为西江流域年总面雨量，R_{σ} 为环流型对总面雨量的贡献率。将贡献率高的前 3 种环流型称为主导环流型。

图 6.3 给出了 1971—2015 年西江流域 850 hPa 和 500 hPa 高度场主导环流型对年总面雨量的贡献率及降水出现概率，850 hPa 各主导环流型对面雨量的贡献率均超过 10%，其中气旋型贡献率为最大（25%），且超过该环流降水的出现概率，表明气旋型环流对西江流域产生强降水天气提供了有利的低层动力和辐合条件；500 hPa 西风型和反气旋型面雨量的贡献率超过 10%，其中西风型高达 46%，表明这两种环流型对西江流域产生强降水天气提供中层辐散抽吸条件，加强了低层气流的辐合上升运动。

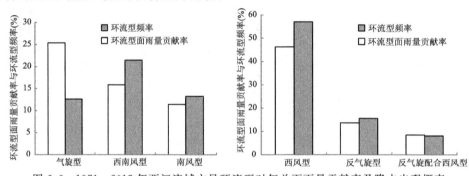

图 6.3　1971—2015 年西江流域主导环流型对年总面雨量贡献率及降水出现概率

6.2.3.2　主导环流型对季总面雨量的贡献率

表 6.2 给出了 1971—2015 年西江流域 850 hPa 和 500 hPa 高度场主导环流型对季总面雨量的贡献率。

表 6.2　1971—2015 年西江流域主导环流型对季总面雨量的贡献率

季节	序号	850 hPa		500 hPa	
		环流型	贡献率（%）	环流型	贡献率（%）
冬季	1	西南风型	21.7	西风型	93.0
	2	南风型	16.4	西南风型	5.0
	3	气旋配合西南风型	11.4	反气旋配合西风型	0.6
春季	1	气旋型	25.1	西风型	77.8
	2	西南风型	19.7	反气旋配合西风型	7.8
	3	气旋配合西南风型	13.8	西南风型	5.3
夏季	1	气旋型	34.8	西风型	26.1
	2	西南风型	16.0	反气旋	15.0
	3	反气旋配合西南风型	13.4	反气旋配合西风型	7.2
秋季	1	南风型	16.6	反气旋	34.9
	2	东风型	16.3	西风型	28.6
	3	反气旋配合东风型	8.4	反气旋配合西风型	17.0

冬季,850 hPa 主导环流型累计面雨量贡献率为 49.5%,其中西南风型贡献率为 21.7%,500 hPa 主导环流型累计面雨量贡献率为 98.6%,其中西风型贡献率高达 9.30%。总体而言,主导环流型可描述近半数以上的降水情况,其中以西南风型、西风型为主的主导环流型可描述 21% 以上的降水情况,表征了冬季受欧亚大陆冷高压西南边缘影响,以平直气流辐合型而产生的降水为主,因而降水偏少。

春季,850 hPa 主导环流型累计面雨量贡献率为 58.6%,其中气旋型贡献率为 25.1%;500 hPa 主导环流型累计面雨量贡献率为 90.9%,其中西风型贡献率高达 77.8%。总体而言,主导环流型可描述半数以上的降水情况,其中以气旋型、西风型为主的主导环流型可描述 25% 以上的降水情况,表征了春季逐渐受大陆热低压影响,850 hPa 气旋活动加强,以气旋型气流辐合降水为主,500 hPa 平直气流辐合型降水为辅,随着水汽输送的增强,降水也较冬季增多。

夏季,850 hPa 主导环流型累计面雨量贡献率为 64.2%,其中气旋型贡献率为 34.8%;500 hPa 主导环流型累计面雨量贡献率为 48.3%,其中西风型贡献率为 26.1%。总体而言,主导环流型可描述半数以上的降水情况,以气旋型、西风型为主的主导环流型可描述 26% 以上的降水情况,表征了夏季受大陆热低压和西太平洋副热带高压西侧边缘影响,850 hPa 气旋活动更为活跃,气旋型气流辐合降水起主导作用,随着动力、热力和水汽条件的进一步加强,降水较春季明显增多。

秋季,850 hPa 主导环流型累计面雨量贡献率为 41.3%,其中南风型贡献率为 16.6%;500 hPa 主导环流型累计面雨量贡献率为 80.5%,其中反气旋型贡献率为 34.9%。总体而言,主导环流型可描述 41% 以上的降水情况,以南风型、反气旋型为主的主导环流型可描述 16% 以上的降水情况,表征了秋季开始受大陆冷高压和西太平洋副热带高压脊影响,以平直气流辐合型和反气旋西侧气流辐合型产生的降水为主,气旋型降水较少,因而降水较春、夏季少。

分析西江流域第 1 主导环流型配置对强降水的影响情况,统计 1971—2015 年各季节 850 hPa 与 500 hPa 高度场第 1 主导环流型配置下的西江流域降水个例,分析大雨(日面雨量为 15.0~29.9 mm)、暴雨(日面雨量为 30.0~59.9 mm)和大暴雨(日面雨量不小于 60.0 mm)的出现概率(这里所述概率,是指大雨、暴雨、大暴雨出现的频繁程度,用百分比(%)表示),结果见表 6.3。由表 6.3 可见,春季、夏季、秋季、冬季强降水天气出现的概率分别为 18.7%,21.1%,4.0% 和 2.0%,其中夏季出现概率最大,其次为春季,冬季最小;春、夏季大暴雨出现概率大于大雨或暴雨,而秋、冬季大雨出现概率大于大暴雨,表明第 1 主导环流型配置的春、夏季易出现大暴雨及以上强降水天气,秋、冬季的强降水主要为大雨量级。

表 6.3　1971—2015 年西江流域各季节第 1 主导环流型配置的强降水面雨量出现概率(单位:%)

季节	第一主导环流型配置	大雨	暴雨	大暴雨	合计
冬季	850 hPa 西南风型与 500 hPa 西风型	1.1	0.8	0.1	2.0
春季	850 hPa 气旋型与 500 hPa 西风型	5.3	5.3	8.1	18.7
夏季	850 hPa 气旋型与 500 hPa 西风型	4.5	5.2	11.4	21.1
秋季	850 hPa 南风型与 500 hPa 反气旋型	1.6	1.6	0.8	4.0

6.2.3.3　主导环流型对年总面雨量贡献率的趋势分析

图 6.4 为 1971—2015 年西江流域 850 hPa 和 500 hPa 主导环流型对年总面雨量贡献率

的线性倾向分布。由图 6.4 可见,850 hPa(图 6.4a)气旋型对面雨量贡献率呈显著性增加趋势(达到 0.001 显著性水平),西南风型和南风型对面雨量贡献率呈显著性减少趋势(分别达到 0.001 和 0.01 显著性水平),对应的气候倾向分别为 2.62%/(10a),1.78%/(10a)和 1.35%/(10a),表明 45 年以来,气旋型对面雨量贡献率增加了 11.78%,西南风型和南风型对面雨量贡献率减少了 7.99% 和 6.07%;500 hPa(图 6.4b)西风型对面雨量贡献率为增加趋势,反气旋型和反气旋型配合西风型对面雨量贡献率呈减少趋势,3 种环流型对面雨量贡献率均未通过显著性检验,对应的气候倾向分别为 1.07%/(10a),0.52%/(10a)和 0.25%/(10a),西风型面雨量贡献率增加了 4.8%,反气旋型和反气旋型配合西风型面雨量贡献率减少了 2.34% 和 1.1%。

统计表明,近 45 年西江流域年面雨量呈增多趋势(图略),选取对面雨量贡献率为增加趋势的主导环流型(850 hPa 气旋型和 500 hPa 西风型)与西江流域面雨量进行相关分析,其相关分别为 0.63 和 0.69,均为显著正相关,表明近 45 年来 850 hPa 气旋型和 500 hPa 西风型面雨量贡献率呈增加趋势,是西江流域年面雨量呈偏多趋势的主导环流型。

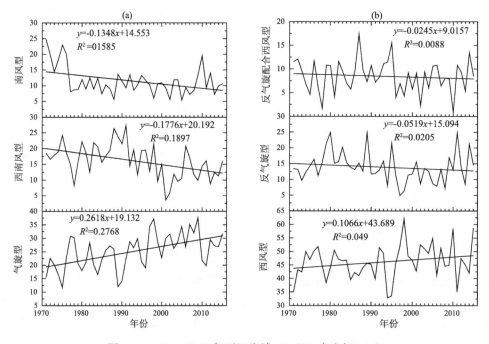

图 6.4　1971—2015 年西江流域 850 hPa 高度场(a)和
500 hPa 高度场(b)主导环流型对年总面雨量贡献率

6.2.3.4　850 hPa 主导环流型对面雨量贡献率影响机制

从主导环流型对年总面雨量贡献率的趋势分析可知,850 hPa 为气旋型、西南风型和南风型对面雨量贡献率呈显著增加(或减少)趋势,分别达到 0.001 和 0.01 显著性水平。由以往研究[16,17]可知,热带海洋是大气运动能量的主要源地,也是大气中水汽的主要来源。而太平洋赤道地区是整个热带海洋中海水温度变化最大的区域,这里海水温度的异常,不仅影响当地的大气环流和天气,而且通过影响 Hadley 环流强度的变化,使中高纬度西风带的环流系统和天气发生异常,从而导致东亚大气环流的持续异常。为揭示西江流域区域 850 hPa 气旋型和偏南风型近 45 年趋势变化特征,对西江流域区域经向环流指数和涡度指数变化展开分析,首先找到影响经向环流指数和涡度指数的海温关键区,该区域位于 $130°\sim170°$W,$15°$S$\sim5°$N 范围,即赤道中太平洋地区,然后分析该区域海温距平和西江流域区域 850 hPa 高度场平均经向环流指数和涡度的逐年变化(图 6.5)。由图 6.5 可见,年平均经向环流指数为正值,表明西江流域区域 850 hPa 常年持续偏南风,从 20 世纪 70 年代以来呈下降趋势(达到 0.001 显著性水平),其中在 20 世纪 70 年代后期出现大幅度的衰减,可见,南风在 20 世纪 70 年代后期以来显著减弱;年平均涡度指数为正值,表明西江流域低层常年多低压活动,涡度总体呈现不显著性的上升趋势,说明西江流域低压活动或低压强度有所增强;20 世纪 70 年代以来,年平均赤道中太平洋海温距平呈上升趋势(达到 0.02 显著性水平),21 世纪初期开始至今多超过 0.5℃,另外,海温距平与经向环流指数为显著的反相关关系(-0.49),与涡度指数为显著正相关关系(相关系数 0.34),说明近 45 年来受赤道中太平洋海温升温的影响,西江流域区域 850 hPa 偏南风呈减弱趋势,而低压活动或低压强度呈增加(增强)趋势。

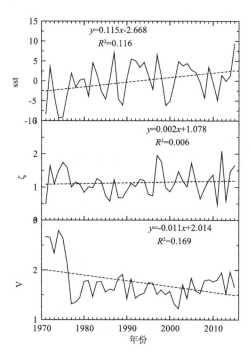

图 6.5　1971—2015 年赤道中太平洋海温距平和西江流域
区域 850 hPa 高度场平均经向环流指数及涡度变化

6.2.3.5　主导环流型对西江子流域面雨量的贡献率

图 6.6 给出了 1971—2015 年西江流域 850 hPa 和 500 hPa 高度场主导环流型对西江各子流域面雨量的贡献率。由图 6.6 可见,850 hPa 气旋型对面雨量贡献率在各子流域中均最大(超过 20%,最大达 30%)(图 6.6a),且东部子流域(25%～30%)大于西部子流域(20%～24%),西南风型次之,各子流域贡献率为 13%～17%,南风型对各子流域贡献率为 7%～15%。表征 850 hPa 气旋式环流提供的动力抬升和水汽辐合作用,以及西南气流的水汽输送作用对西江流域产生降水天气的贡献最大。

500 hPa 西风型在各子流域面雨量贡献率最大(超过 30%,最大达 61%)(图 6.6b),且东部子流域(45%～61%)大于西部子流域(31%～44%),反气旋型和反气旋配合西风型在西江西部子流域面雨量的贡献率为 10%～25%,但在西江东部子流域面雨量的贡献率大部小于10%。总体上,500 hPa 西风型对西江各子流域产生降水天气起到绝对的主导作用,另外,反气旋型和反气旋配合西风型对西江东部子流域面雨量的贡献率很小,不利于产生降水天气,而对西江西部子流域面雨量有较大的贡献率,表征了西江西部子流域处于副热带高压西侧,由于偏南气流的辐合作用,易于产生降水天气。

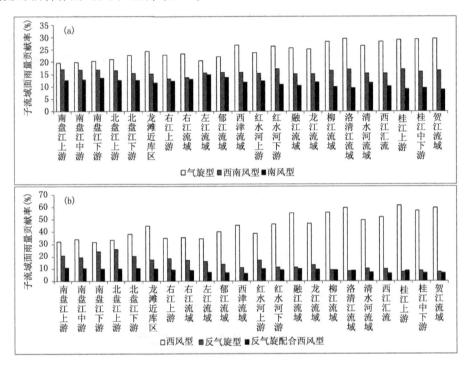

图 6.6　1971—2015 年西江流域 850 hPa(a)和 500 hPa(b)
主导环流型对西江子流域面雨量贡献率

从主导环流型对季总面雨量和子流域面雨量贡献率分析可知,850 hPa 南风型和 500 hPa 反气旋型是秋季降水的第 1 主导环流型,并对西部子流域面雨量有较大的贡献率。一些研究[18-20]表明:华西地区气旋性距平环流(气旋性风切变)形成低层风场辐合,同时高层为辐散,由此产生强烈的上升运动,500 hPa 欧亚环流形势相对稳定,偏强、偏北、偏西的副热带高压外围偏南气流为该区域输送大量水汽。乌拉尔山的长波脊和中亚低槽维持,西北气流由此加强,冷暖空气交汇于华西地区从而形成极端降水,这种异常环流型在极端降水发生前 1 d 已存在。统计西江流域 1971—2015 年 850 hPa 南风型与 500 hPa 反气旋型配置的 207 个秋雨个例,并计算典型秋雨个例前 1 d 的 850 hPa 和 500 hPa 合成高度场及西江流域平均面雨量场(图6.7),由图 6.7 可见,西江流域区域 850 hPa(图 6.7a)气流流向为自南向北方向,为东高西低的分布特征,在西江流域西部有等高线的密集区,存在气流的辐合;500 hPa 副热带高压控制西江流域(图 6.7b),但其西侧有偏南暖湿空气沿副热带高压边缘向西江流域西部地区输送,与 850 hPa 气流的辐合区配合,形成较强降水,对应西江流域秋雨平均面雨量场(图 6.7c),最大值中心位于西江流域西部的南盘江下游和北盘江流域,总体呈西多东少的分布特征,而常年西江流域年平均面雨量为东多西少的气候态,表明 850 hPa 南风型与 500 hPa 反气旋型的环流配置对西江西部子流域秋雨偏多的影响显著。

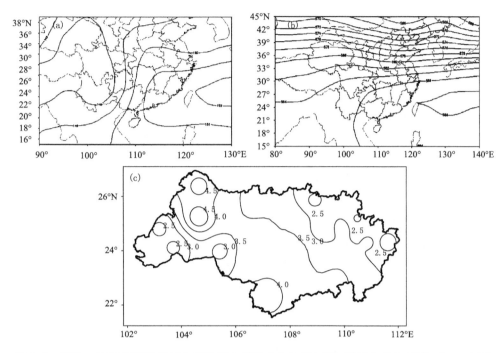

图 6.7　1971—2015 年西江流域典型秋雨个例前 1 d 的 850 hPa 高度合成场(单位:dagpm)(a)
和 500 hPa 高度合成场(单位:dagpm)(b)与平均面雨量场(单位:mm)(c)

6.3　基于环流分型的暴雨天气过程预报方法

近年来,随着经济社会的迅速发展,人们对于延伸期内的天气过程的服务需求更加迫切。虽然目前认为延伸期预报需以客观化动力模式预测为主,采取动力模式和统计相结合的方法,核心和关键技术是开发能够模拟 MJO 等低频活动的气候预测业务模式[21],但受业务发展和服务需求的推动,国内一些业务单位持续开展延伸期天气过程预报预测探索,从历史降水过程中寻找相似仍是延伸期降水过程预报中最常用的方法之一,其基本原理是考虑一次天气过程后,未来一段时间也往往继续出现相似的天气过程[22]。目前的相似法是两张静态图之间的比较,很少考虑大气环流的演变特征。严格地说,只有在天气形势向同一个方向演变时,才能产生相近的天气。数值预报产品正好给我们提供了大气环流的演变趋势。

基于上述观点,本书采用考虑环流演变的动态相似预报方法[12],预报西江流域暴雨天气过程。该方法首先根据预报区域的天气气候特点和环流形势特征,以 NCEP 1971—2014 年的客观分析场为历史资料,通过 Lamb 大气环流分型方法分析西江流域的历史资料的环流特征,再用设计好的环流相似判别方法,从历史个例中寻找最优相似样本,进行西江流域 2015 年 6—8 月主汛期暴雨日的逐日滚动预报。

6.3.1　动态相似预报基本方案

早在 20 世纪 40 年代前,苏联长期预报方面就提出过两个自然天气季节的相似条件之一是环流演变的顺序相似,能代表大气环流演变的基本因子有大气温度变化、纬向环流变化、经向环流变化等,降水过程往往是这些因子的逐日变化所致,因此,一次降水过程的环流动态演变可由这些大气环流基本因子的逐日时间序列场来表述。寻找环流的动态演变相似就可转为寻找这些环流因子的逐日时间序列场的相似。

设某一个大气环流因子为 F,其逐日的数值构成一个时间序列 F(t1),F(t2),F(t3),…,F(tn),其中 tn 代表某一个时次。通过 Lamb 大气环流分型方法对再分析资料场进行加工提炼形成大气环流演变因子,只要寻找与前期一段时间内的环流演变最为相似的历史个例,就可以预报对应日期降水过程。

本书所用的相似方法是在气象上应用较为广泛的环流相似法,在天气过程预测中也是一种行之有效的方法。应用相似法的成效在很大的程度上取决于相似条件选取得是否客观合理,同时还与资料年代的长短有关。因此,对于相似时段等的选取极为关键。本书采用的动态相似集合预报法,依据集合预报的基本思想[23-25],对西江流域 100°～115°E,15°～35°N 范围内 2.5°×2.5° 的 850 hPa 逐日高度资料格点值进行处理,其基本思路为:

(1)应用动态相似集成预报法,对离预报月最近若干时段内的 850 hPa 逐日环流场进行 Lamb 客观环流分型;

(2)对已进行环流分型的 850 hPa 高度场分别与 1971 年以来各年同期客观环流分型场比较,根据相似指数计算方法,找出第 1 个相似年;

(3)资料读取时间后移 5～10 d(可灵活选取),以同样的方法找出第 2 相似年;

(4)对资料不断后推 5～10 d 进行同期比较,共找出 5 个相似年;

(5)累计预报区域 5 个相似年预报时段内灾害频率或延伸期内的逐日降水量,即可进行灾害趋势和延伸期内的主要强降水(暴雨)天气过程预测。

6.3.2　预报应用

在实际的应用中,环流相似分析的步骤主要分为 2 步:第 1 步动态查找相似年和第 2 步延伸期天气过程集成预测。现以西江流域 2015 年 6—8 月主汛期暴雨日(22 个子流域中有 1 个流域出现暴雨,即称为 1 个暴雨日)的预测为例进行说明。

在第 1 步的动态相似计算中,首先确定前期相似时段。考虑到西江流域主汛期降水过程预测通常在 5 月底发布,因此,最近日期选取截至 5 月 25 日,而前期资料时段选多长,应尽量考虑涵盖近期气候曾发生过异常天气的时间段,如无特别天气异常,则大致取 120 天左右韵律接近的时间。本例的前期时间段选取了 2015 年 1 月 30 日至 5 月 25 日共 115 天的 NCEP 的 850 hPa 高度场作为目标相似年的环流资料,对西江流域进行环流分型后形成逐日分型数据集。

(1)寻找第 1 相似年

首先在进行 2015 年 6—8 月主汛期暴雨日预测时,对前期 2015 年 1 月 30 日至 5 月 25 日共 115 天的 850 hPa 高度场进行 Lamb 环流分型。其次同样分别对 1971—2014 年每年同时段同区域环流场进行 Lamb 环流分型。然后分别对 2015 年的分型与 1971—2014 年共 44 年各年提取的环流型逐日进行匹配,寻找环流形势最为相似的一年,即最佳"形似"年为第 1 相似年。

(2)寻找第 2 相似年

重复以上步骤,但计算时选取资料的时段步长后移 10 天,即寻找相似年的环流资料提取时段变为 2 月 9 日至 5 月 25 日,寻找出该时段环流形势最佳相似年,即为第 2 相似年。

(3)寻找第 3 相似年

同样重复以上步骤,但计算时选取资料的时段步长比第 2 相似年时段后移 10 天,即寻找相似年的环流资料提取时段变为 2 月 19 日至 5 月 25 日,寻找出该时段环流形势最佳相似年,即为第 3 相似年。

(4)寻找第 4 相似年

再次重复以上步骤,但计算时选取资料的时段步长较前一时段再后移 10 天,即寻找相似年的环流资料提取时段变为 3 月 1 日至 5 月 25 日,寻找出该时段环流形势最佳相似年,即为第 4 相似年。

(5)寻找第 5 相似年

最后一次重复以上步骤,但计算时选取资料的时段步长较上一时段后移 10 天,即寻找相似年的环流资料提取时段为 3 月 11 日至 5 月 25 日,寻找出该时段环流形势最佳相似年,即为第 5 相似年。经过动态变换时间步长,各时段最佳相似年见表 6.4。

表 6.4　2015 年 6—8 月主汛期暴雨日预测中前期环流相似年

相似年顺序	选取的相似年	前期资料时段(月.日)
第 1 相似年	1972	01.30—05.25
第 2 相似年	1997	02.09—05.25
第 3 相似年	1997	02.19—05.25
第 4 相似年	1997	03.01—05.25
第 5 相似年	1997	03.11—05.25

第 2 步为集成预测。取得了 5 个不同时段的相似,即提取了 5 个不同时段内主要环流特征最为相似的年份,实现动态相似。再计算 5 个相似年预测时段和西江流域各子流域逐日暴雨日的出现频次,将该频次值进行标准化处理后点绘成曲线,以实现暴雨日主要降水时段的预测(图 6.8)。

图 6.8 中的实线为 2015 年西江流域主汛期(6—8 月)逐日暴雨的预测曲线,在预测业务中,根据相对明显的峰点(图中曲线值≥0.3 所对应的时间点)所出现的日期,同时考虑到过程的阶段性,预计 2015 年主汛期西江流域主要过程有 13 个:6 月 2—4 日、6 月 7 日、6 月 11 日、6 月 13—15 日、6 月 18 日、6 月 21 日、6 月 28 日、7 月 3—8 日、7 月 18—20 日、8 月 8—10 日、8 月 14 日、8 月 19 日、8 月 23 日;而实况峰点过程时间则出现在 6 月 8 日、6 月 11 日,6 月 13—14 日、6 月 19 日、6 月 21 日、7 月 2—4 日、7 月 23—24 日、7 月 27 日、8 月 28—29 日。大部分预测时段与实况基本吻合,考虑到实际过程预报的跨度一般会有 1～2 d,可以认为出现漏报的时段是 7 月 23—24 日和 8 月 28—29 日这两个时段,预测曲线未能给出明确的指示意义。总体来说,对于主汛期长时效的预测服务而言,此方法能为暴雨长期预报产品制作提供有价值的参考依据。

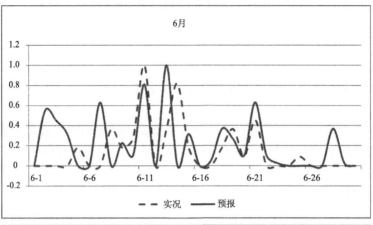

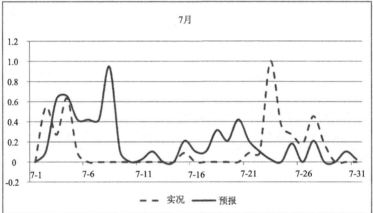

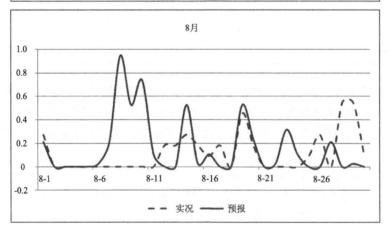

图 6.8　西江流域各子流域主汛期(6—8月)暴雨日出现频次预测及实况曲线

参考文献

[1]　李崇银.动力气候学引论[M].北京:气象出版社,2000.

[2]　Lamb H H. Types and spells of weather around the year in theBritish Isles[J]. Quart J Roy Meteor Soc, 1950,76:393-438.

[3]　Jenkinson A F, Collison F P. An initial climatology of gales overthe North Sea[C]. Synoptic Climatology Branch Memorandum, No. 62. Bracknell:Meteorological office，1977:1-18.

[4]　邓伟涛,段雯瑜,何冬燕,等.夏季淮河流域大气环流型在降水趋势预测中的应用[J].气象科学学报, 2015,38(3):333-341.

[5]　朱艳峰,陈德亮,李维京,等.Lamb-Jenkinson 环流客观分型方法及其在中国的应用[J].南京气象学院学报,2007,30(3):289-297.

[6]　周荣卫,何晓凤,苗世光,等.北京地区大气环流型及气候特征[J].气候变化研究进展,2010,6(5): 338-343.

[7]　郝立生,李维京.华北区域环流型与河北气候的关系[J].大气科学学报,2009,32(5):618-626.

[8]　马占良.青海省大气环流分型及特点分析[J].青海气象,2008(2):6-10.

[9]　滕华超.山东省夏季降水与大气环流型关系分析[J].干旱气象,2016,34(5):789-795.

[10]　贾丽伟,李维京,陈德亮.东北地区降水与大气环流关系[J].应用气象学报,2006,17(5):557-566.

[11]　段雯瑜,邓伟涛.淮河流域大气环流型在冬季气温预测中的应用[J].气象与减灾研究,2014,37(1): 6-12.

[12]　覃志年,李维京,何慧,等.广西 6 月区域性暴雨过程的延伸预测试验[J].高原气象,2009,28(3): 688-693.

[13]　徐晶,林建,姚学祥,等.七大江河流域面雨量计算方法及应用[J].气象,2001,27(11):13-16.

[14]　王兆礼,陈晓宏,张灵,等.近 40 年来珠江流域降水量的时空演变特征[J].水文,2006,26(6):71-75.

[15]　黄海洪,林开平,高安宁,等.广西天气预报技术与方法[M].北京:气象出版社,2012.

[16]　李建东,蒋国荣,刘庭杰.东亚季风区大气季内振荡与我国东部降水以及赤道中东太平洋海温的关系研究[J].海洋预报,2007,24(2):33-38.

[17]　彭加毅,孙照渤.赤道东太平洋海温异常对夏季东亚大气环流的影响[J].南京气象学院学报,2001,24 (1):37-43.

[18]　李传浩,刘宣飞,李智,等.华西秋雨区域性极端降水的环流特征[J].热带气象学报,2015,34(4): 526-535.

[19]　鲍媛媛,阿布力米提,李峰,等.2001 年华西秋雨的时空分布的特点及其成因分析[J].应用气象学报, 2003,14(2):215-222.

[20]　方建刚,白爱娟,陶建玲.2003 年陕西秋季连阴雨降水特点及环流条件分析[J].应用气象学报,2005,16 (4):509-517.

[21]　肖子牛.我国短期气候监测预测业务进展[J].气象,2010,36(7):21-25.

[22]　章基嘉,葛玲,孙照渤,等.中长期天气预报基础[M].北京:气象出版社,1983.

[23]　丁一汇.高等天气学[M].北京:气象出版社,2005,581-582.

[24]　李俊,廖移山,张兵,等.集合数值预报方法在山洪预报中的初步应用[J].高原气象,2007,26(4): 854-861.

[25]　张小礼.集合预报简介[J].气象科技,1996,(2):9-14.

第7章　梯级水电站集雨区强降水短时临近预报方法

短时强降雨容易造成山洪暴发,河水暴涨,引发水电站流量急增,影响电网的安全运行。目前,临近预报技术主要包括强对流识别追踪和外推预报技术、数值预报技术以及以分析资料为主的概念模型预报技术等。本章主要介绍了基于 SWAN 预报产品和中尺度数值模式产品,以及基于卫星云图的中尺度预报方法在面雨量临近预报中的解释应用。

7.1　基于 SWAN 预报产品的面雨量临近预报方法

由广西区气象台开发的广西灾害性天气短时临近预报系统,主要是基于 SWAN 系统进行本地化应用与二次开发,通过对 SWAN 系统进行本地化参数配置与优化,实现对广西区域灾害天气实况监视报警以及生成广西区域雷达三维拼图、定量降水估测、回波移动矢量、定量降水预报、反射率因子预报、风暴识别与追踪、预报产品实时检验等产品功能,该系统提供的产品有两类,一类是 SWAN 系统提供的实况产品、分析产品、预报产品和检验产品,另一类是在二次开发基础上提供的客观指导产品;本研究主要是选取系统生成的定量降水预报产品,即每 6 min 间隔的 1 h 降水预报产品,通过资料的处理转换成西江流域面雨量临近预报产品。

7.1.1　临近预报方法

7.1.1.1　SWAN 预报产品处理方法

在汛期(4—9 月)或在非汛期(10 月至次年 3 月)有重大天气过程时,SWAN 系统每 6 min 输出一次预报产品数据;本研究选取的是 SWAN 预报产品中 1 h 降雨量预报,范围为:102°~114°E,19°~28°N,精度为 1 km×1 km。由于降雨实况取整点前 1 h 数据,因此,选取的 1 h 雨量预报产品资料也为正点数据;考虑到汛期 SWAN 系统提供的数据较为完整,所以收集整理 2013 年和 2014 年至 2015 年 4—9 月 SWAN 的 1 h 降雨量预报产品资料作为研究数据,其中 2013 年 4—9 月资料作为预报建模样本,2014 年至 2015 年 4—9 月资料作为预报检验样本。

预报范围除了西江流域外,还考虑了广西南部的沿海流域,总计 23 个流域区间,流域划分详见参考文献[1]。

SWAN 的 1 h 降雨量预报产品资料为二进制文件,首先进行数据格式转换,然后在 GIS 平台上,对格点信息资料进行矢量化处理,根据格点的经纬度,进行投影变换后,形成与 23 个流域区间基础地理信息具有统一格式的 GIS 数据文件,并将格点的降雨量资料挂接到对应的流域内,即可根据每个流域内的格点信息,采用算术平均法计算各流域区间的面雨量,即用各个流域区间内格点降雨量总和,除以区间内格点总数,即等于流域平均降雨量(面雨量),计算得到 23 个流域区间的面雨量。

7.1.1.2　误差分析方法

对 SWAN 逐小时面雨量预报产品进行误差分析,采用误差比值法[2],即

$$误差比值＝实况值/预报值 \tag{7.1}$$

当误差越接近 1 时,说明预报越准确;当误差比值大于 1 时,说明实况值大于预报值,预报偏小;当误差比值小于 1 时,说明实况值小于预报值,预报偏大。

计算 2014—2015 年 4—9 月各流域逐小时面雨量预报的误差比值,分为一般性降水和强降水(大雨以上)两个等级,结果见图 7.1。

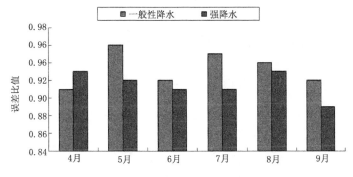

图 7.1　SWAN 流域面雨量预报误差比值分析

从图 7.1 可见,2014 年至 2015 年 4—9 月 SWAN 流域面雨量预报情况为:一般性降水的平均预报误差比值为 0.93,强降水的平均预报误差比值为 0.92,误差比值都小于 1,说明 SWAN 流域面雨量的预报偏大。

7.1.1.3　预报修正方法

通过面雨量误差分析,发现 SWAN 流域面雨量预报偏大,为使得流域面雨量临近预报产品更接近实况,须对其预报产品进行修正,这里选用气象上较常用的绝对误差修正方法,即

$$绝对误差率＝|(实况－预报)|/预报 \tag{7.2}$$
$$修正后面雨量＝修正前面雨量×(1－绝对误差率) \tag{7.3}$$

对 2014 年至 2015 年 4—9 月 SWAN 流域面雨量预报产品进行订正,结果见图 7.2。

从图 7.2 可以看出,无论是一般性降水还是强降水,修正后的流域 1 h 面雨量预报的绝对误差都比修正前的小;对于一般性降水,订正后的绝对误差比修正前减少了 0.05～0.22 mm,其中 7 月份的修正效果最好;对于强降水,修正后的绝对误差比订正前减少了 0.41～0.88 mm,其中 5 月和 8 月的修正效果最好;表明采用绝对误差法能有效地提高流域临近面雨量预报准确率。

7.1.2　预报模型

逐小时对正点生成的 SWAN 系统的 1 h 降雨量预报产品进行解码,采用 GIS 技术,按照划分的 22 个流域区间将每个流域内格点雨量总和除以该格点内格点数,所得结果采用绝对误差法(绝对误差率使用 1 个月内的平均值)进行修正,最终得到 22 个流域面雨量临近预报产品;SWAN 误差修正流程图见图 7.3。

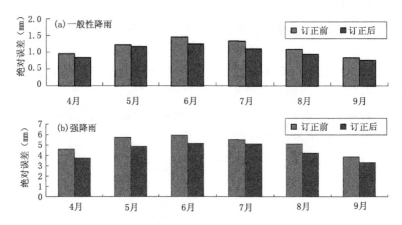

图 7.2　SWAN 流域面雨量预报订正前后绝对误差对比分析

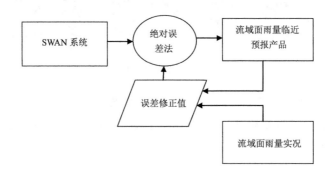

图 7.3　SWAN 误差修正流程图

该预报模型在 2016 年汛期进行了业务运行,按照绝对误差率进行检验(图 7.4)。

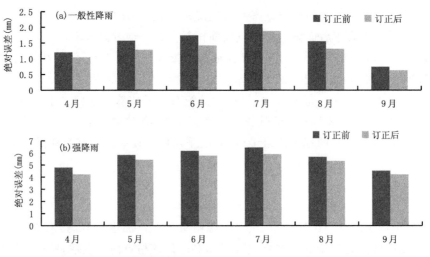

图 7.4　西江流域面雨量临近预报产品与 SWAN 产品绝对误差

从图 7.4 可见,无论是一般性降水还是强降水,修正后的流域 1 h 面雨量预报的绝对误差都比修正前的小;对于一般性降水,订正后的绝对误差比修正前减少了 0.11~0.32 mm,其中 5 月的修正效果最好;对于强降水,修正后的绝对误差比订正前减少了 0.31~0.56 mm,其中 4 月份的修正效果最好。

7.1.3　预报产品及应用

利用 SWAN 的 1 h 降雨量预报产品资料,根据修正后的降雨预报模型,开发逐小时西江流域面雨量临近预报产品。在汛期(4—9 月)每日或在非汛期(10 月至次年 3 月)有重大天气过程时发布逐小时预报产品,为电力部门应对短时强降雨天气提供重要参考。

2014 年 7 月 18—20 日,受超强台风"威马逊"影响,西江南部流域出现一次大到暴雨、局部大暴雨或特大暴雨的降雨过程,最大降雨出现在 7 月 19 日 09—10 时,图 7.5 给出了该次过程的 1 h 面雨量预报与实况对比,从图可见,预报强降水主要在郁江流域及沿海和桂东南流域,最大降雨将可能出现在沿海流域,与实况位置基本一致,降水区域与实况也比较吻合,只是预报量级上略有偏差。

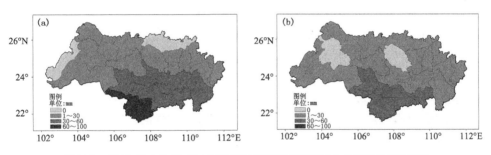

图 7.5　2014 年 7 月 19 日 09 时西江流域临近预报(a)与实况(b)对比图

7.2　基于中尺度数值模式的面雨量短时预报方法

7.2.1　预报方法及集成成员

集成预报方法参考 8.4.1 给出的多元决策加权集成法。

随着数值模式的发展,集合预报成员的可选性越来越多,例如,不同的初值方案、不同的动力模式、不同的物理过程等都可以是集成成员,本研究选用的集成成员主要有 6 个,即广西中尺度 WRF 模式格点雨量预报产品、广西中尺度 GRAPS 模式格点雨量预报产品、欧洲中心(ECMWF)细网格数值预报格点雨量产品、日本细网格数值预报格点雨量产品、T639 细网格数值预报格点雨量产品和本研究 MOS 模式流域面雨量预报产品。

WRF 模式采用逐小时的资料,选取范围为 102°~112°E,21°~27°N,网格格距为 15 km× 15 km,格点数为 150×91;选取 3 h、6 h、12 h 格点雨量预报场。

GRAPS 模式采用逐小时资料,选取范围为 102°~112°E,21°~27°N,网格格距为 9 km× 9 km,格点数为 334×201;选取 3 h、6 h、12 h 格点雨量预报场。

ECMWF 细网格数值预报采用固定时次的资料,每日 08—20 时、20—08 时发布的每 3 h

间隔的未来 72 h 预报产品,每日 08—20 时、20—08 时发布的逐 6 h、逐 12 h、逐 24 h 的未来 240 h 降水预报产品;选取范围为 104.25°~112.5°E,20.75°~26.5°N,网格格距为 0.25°×0.25°,格点数为 34×26;选取 3 h、6 h、12 h 格点雨量预报场;预报产品为预报日前一天的预报场。

日本细网格数值预报采用固定时次的资料,每日 20—20 时发布的逐 6 h、逐 12 h、逐 24 h 的未来 48 h 降水预报产品;选取范围为 102.5°~115°E,18.75°~26.25°N,网格格距为 1.25°×1.25°,格点数为 11×7;选取 6 h、12 h 格点雨量预报场;预报产品为预报日前一天的预报场。

T639 细网格数值预报采用固定时次的资料,每日 20—20 时发布的逐 3 h 未来 60 h 降水预报产品、逐 6 h 未来 120 h 降水预报产品、逐 12 h 未来 168 h 降水预报产品、逐 12 h 未来 240 h 降水预报产品;选取范围为 102°~114°E,20°~26°N,网格格距为 1°×1°,格点数为 13×7;选取 3 h、6 h、12 h 格点雨量预报场;预报产品为预报日前一天的预报场。

MOS 预报模式采用逐小时资料,产品包括 3 h 面雨量预报、6 h 格点面雨量预报、12 h 格点面雨量预报。

7.2.2　预报模型

在 6 个集成成员中除了 MOS 模式产品输出的是 23 个流域面雨量外,其他 5 个集成成员产品均是格点雨量格式数据,因此,须采用 GIS 的投影技术和数理统计方法,将格点雨量转化成所需的流域面雨量。

WRF 模式和 GRAPS 模式预报产品为二进制文件,首先进行数据格式转换,解码出所需要的格点雨量预报场,然后在 GIS 平台上,对格点信息资料进行矢量化处理,根据格点的经纬度,进行投影变换,形成与 23 个流域区间基础地理信息具有统一格式的 GIS 数据文件,并将格点的降雨量资料挂接到对应的流域内,即可根据每个流域内的格点信息,采用算术平均法计算各流域区间的面雨量,即用各个流域区间内格点降雨量总和,除以区间内格点总数,即等于流域平均降雨量(面雨量),计算得到的流域区间面雨量预报产品。

ECMWF、日本和 T639 降雨量预报产品均为 MICAPS 第 4 类数据文件,首先将降雨量数据格点按经纬度对应分配到 23 个流域区间,对于空间分辨率较高(0.25°×0.25°)的 ECMWF 细网格预报产品,选取算术平均法计算各流域区间的面雨量;而日本细网格预报产品(分辨率为 1.25°×1.25°)和 T639 细网格预报产品(分辨率为 1°×1°),则采用泰森多边形插值法计算流域面雨量。

7.2.2.1　实况资料处理

面雨量计算方法较多,主要有算术平均法、泰森多边形法、等雨量线法、网格插值法和逐步订正格点法等方法,算术平均法和泰森多边形法是气象上最常用的方法,通过对两种方法的对比分析表明:由于流域区间自动站网点布局相对较密集,算术平均法和泰森多边形法计算流域面雨量差异不大,但由于算术平均法计算简便,运算过程较泰森多边形法速度快,考虑到流域面雨量业务需实时资料及时性的特点,取算术平均法为流域分区面雨量计算方法,即将 23 个流域区间总计 2600 多个自动气象站点(其中广西自动气象站点有 1334 个,云南有 1024 个,贵州有 285 个),在 GIS 平台上,按照流域分区划分到 23 个流域区间,各流域自动气象观测站点雨量总和除以各流域自动气象观测站点个数,即可得到各流域面雨量。

7.2.2.2　预报模型及试验

（1）预报模型

考虑到只有 WRF 模式、GRAPS 模式、MOS 模式的资料是逐小时的,其他模式的资料都是固定时次提供数据,因此建模时,在有 ECMWF 数值预报、日本数值预报、T639 数值预报的时次,使用 6 种预报成员资料进行集成预报;其他时次使用 WRF 模式、GRAPS 模式、MOS 模式的资料进行集成预报。

利用 2014 年至 2015 年 4—9 月 6 个集成预报成员面雨量预报产品作为建模样本,采用多元决策加权集成预报方法,建立 3 h、6 h、12 h 流域面雨量集成预报模型,在计算权重系数选取时间段时,因各集成预报成员的预报技巧会发生变化,所以选取的时间不宜太长,经过试验统计[1],时间长度一般为 7 天的效果为最理想。基于中尺度模式的面雨量短时预报流程见图 7.6。

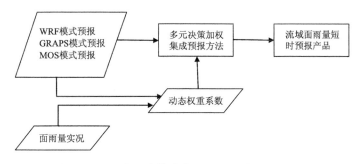

图 7.6　基于中尺度模式的面雨量短时预报流程图

（2）预报试验

对 2016 年 4—9 月 3 h、6 h、12 h 西江流域面雨量集成预报模型进行绝对误差检验(表7.1),为了更加直观地体现集成预报的效果,绝对误差值取所有子流域的平均值。

表 7.1　2016 年 4—9 月集成预报模型与集成成员预报平均绝对误差对比(单位:mm)

预报模式	一般性降水			强降水		
	3 h	6 h	12 h	3 h	6 h	12 h
集成预报	7.12	9.74	11.37	10.19	11.33	13.11
WRF	9.75	11.90	12.74	11.24	12.47	13.74
GRAPS	8.26	9.91	11.15	10.87	12.36	13.61
ECMWF	7.78	9.53	11.83	10.59	12.13	13.09
日本	/	9.89	11.61	/	12.41	13.27
T639	11.07	11.56	12.84	11.39	13.09	14.23
MOS	10.01	11.63	12.68	11.51	13.07	14.03

从表 7.1 可以看出,在 3 h 一般性降水预报和强降水预报中,集成预报的平均绝对误差均小于其他集成预报成员。在 6 h 一般性降水预报中,集成预报的平均绝对误差仅高于 ECM-WF 数值预报,小于其他模式预报;6 h 强降水预报中,集成预报的平均绝对误差均小于其他集成预报成员。在 12 h 一般性降水预报中,集成预报的平均绝对误差均小于其他集成预报成

员;12 h强降水预报中,集成预报的平均绝对误差仅高于 ECMWF 数值预报,小于其他模式
预报。

7.2.3　预报产品及应用

7.2.3.1　预报产品及误差分析

从 2014 年开始,按照 3 h、6 h、12 h 多模式集成预报建模步骤,每日每小时对各集成预报
成员预报产品进行自动处理,生成逐 3 h、逐 6 h、逐 12 h 的 23 个流域区间面雨量预报产品。

计算 2014 年至 2015 年 4—9 月多模式集成预报和各集成预报成员预报产品的绝对误差,
取全流域的平均值进行误差分析,结果见表 7.2。

表 7.2　2014 年至 2015 年 4—9 月集成预报模型与集成成员预报平均绝对误差对比(单位:mm)

预报模式	一般性降水			强降水		
	3 h	6 h	12 h	3 h	6 h	12 h
集成预报	5.32	7.32	8.55	7.66	8.45	9.86
WRF	7.33	8.95	9.32	8.43	9.74	10.33
GRAPS	6.21	7.45	8.33	8.12	9.32	10.23
ECMWF	5.85	6.97	8.87	7.93	9.12	9.83
日本	/	7.13	8.73	/	9.33	9.97
T639	8.32	8.69	9.63	8.56	9.84	10.68
MOS	7.53	8.72	9.47	8.65	9.82	10.54

从表 7.2 可以看出,在 3 h 一般性降水预报和强降水预报中,集成预报的平均绝对误差均
小于其他集成预报成员。在 6 h 一般性降水预报中,集成预报的平均绝对误差仅高于日本数
值预报,小于其他模式预报;6 h 强降水预报中,集成预报的平均绝对误差均小于其他集成预
报成员。在 12 h 一般性降水预报中,集成预报的平均绝对误差均小于其他集成预报成员;
12 h 强降水预报中,集成预报的平均绝对误差仅高于 ECMWF 数值预报,小于其他模式预报。

7.2.3.2　预报应用

2016 年 6 月 11—16 日受高空槽、切变线和弱冷空气共同影响,西江流域出现了中到大
雨、局部暴雨或大暴雨的天气过程。最大降水出现在 12 日 08 时到 13 日 08 时,在 12 日 08 时
和 12 日 20 时发布了未来 6 h 强降水预报,见图 7.7 和图 7.8。

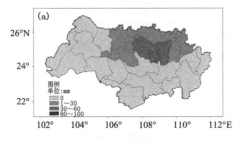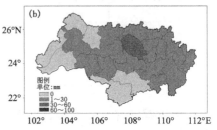

图 7.7　2016 年 6 月 12 日 08 时西江流域 6 h 强降水预报(a)与实况(b)图

从图 7.7 可见,6 h 强降水短时预报模式预报融江、龙江、柳江流域将出现暴雨到大暴雨,

与实况比较,最大降水中心预报较好(出现在龙江流域),出现范围也较为吻合,但强度等级偏大。

从图 7.8 可见,6 h 强降水短时预报模式预报郁江、桂江流域将出现暴雨到大暴雨,与实况比较,最大降水出现范围、强度等级均较为吻合。

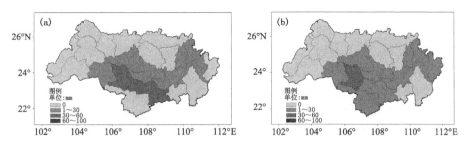

图 7.8　2016 年 6 月 12 日 20 时西江流域 6 h 强降水预报(a)与实况(b)图

7.3　基于卫星云图的中尺度强降水短时临近预报方法

对西江流域影响最大的是突发性暴雨天气过程,而观测事实表明,暴雨天气过程则是由一次次的中尺度暴雨系统反复出现所致;中尺度暴雨的分析与预报是天气预报技术研究的重点和难点,基于常规观测资料的天气学分析与预报方法和数值预报产品对尺度较大的天气形势预报效果较好,可为气象工作者提供判断是否有产生大范围的暴雨过程的环流背景和有利的条件,而对中尺度的暴雨天气预报能力较弱,但我们可以获取精度相当高的卫星云图资料,而卫星云图具有常规大气观测无法比拟的、很高的时空分辨率,卫星云图展示了包括从行星尺度到天气尺度直至中尺度和风暴尺度等各种尺度的天气系统,可以清晰有效地监测正在发生、发展的各种尺度的天气系统活动,为提高中尺度暴雨预报准确率开辟了一条有效的新途径。

7.3.1　卫星云图量化处理方法

卫星云图是天气预报重要的信息源,由于其独具的高时空密度优势,使得卫星云图在降水,特别是暴雨预报中发挥着越来越重要的作用;但当前卫星云图的使用仍然以定性使用为主,卫星云图的量化处理是定量使用卫星云图的基础,是开展精细化暴雨预报关键技术之一,因而很有必要对每天所获取的卫星云图进行量化处理。

7.3.1.1　对流云团活动与降雨的对应分析

降雨是从云中产生的,没有云就不可能有降雨,一般发展强盛、维持时间长的云层产生降雨量也相对要大,云层的生消发展与降雨有着密切的关系,云层与降雨的关系是一种对应关系,可以用对应分析的方法分析云的演变与降雨基本规律。通过分析大量的强降水过程中卫星云图云层演变与降雨关系得知,降雨总量随时间的变化曲线与 TBB≤−70 ℃、≤−60 ℃曲线趋势是一致的。在发展期中段降雨开始,成熟期达最强,在衰减期可延续较长时间,由于降雨面积增大,降雨总量还是上升的,但降雨强度已减弱,这主要是在对流云团的发展过程中,当进入到发展期阶段,此时云体的体积已发展到比较大,云顶≤−60 ℃面积指数可达 500 以上,云顶最低温度低于−70 ℃,云团内部的对流活动已达相当强烈程度,阵性降雨已比较明显,到了对流云团发展期后阶段和成熟期前中阶段,云团体积和高度等都发展到顶峰,这阶段对流活动极为强烈,为对流云团降雨最强烈时期,在成熟期后期,对流活动渐趋减弱,降雨强度也已减弱,进入衰减期后对流活动继续减弱直至基本结束,降雨性质也由阵性降雨逐渐转变为间歇性降雨,降雨强度大为减弱。

对流云团活动过程中降雨总量的空间分布特征是雨区主要分布在对流云团≤-60 ℃区域经过路径上,其中强降雨区分布在成熟期云团头部经过的地方,主要是因为强降雨主要出现在对流云团成熟期,所以云团移动过程中降雨的分布自然是云团成熟期其头部所经过的地方比较强。

对流云团的降雨强度分布离散性很大,目前受资料样本数量的限制,仅能做比较粗略的定量分析。根据30多个成熟期的对流云团每小时降雨量级频数的统计,初步得出云团每小时降雨强度的分布,如图7.9所示。图中是以前汛期锋面云系中常见的向东南方向移动的对流云团为例,在云团前进的前方较后方雨强偏大。这可能是因为前进方是对流云团的传播方向,新生的对流单体最容易在这个部位生成,也是对流活跃的地方,降雨偏大。

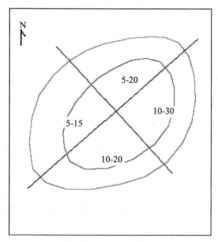

图7.9 对流云团每小时降雨强度分布示意图

7.3.1.2 卫星云图的灰度变换分析

天气预报业务使用中的卫星云图常含有各种各样的噪声与畸变,或为了对云图做增强处理等,需要对云图做灰度变换处理。这里所采用的灰度处理方法有灰度的线性变换、灰度的非线性变换。利用灰度变换分析识别弱冷空气活动。从青藏高原东侧南下的弱冷空气是广西前汛期强降雨的重要触发条件。对这些强度虽弱但影响大的弱冷空气,常规预报和数值预报都很难分析预报,雷达的观测能力也非常有限,这是造成暴雨预报失败的主要原因。用卫星云图连续跟踪与弱冷空气相伴的云系,用灰度分析处理技术分析卫星云图云系变化,一般能提前几个小时,甚至十几个小时发现弱冷空气东移南下的征兆,做出较准确的预报。

彩图7.10是从FY-2C卫星云图分析出的2005年6月下旬西江流域特大洪涝暴雨过程中,第1阶段弱冷空气南下影响云系演变过程,彩图7.10中蓝色区域是采用同一阈值滤去了低云的部分,这是一个常见而典型的弱冷空气入侵云系演变过程。18日14时南移到广西的云带A-A趋于静止,刚移出高原的高空短波槽前短云带B-B正逐渐东移,槽后有弱冷空气从云贵高原南下;18日16时在云带B-B西边和广西北边的云层变薄减弱,这是槽后下沉气流作用所致,表明冷空气正在南下;18 日 18 时低云区继续扩大,云层还在减弱,冷空气已到达桂北,将会激发云带 A-A 对流活动的发展。事实是 18 日 16 时云带 A-A 的对流云开始形成和活跃,18 日 20 时对流活动发展到强盛期并造成第 1 阶段的降雨过程。

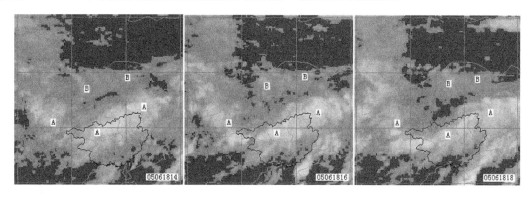

图 7.10　2005 年 6 月 18 日 14—18 时云系演变图

这次西江特大洪涝暴雨过程天气尺度的云系演变可分为 5 个阶段,这 5 个阶段都是用卫星云图灰度变换分析方法判别出来的,其各时段与特征是:

第 1 阶段:17 日 20 时到 19 日 14 时,云带南移发展;

第 2 阶段:19 日 15 时到 20 日 14 时,云带处于准静止状态;

第 3 阶段:20 日 15 时到 21 日 14 时,云带断裂后再次连接与加强;

第 4 阶段:21 日 15 时到 22 日 17 时,云带上有涡旋云系形成与发展;

第 5 阶段:22 日 18 时后,云带逐渐南移出广西。

前 4 个阶段对应着 4 次弱冷空气南下入侵的扰动,从西江特大洪涝暴雨过程的几次天气会商和预报结果看,从卫星云图经灰度变换分析提取弱冷空气活动信息具有可靠性高、时效较长、应用方便等特点,是准确做出强降雨短时预报主要的有效方法,具有比其他方法更灵敏、准确、可靠的明显优点。

7.3.2　概念模型

目前,卫星云图、雷达资料和自动气象站等非常规资料在强降水的短时临近预报中发挥了越来越重要的作用。林宗桂等在国家自然科学基金和国家气象局新技术开发项目的支持下,对如何结合卫星云图、雷达资料和自动气象站等非常规资料在广西强降水的短时临近方法进行了研究[3,4]。总结、归纳出几种有利于中尺度暴雨产生的中尺度对流系统(MCS)发生发展的概念模型。

7.3.2.1　锋面 MCS 发生发展基本概念模型

彩图 7.11 给出了锋面 MCS 发生发展的基本概念模型。从图中可以看到,锋面(冷锋/静止锋)向南移动时,锋后冷空气南下形成正变压区,锋前偏南暖湿气流辐合堆积形成中尺度负变压区,当锋面移入原暖湿空气堆积的负变压区时,由于锋面的抬升,暖湿空气触发对流活动形成 MCS。锋面 MCS 发生发展概念模型基本特征为:①锋面(冷锋/静止锋)南移;②锋后为偏北气流且有正变压区;③锋前偏南气流辐合形成中尺度负变压区;④MCS 在锋面上发生发展,对流单体沿锋线传播发展。

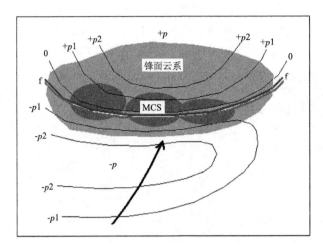

图 7.11 锋面 MCS 发生发展基本概念模型

(粗红蓝线 f-f 为地面锋线(冷锋/静止锋);细实线为等变压线,$-p$ 表示负变压,

$+p$ 表示正变压;粗黑矢线表示偏南气流;浅阴影区为锋面云系;深阴影区为 MCS)

7.3.2.2 低槽 MCS 发生发展基本概念模型

低槽 MCS 发生发展基本概念模型如彩图 7.12 所示。

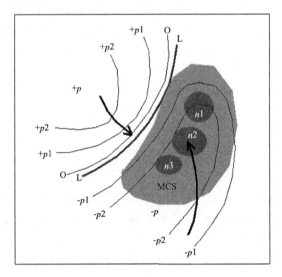

图 7.12 低槽 MCS 发生发展基本概念模型

(粗黑实线为槽轴线;细实线为等变压线,$-p$ 表示负变压,$+p$ 表示正变压;

粗黑矢线表示主要气流方向;浅阴影区为 MCS;深阴影区为对流单体)

彩图 7.12 表示,当低槽东移时,在槽前的中尺度负变压区中偏南暖湿气流辐合上升触发 MCS。低槽 MCS 概念模型基本特征是:①低槽东移,槽前形成中尺度负变压区;②偏南暖湿气流在槽前中尺度负变压区辐合上升触发形成 MCS;③槽后可有冷空气南下而形成的正变压区;④对流单体以偏西南—东北向传播发展。

7.3.2.3　低涡 MCS 发生发展基本概念模型

低涡 MCS 发生发展基本概念模型如图 7.13 所示。

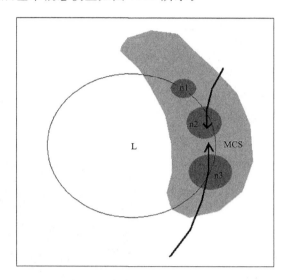

图 7.13　低涡 MCS 发生发展基本概念模型

(椭圆 L 为低涡中尺度负变压区;浅阴影区为 MCS 云系,

深阴影区为对流单体;粗黑矢线为地面流线)

图 7.13 中,低涡在形成与发展过程中,偏南暖湿气流与偏北气流在低涡东南或偏东部位辐合上升触发 MCS。低涡 MCS 概念模型基本特征是:①椭圆形的中尺度负变压区;②低层气流在中尺度负变压区偏东部辐合;③MCS 在气流辐合区发生发展;④对流单体以弧状排列传播发展。

7.3.3　预报模型及应用

选取 2011 年 6 月 15 日静止锋中尺度对流系统(MCS)发生发展过程进行预报建模分析。

(1)MCS 发生发展过程

①自动气象站和卫星资料分析

彩图 7.14 给出了 2011 年 6 月 15 日静止锋 MCS 发生发展过程的分析过程,分别为 15 日 12 时地面中尺度变压场、温度场和风场以及 15 日 17 时卫星云图分析结果。

从彩图 7.14a 中可见,在桂北有一片强度较弱的正变压区,桂东到桂西有一片向西开口的负变压区;从彩图 7.14b 中可见,桂北有一条弱静止锋;从彩图 7.14c 中可见,偏南气流较强,而偏北气流很弱;彩图 7.14a～c 表明,弱静止锋正缓慢南移,暖湿气流在桂西到桂东一带辐合;从彩图 7.14d 中可见,从桂西到桂东 MCS 沿锋面发展,表明这是由于弱静止锋移入负变压区后抬升暖湿空气触发对流所致。锋前负变压区形成超前于 MCS 发生发展约 5 h。

②MCS 发生发展概念模型

综合彩图 7.14 的分析得到锋面 MCS 发生发展概念模型,如彩图 7.15 所示。

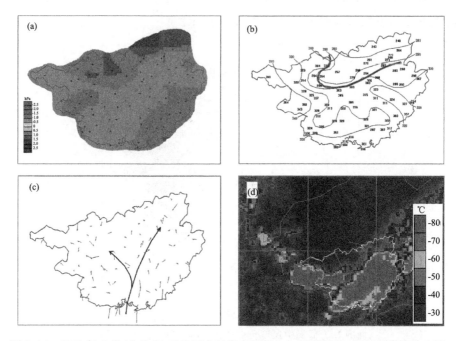

图 7.14　2011 年 6 月 15 日 12 时地面中尺度变压场(a)、温度场(b,粗红蓝线为静止锋,
细实线为等温线,单位:℃,图中数据已放大 10 倍)、风场(c,细矢线为地面风矢,
箭头方向表示风向,箭杆长度表示风速,粗黑矢线表示地面气流主方向)和
2011 年 6 月 15 日 17 时红外(IR1)卫星云图(d)

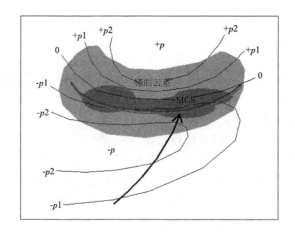

图 7.15　2011 年 6 月 15 日静止锋 MCS 发生发展概念模型(粗蓝线为冷锋;
细实线为等变压线,－p 表示负变压,＋p 表示正变压;粗黑矢线表示主要气流方向;
浅阴影区为锋面云系;深阴影区为 MCS)

　　彩图 7.15 表明,在静止锋南移过程中,暖湿偏南气流在锋前辐合堆积形成负变压区,当锋面移入负变压区时抬升暖湿空气触发对流运动而形成 MCS,负变压区形成超前于 MCS 发生约 5 h,对流单体沿锋面传播发展。

（2）卫星云图结合雷达、自动站资料在流域面雨量短时临近预报的应用

利用林宗桂等的研究成果，每天从广西区气象台的集约化平台中提取基于卫星云图、雷达资料和自动气象站的预报结果，从预报结果中，通过分析未来有利于中尺度暴雨系统发生发展的区域，对各地未来 6 h 的雨量预报进行订正，然后再根据各站点订正后的雨量求出各流域的面雨量，即可作为流域未来 6 h 的面雨量预报[4,5]。

如 2014 年 5 月 21—23 日，受加强的偏南暖湿气流、切变线和弱冷空气共同影响，西江流域集雨区北部、东部普降大雨到暴雨，其中桂江、柳江、红水河中下游流域出现了暴雨。对于这次预报，我们在 5 月 20 日就发布了题为"21—23 日西江流域将出现强降水"的气象服务信息，其中，21—22 日，桂江、柳江、红水河中下游流域有大雨，局部暴雨；西江汇流、贺江流域有中到大雨，局部暴雨，其他流域有阵雨或雷雨，局部大雨。

从预报情况来看，强降水的范围广强度大，21—22 日是强降水的时段。ECMWF 和 T639 数值模式的降水预报（彩图 7.16、彩图 7.17）也显示，从 22 日 08 时至 23 日 08 时，广西的北部、东部有大雨到暴雨。

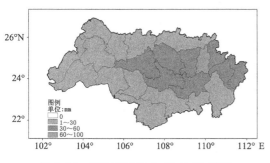

图 7.16　ECMWF 模式 22 日 08 时至
23 日 08 时降水预报

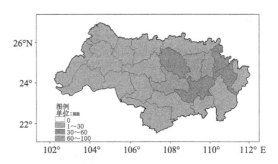

图 7.17　T639 模式 22 日 08 时至
23 日 08 时降水预报

为了提高预报精度，在降水短时临近预报中，需要根据系统的演变情况及时进行订正。本次过程参考了基于卫星云图、雷达资料和自动气象站资料的中尺度强降水短时临近预报给出的结果，即 22 日 08 时的卫星云图、雷达资料及自动站的分析预报结果（彩图 7.18）。

从彩图 7.18 可见，22 日 08 时广西的中东部、南部到长江口一带有一条近似于 WSW-ENE 的云带，云带中对流云系发展最旺盛的地区是广西的中北部地区和粤北、湘东南一带。从雷达资料和中尺度地面变压场的分析，预计未来 6 h，12 mm 以上的降水主要出现在桂江中下游、柳江、贺江、洛清江、清水河和西江汇流流域，其中 30～50 mm 降水主要出现在贺江、清水河和西江汇流流域。根据以上分析，22 日 08 时给出的短时预报为：洛清江、清水河、桂江和桂江中下游流域未来 6 h（08—14 时）将有大到暴雨，面雨量达 15～35 mm。

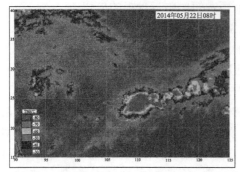 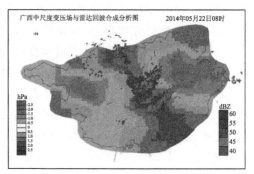

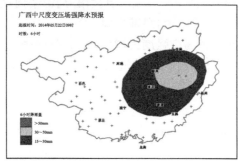

图 7.18 2014 年 5 月 22 日 08 时卫星云图、雷达、自动站资料综合分析

参考文献

[1] 钟利华,钟仕全,李勇,等.广西电网流域面雨量监测、预报、报警系统[J].气象研究与应用,2013,34(3): 111-112.

[2] 邓兴旺,张涛,吴涛涛.利用数值预报产品制作府环河流域面雨量预报试验[J].暴雨灾害,2008,27(1): 68-72.

[3] 林宗桂,林墨,林开平.强降雨监测预警产品原理和应用[J].气象研究与应用,2014,35(2):23-26.

[4] 林宗桂,林开平,李耀先,等.一个高空槽前中尺度对流系统发生发展过程和机制研究[J].气象学报, 2011,69(5):770-781.

[5] 林宗桂,林开平,陈翠敏.广西前汛期冷锋云系中尺度对流云团卫星云图特征分析[J].广西气象,2003, 24(3):1-5.

第 8 章　梯级水电站集雨区面雨量中短期预报方法

降水的中短期预报方法从传统的天气学分析、数理统计与预报员经验相结合的预报方法，发展到以数值预报为基础，人工智能、集成预报、动力诊断等多种技术和方法的新时代。本章主要介绍了人工神经网络、动力诊断、相似离度、集成预报等方法及其在西江流域梯级水电站集雨区的应用。

8.1　人工神经网络集雨区面雨量预报方法

人工神经网络是一种模拟人脑信息处理方法的非线性系统，有较强的处理非线性问题的能力，适合于一些信息复杂、知识背景不清楚和推理规则不明确问题的建模。人工神经网络作为对人脑最简单的一种抽象和模拟，是人类探索智能奥秘的有力工具，近 20 年来，神经网络技术已经渗透到诸如智能控制、计算机、自动识别、生物等领域，神经网络由于具有非线性影射、容错性、自组织性、自适应性和联想等能力而获得了广泛的应用；遗传算法具有自适应性、全局优化性和隐含并行性等许多优点，体现出很强的解决问题的能力[1]；将遗传算法与 BP 神经网络相结合，可充分发挥它们各自的长处，是目前一个十分活跃的研究方向。流域面雨量与降水一样受多种因素影响，具有明显的非线性特征，本章以西江流域的龙滩近库区、龙江流域、桂江中下游流域、左江流域、右江流域和清水河流域 6 个流域面雨量为研究对象，对流域面雨量非线性预报方法进行研究，同时将非线性人工神经网络预报模型的预报结果与线性的逐步回归预报模型进行比较，并在流域面雨量预报业务中开展应用。

8.1.1　基本原理和方法

目前，BP 神经网络是应用最为广泛的有效神经网络模型，BP 算法的学习过程是将输入信息沿网络正向传播而误差信号反向传播来修改网络权值，主要是利用均方差和梯度下降法来实现网络连接权值的修正，对网络权值修正的目标是网络误差平方和最小，从输入层输入样本的特征值，向前传播，经过隐层逐层处理，并传向输出层，每一层的神经元状态只影响下一层神经元状态，如果输出层的实际输出与期望输出误差大于设定的误差标准，则将误差信号沿原来连接通路反向传播，进而修正网络原来的权值，使得误差变小。

BP 神经网络的数学模型是求解如下函数最优解：

$$\min_{a \leqslant \bar{\omega} \leqslant b} E(\bar{\omega}) = \frac{1}{2} \sum_{k=1}^{n} (y_k - \hat{y}_k)^2 \tag{8.1}$$

$$\hat{y}_k = f \sum_{k=1}^{n} (x_i \bar{\omega}_i + \theta_i) \tag{8.2}$$

式中，f 取 sigmoid 函数 $f(x) = \dfrac{1}{1+\mathrm{e}^{-x}}$，$n$ 为样本数，$\bar{\omega}$ 为 BP 网络权值，θ 为网络阈值，x_i 为训

练样本的输入,$\hat{y}_k$ 为实际输出,y_i 为期望输出。由(8.2)式可以求出神经网络的最终输出值。

遗传算法优化神经网络的基本思想是利用遗传算法全局性搜索的特点,寻找最为合适的网络连接权和网络结构,不失一般性,这里采用一个包含输入、输出和隐层三层的 BP 网络,然后利用遗传算法对神经网络预报模型的连接权和网络结构进行优化,设神经网络预报模型的全体样本集为:

$$\phi = \{(x_i, y_i), i = 1, 2, \cdots, n\} \tag{8.3}$$

式中,x_i 是输入,y_i 是输出,n 为样本总数。我们可以将样本集分为训练样本 ϕ_1 和检测样本 ϕ_2 两个部分:

$$\phi_1 = \{(x_i, y_i), i = 1, 2, \cdots, m, m < n\} \tag{8.4}$$

$$\phi_2 = \{(x_i, y_i), i = m+1, m+2, \cdots, n\} \tag{8.5}$$

不妨设被训练的 BP 网络为 net,并设定网络的训练次数及网络训练误差 ε_a,输入训练样本 ϕ_1 进行训练。已有的研究成果表明,BP 网络有很好的拟合能力,但它的预报能力受众多参数及网络结构等多方面的影响。为此我们还需要进一步考虑 BP 网络对检测样本的预报能力。通过计算检测样本 ϕ_2 的平均相对误差 $\varepsilon_b = \frac{1}{n-m} \sum_{i=1}^{n-m} \frac{|y_i - \hat{y}_i|}{|y_i|}$,将训练误差 ε_a 和检测集平均相对误差 ε_b 同时作为网络的目标函数进行分析,并以 $[0,1]$ 作为连接权的初步解空间,即在这个区间搜索合适的权值、阈值。对于隐节点的个数也先给出初步的搜索区间。依据经验,隐节点的最佳个数大多在输入节点个数附近,因而以输入节点 $0.5 \sim 1.5$ 倍作为隐节点个数的搜索空间。

由训练样本集合 $\phi_1 = \{(x_i, y_i), i = 1, 2, \cdots, m, m < n\}$,设被训练的网络为 net,$\hat{y}_i = net(x_i)$ 为实际输出,定义适应度函数为:

$$F(x) = \frac{1}{\sqrt{\frac{1}{m} \sum_{i=1}^{m} (y_i - \hat{y}_i)^2}} \tag{8.6}$$

遗传-神经网络算法的具体实现步骤可归结为:

(1)采用二进制对神经网络结构和连接权进行编码。每个遗传个体由一个二进制码串组成,它与某组神经网络权值、阈值、隐节点一一对应,是一种可能的优化个体。二进制码串由两部分组成,前面是神经网络结构的编码,称为控制码,它主要是控制隐节点的个数;后面部分是神经网络权重系数码。

(2)在编码空间中,随机生成一个初始群体。

(3)计算当前群体中所有遗传个体的适应度时,首先将个体二进制码串解码为神经网络的连接权、隐节点,输入训练样本集,按照适应度函数计算每个遗传个体的适应度。

(4)根据个体的适应度,对群体进行遗传操作。其中选择采用赌轮法,交叉则采用多点交叉,在变异时,当某个神经元被变异运算删除时,相应的有关权重系数编码被置为 0,而当变异运算增加某个神经元时,则随机产生有关的初始化权重系数编码。

(5)生成新一代群体。

(6)反复进行步骤(3)(4)(5),每进行一次,群体就进化一代,一直进化到第 N 代。

(7)在进化过程中,每代保留适应度最大的个体。

(8)最终进化到 N 代时(N 为总的进化代数),全部进化计算结束。这样共挑选出 N 个个体,比较这些个体的适应度,把其中适应度最佳个体予以保留。

(9)把最佳个体解码,得到神经网络的连接权和隐节点,输入检测样本进行预报。

步骤(7)中全局性是 GA 搜索机理提供,GA 能以较大概率进化至全局解的区域,但不能明确是哪个解,因此不能简单地认为最后一代适应度最高的个体就是全局最优解,每代保留适应度最高的个体,直到进化结束,这样就大大增加了包含最优解的概率。

8.1.2　预报模型

以 5 月和 6 月西江流域面雨量为预报对象,对基于遗传—神经网络的流域面雨量预报方法展开研究,并与逐步回归预报模型[2]和其他数值预报模式预报结果进行比较。

8.1.2.1　预报对象处理和因子的选取

为清晰地介绍神经网络建模过程,并与其他预报模型进行比较,选取了龙滩近库区、龙江流域、桂江中下游流域、左江流域、右江流域和清水河流域 6 个流域为例进行分析,这 6 个流域既考虑到重点的库区流域,又兼顾到各区域的代表性。

从降水影响机制研究和实际天气预报经验来看,华南西部降水成因较为复杂,既受大气环流的影响,也受到各种天气系统的制约,以及系统之间配置与相互作用的影响,此外,水汽供应条件、辐合辐散气流、上升气流和地形作用也是影响降水的重要因素,因此,在预报因子初选时,重点是考虑地面、850 hPa、700 hPa、500 hPa 各层的温度、湿度、气压、风向(风速)等各种气象要素和涡度、散度、水汽通量散度、垂直速度等物理量;从预报实践中发现,针对广西的降水,ECMWF 预报模式的预报性能更好、更稳定,因此,选取 ECMWF 预报模式的预报产品为备选场。

考虑到获取数值预报产品的滞后性,本研究选用的 ECMWF 预报产品均为 48 h 预报场,范围为 100°~120°E,15°~30°N,格距为 1°×1°,所选区域格点数为 336 个,产品包括各标准层的各个常规气象要素预报场及物理量预报场。

对 2009—2012 年 5 月和 6 月 ECMWF 预报产品场与预报对象进行场相关分析,发现不同的流域面雨量对同一层次、同一要素场的相关程度差别很大,因而通过对龙江流域等 6 个流域分别对上述所选区域的各标准层各个常规气象要素预报场及物理量预报场进行相关分析,将成片稳定的高相关(置信水平高于 0.05)格点作为预报因子的选择区,在选择区内选择相关系数最大的 2 个相邻格点的平均值作为该相关区的代表值,作为待选因子。另外对与预报对象相关好但符号相反的两个相邻或相近区域,将这两个区域的代表值相减,获得组合预报因子。选取预选因子时,以达到或超过 0.01 置信度水平为入选标准,最终得到各流域各月的预报因子个数,见表 8.1。这些待选因子中包含了数值预报产品的要素预报场和各种物理量,各预报区最终入选的因子,既含有与降水有关的大尺度形势场,又有与降水密切相关的物理量场。

表 8.1　西江 6 个流域面雨量预报因子数(个)

	龙滩近库区	龙江流域	桂江中下游	左江流域	右江流域	清水河流域
5 月	11	12	7	10	9	11
6 月	9	16	9	12	10	12

8.1.2.2　模型试验及结果分析

(1)逐步回归预报方法建模试验

为了进行对比分析,根据上述所选定的 6 个流域预报因子,采用逐步回归建模方法,分别建立各流域 5 月和 6 月面雨量逐步回归预报模型,利用表 8.1 给出的预报因子作为各选因子,将样本分为建模样本和独立样本两部分,并规定:对于各个样本序列,均把最后 30 个样本作为独立样本,其余的样本作为建模样本。这样,5 月建模样本有 124 个,独立样本有 30 个,6 月建模样本有 120 个,独立样本有 30 个;在建立的各个逐步回归方程中,都要求能通过 $F=2.0$ 的显著性检验。以桂江中下游流域为例,采用逐步回归方法建立了 5 月和 6 月逐步回归预报方程,并进行独立样本预报试验,对每个独立样本,建立一个回归预报方程,之后把用过的独立样本追加到建模样本,使下一个独立样本回归预报方程的建模样本数增加,因此,某一组的 30 个独立样本就有 30 个不同的回归方程,对 30 个独立样本的预报绝对误差求平均,得到 5 月的面雨量预报平均绝对误差为 5.83 mm,而 6 月的平均绝对误差为 7.84 mm;表 8.2 给出了各流域 5 月和 6 月的逐步回归模型对独立样本的预报情况。

表 8.2　各流域 5 月和 6 月面雨量逐步回归预报模型对独立样本预报平均绝对误差(mm)

	龙滩近库区	龙江流域	桂江中下游	左江流域	右江流域	清水河流域
5 月	8.34	10.89	5.83	7.12	7.10	9.90
6 月	8.16	11.04	7.84	6.40	8.58	8.4

(2)遗传—神经网络预报模型建模试验

以逐步回归模型相同的样本,采用遗传算法与神经网络相结合的方法,分别建立 6 个流域 5 月和 6 月的流域面雨量遗传—神经网络预报模型;为了便于与回归模型进行比较,在建立各流域面雨量的遗传—神经网络预报模型时,所选的预报因子与逐步回归模型所选的因子完全相同;在遗传算法的进化计算过程中,遗传算法的隐节点搜索空间范围设定为输入节点的 0.5 倍到 1.5 倍之间,初始遗传种群数取 50,进化代数为 50 代,网络连接权的解空间设定为[−2,2],交叉概率取 0.6,变异概率取 0.05。网络训练次数为 200 次,学习因子的动量因子取 0.5,进化计算结束后,对遗传种群的 50 个遗传个体解码,得到 50 个神经网络预报个体。对每个预报个体赋以的相同的权重,分别建立了 6 个流域 5 月和 6 月共 12 个遗传—神经网络集合预报模型。遗传—神经网络预报流程见图 8.1。

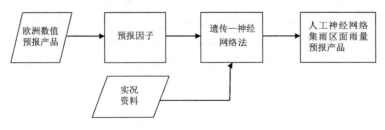

图 8.1　遗传—神经网络预报流程图

利用所建立的 6 个流域面雨量遗传—神经网络集合预报模型,对独立样本的预报时采用与逐步回归预报方法建模相同的方法,即对每个独立样本建立一个遗传—神经网络集合预报模型,之后把用过的独立样本追加到建模样本,使下一个独立样本的遗传—神经网络集合预报模型的建模样本数增加,因此,某一组的 30 个独立样本就有 30 个不同的遗传－神经网络集合预报模型。表 8.3 给出了各流域 5 月和 6 月份的遗传－神经网络集合预报模型对独立样本的预报情况。

表 8.3　各流域 5 月和 6 月面雨量遗传－神经网络集合预报模型对独立样本预报平均绝对误差(mm)

	龙滩近库区	龙江流域	桂江中下游	左江流域	右江流域	清水河流域
5 月	6.32	8.41	5.90	6.95	7.13	9.08
6 月	6.67	8.52	7.69	5.80	8.08	8.6

8.1.3　预报产品及应用

(1)遗传－神经网络预报模型与逐步回归预报模式的比较

表 8.2 和表 8.3 分别给出了面雨量逐步回归预报模型和遗传－神经网络集合预报模型对相同的独立样本预报平均绝对误差,从预报结果来看,两种预报模型对 6 个流域的面雨量都有较好的预报能力;图 8.2 和图 8.3 分别给出了逐步回归预报模型和遗传－神经网络集合预报模型对各流域 5 月和 6 月独立样本的预报结果对比,从两图中可以看到,不论是 5 月还是 6 月,对于绝大多数流域来说,遗传－神经网络集合预报模型对独立样本预报的平均绝对误差要明显小于逐步回归预报模型,尤其是对处于广西西北部的龙滩近库区流域、龙江流域,遗传－神经网络集合预报模型的预报能力明显优于逐步回归预报模型;但对于地处桂东的桂江流域和清水河流域,遗传－神经网络集合预报模型的预报能力与逐步回归预报模型相当,甚至略逊于逐步回归预报模型。

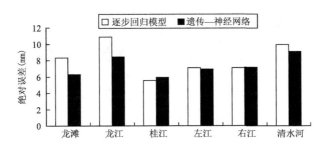

图 8.2　5 月各流域回归模型和遗传－神经网络
模型预报平均绝对误差比较

(2)遗传－神经网络预报模型与其他数值预报模式的比较

为了研究各流域面雨量的遗传－神经网络预报模型的预报性能,将遗传－神经网络预报模型对独立样本的预报结果与同期的日本、德国数值预报模式对同样独立样本的预报进行比较。具体方法是将日本、德国的数值预报模式 24 h 降水预报格点值,通过泰森多边形面雨量计算方法,分别求得日本数值模式和德国数值模式对各流域的 24 h 面雨量预报。这里,仅以 6 月各流域的面雨量预报为例进行比较。图 8.4 给出了 6 月份遗传－神经网络集合预报模型与日本数值预报模式、德国数值预报模式对各流域独立样本的预报结果对比。从图中可以看到,日本数值预报模式对各流域的独立样本的面雨量预报能力要优于德国的数值模式,而遗传－神经网络集合预报模型的预报能力则远远优于日本数值预报模式和德国的数值预报模式。为

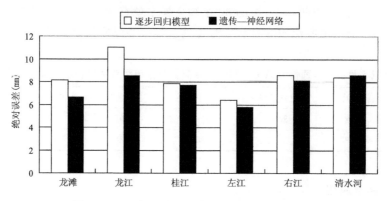

图 8.3　6 月各流域回归模型和遗传—神经网络
模型预报平均绝对误差比较

了便于在实际的预报业务应用和为气象服务提供参考,这里还将遗传—神经网络集合预报模型对独立样本的预报能力与同期广西气象服务中心提供给各流域水电站的综合面雨量预报结果进行比较(图 8.4),从图中可以看到,遗传—神经网络集合预报模型的预报能力与气象业务部门提供给各流域水电站的综合面雨量预报能力相当,遗传—神经网络集合预报模型在龙江流域和龙滩近库区流域的面雨量预报平均绝对误差还略小于气象业务部门的综合预报。

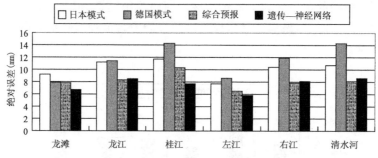

图 8.4　6 月各流域遗传—神经网络模型与
其他数值模式预报平均绝对误差比较

8.2　基于动力诊断的集雨区面雨量 MOS 预报方法

8.2.1　基本原理与方法

　　MOS 是数值预报产品进行解释应用的一个比较广泛且效果较好的一个方法,是由数值预报报出未来的预报因子,再用这些预报因子与气象要素量值或某种天气出现的概率求统计关系式,并根据这个关系式作预报;MOS 的发展和下垫面触发的中小尺度天气系统的动力学机制研究和预报的进展密切相关;该方法是将大尺度数值预报转化为局地要素预报的较为有效的一种方法。MOS 方法可以引入如垂直速度、涡度等物理意义明确、预报信息量较大的因子,还能自动地修正数值预报的系统性误差。

　　MOS 预报是建立在多元线性回归技术基础上,研究预报量与多个因子之间的定量统计关

系,即

$$Y = b_0 + b_1 X_1 + b_2 X_2 + \cdots + b_n X_n \qquad (8.7)$$

式中,Y 为由各个预报因子 $X_1, X_2, \cdots, X_n$ 线性组合得到的预报量;$b_1, b_2, \cdots, b_n$ 为回归系数;b_0 为回归常数。

采用逐步回归分析算法计算(引入)预报因子时,为了保证因子之间的相互独立,预报因子在逐步引入预报方程的过程中,根据因子的方差贡献剔除贡献小的因子,保留方差贡献较大的因子,直到没有预报因子可以引入为止,之后建立预报方程。

8.2.2　强降水影响因子的动力诊断

以西江流域 2014 年 4—9 月 22 个集雨区面雨量为预报对象,选取广西中尺度数值模式(WRF 模式)逐小时发布的 3 h、6 h、12 h 物理量和降雨量预报产品,以及 ECMWF 预报模式 08 时和 20 时发布的 3 h、6 h、12 h 降雨量预报产品,进行影响因子的物理量诊断分析,开展对流域面雨量 MOS 预报方法的研究,并与 WRF 模式和 ECMWF 模式的预报结果进行比较。

8.2.2.1　资料及处理

(1)WRF 模式产品

WRF 模式提供的产品为二进制网格点的数据资料,每 3 h 更新一次,提供 19 个等压面层,以及地面层和特性层,总共 117 个要素场和物理量场资料,预报时效长度为 72 h,精度为 15 km×15 km,网格范围为北半球;选用西江流域(102°～120°E,18°～28°N),共 35700 个格点;选用时效长度为 3 h、6 h、12 h,选用要素场和物理量场见表 8.4。

表 8.4　MOS 预报所用的数值预报产品列表

物理量	层数
涡度	200 hPa、500 hPa、700 hPa、850 hPa、925 hPa
散度	200 hPa、500 hPa、700 hPa、850 hPa、925 hPa
温度	200 hPa、500 hPa、700 hPa、850 hPa、925 hPa、地面
露点温度	200 hPa、500 hPa、700 hPa、850 hPa、925 hPa
地面气压	地面
位势高度	200 hPa、500 hPa、700 hPa、850 hPa、925 hPa
辐散风 U	200 hPa、500 hPa、700 hPa、850 hPa、925 hPa U
辐散风 V	200 hPa、500 hPa、700 hPa、850 hPa、925 hPa
水汽通量	200 hPa、500 hPa、700 hPa、850 hPa、925 hPa
比湿	200 hPa、500 hPa、700 hPa、850 hPa、925 hPa
风向风速	200 hPa、500 hPa、700 hPa、850 hPa、925 hPa
最大不稳定能量	1
抬升凝结高度	1
相对湿度	200 hPa、500 hPa、700 hPa、850 hPa、925 hPa
降雨量	1

（2）ECMWF 模式产品

ECMWF 模式提供的细网格数值预报为固定时次的数据资料，每日 08—20 时、20—08 时每 3 h 间隔的未来 72 h 预报产品，每日 08—20 时、20—08 时每 6 h 间隔的未来 240 h 预报产品，每日 08—20 时、20—08 时每 12 h 间隔的未来 240 h 预报产品，每日 08—20 时、20—08 时每 24 h 间隔的未来 240 h 预报产品；选取范围为：$104.25°\sim112.5°$E，$20.75°\sim26.5°$N，网格格距为 $0.25°\times0.25°$，格点数为 34×26；选取产品包括 3 h 格点雨量预报场、6 h 格点雨量预报场、12 h 格点雨量预报场、24 h 格点雨量预报场；考虑到获取数值预报产品的滞后性，所选用的预报产品为预报日前一天的预报资料。

（3）面雨量实况资料

收集整理 2014 年 4—9 月西江 22 个流域的逐小时自动站面雨量实况资料，作为 Y 值供建模所用；收集整理 2010 年 6 月至 2014 年 9 月的西江 22 个流域逐小时面雨量实况数据，用于建立晴雨概率方程。

根据天气学原理和预报经验，形成大雨、暴雨的条件与形成小雨、中雨的不同，为了使预报方程更具代表性和稳定性，参考江河流域面雨量等级划分标准[3]（表 8.5），定义为：当出现流域区间面雨量≤中雨级别的为一般性降雨，流域区间面雨量≥大雨级别的为强降雨。统计 2014 年 4—9 月，3 h、6 h、12 h 面雨量累计量级为一般性降雨的样本分别有 34371 个、43608 个、54269 个；3 h、6 h、12 h 面雨量累计量级为强降雨的样本分别有 3436 个、5510 个、9376 个；这些样本中 80% 作为建模样本，其中任意抽取 20% 作为检验样本。

表 8.5　江河流域面雨量等级划分标准

江河流域面雨量等级	1 h 面雨量值（mm）	3 h 面雨量值（mm）	6 h 面雨量值（mm）	12 h 面雨量值（mm）	24 h 面雨量值（mm）
小雨	$0.1\sim1.2$	$0.1\sim1.6$	$0.1\sim2.4$	$0.1\sim2.9$	$0.1\sim5.9$
中雨	$1.2\sim3.9$	$1.7\sim5.9$	$2.5\sim7.9$	$3.0\sim9.9$	$6.0\sim14.9$
大雨	$4.0\sim8.9$	$6.0\sim11.9$	$8.0\sim14.9$	$10.0\sim19.9$	$15.0\sim29.9$
暴雨	$9.0\sim24.9$	$12.0\sim29.9$	$15.0\sim34.9$	$20.0\sim39.9$	$30.0\sim59.9$
大暴雨	$25.0\sim30.0$	$30.0\sim45.0$	$35.0\sim65.0$	$40.0\sim80.0$	$60.0\sim150.0$
特大暴雨	>30.0	>45.0	>65.0	>80.0	>150.0

8.2.2.2　影响流域降水的动力诊断模型

形成降水的 3 个基本条件是：一要有充足的水汽；二是使气块能够抬升并冷却凝结；三是有较多的凝结核。从实际天气预报经验来看，造成降水的主要天气系统有三类：西风带的西风槽系统、副热带高压系统和热带系统[4]，这三种系统单独或相互有利配置，会造成较强的降水天气过程。

从动力诊断角度分析，西风槽对强降水的贡献主要是动力与冷暖空气的相互配置，副热带高压主要是暖湿气流或不稳定能量的输送引发强降水，热带系统主要是强烈的螺旋上升运动及暖湿气流的输送引发强降水；因此可以用动力诊断模型来反映这三种系统的天气模型。

（1）充足的水汽输送和强烈的水汽辐合

充足的水汽输送和强烈的水汽辐合是产生强降水的关键因素，其中水汽输送的最大值一般位于强降水区的偏南方,低层水汽的辐合强弱对应降水的强弱,一般情况下,要形成降雨,广西区、贵州省南部、云南省东部周围的 700 hPa 和 850 hPa 的相对湿度都要大于 70%,如果 500 hPa 的相对湿度大于 80%,那么 700 hPa 和 850 hPa 的相对湿度都要大于 90%,甚至接近饱和(100%),说明整个湿度层很厚,有利于强降水的发生;从水汽通量散度上看,中、低层 700 hPa、850 hPa 和 925 hPa 的水汽通量散度都小于 0,而且有大量水汽从 925 hPa 向 700 hPa 输送,产生辐合效应,有利于降水的发生。

(2)冷暖空气的有利配置

强降水都对应强的暖湿空气与冷空气的交绥、对峙过程,冷空气一般偏后于强降水区,强降水区主要为暖区降水,所以冷暖空气的配置非常重要;当 500 hPa 有冷平流南下,贵州省的北部有冷空气活动,广西的南部及北部湾有暖湿空气向北输送,850 hPa 有暖平流北上,冷暖空气在广西区、贵州省南部、云南省东部一带交汇,这时地面上会有锋面生成,暖湿空气沿着冷空气爬升,形成降水。

(3)有利的大气层结

强对流天气都对应强的条件不稳定层结,底层暖湿、高层干冷;据统计,强降水发生时,广西区、贵州省南部、云南省东部一带的 K 指数≥36,SI 指数≤0,说明大气层结不稳定,有利于对流天气的发生而形成强降水天气;而当不稳定能量 CAPE 值越大,越有利强烈的对流而产生强降水天气。

(4)强烈的上升运动

强烈的上升运动是产生强降水的基本动力条件,当高层 200 hPa 散度大于 0,低层 850 hPa 散度小于 0,或高层 200 hPa 涡度小于 0,低层 850 hPa 涡度大于 0,中层(500 hPa)正涡度平流,说明有强烈的上升运动,而 700 hPa 和 850 hPa 的垂直速度小于 0 也表明有强烈的上升运动。

8.2.2.3 预报因子挑选

(1)综合预报因子的构造

从影响流域降水的动力诊断模型可以构造综合的预报因子。

①水汽因子

水汽因子包括总湿度($H1$)、低层水汽辐合项($H2$)和水汽的上下游效应项($H3$),分别表示中低层水汽情况、低层水汽的辐合和输送;总湿度($H1$)由 500 hPa、700 hPa 和 850 hPa 三层湿度和表示;水汽辐合项($H2$)由 700 hPa、850 hPa 和 925 hPa 三层水汽通量散度和表示;水汽的上下游效应项($H3$)由 700 hPa、850 hPa 和 925 hPa 三层层水汽通量和表示;具体表达式为:

$$H1 = RH_{500} + RH_{700} + RH_{850}$$
$$H2 = D_{700} + D_{850} + D_{925} \tag{8.8}$$
$$H3 = Qf_{700} + Qf_{850} + Qf_{925}$$

②冷暖空气强度因子

冷暖空气强度因子包括高低层冷暖空气对比项($T1$)、锋生函数(Q)和总能量(E)项,高低层冷暖空气对比项($T1$)由低层 850 hPa 与中高层 500 hPa 温度平流差表示,总能量(E)项由中低层 500 hPa、700 hPa 和 850 hPa 三层假相对位温和表示;具体表达式为:

$$T1 = T_{850} - T_{500}$$

$$E = \theta_{se700} + \theta_{se850} + \theta_{se925} \tag{8.9}$$

③大气层结因子

大气层结因子包括 K 指数、SI 指数、CAPE 指数、抬升凝结高度 LCL、高低层露点差(C);高低层露点差由低层 850 hPa 与中高层 500 hPa 露点差表示;具体表达式为:

$$C = T_{d850} - T_{d500} \tag{8.10}$$

④上升运动因子

上升运动因子包括上升运动项(W)和螺旋运动项(Vo),上升运动项(W)包含高层辐散(200 hPa 散度)、低层辐合(850 hPa 散度)及中层(500 hPa)正涡度平流;螺旋运动项(Vo)包含低层正涡度(850 hPa 涡度)、高层负涡度(200 hPa 涡度)、中低层上升运动(700 hPa 上升运动);具体表达式为:

$$W = D_{200} - D_{850} + V_{v500} \tag{8.11}$$

式中,D 为散度,V_v 为涡度平流

$$Vo = \xi_{850} - \xi_{200} - \omega_{700} \tag{8.12}$$

式中,ξ 为涡度,ω 为垂直速度

⑤其他因子

根据广西区、贵州省南部、云南省东部降水天气特点,常用的物理量因子还有 850 hPa 南北风分量 U_{850} 和 700 hPa 东西风分量 V_{700};此外,WRF 模式的降雨量预报(RWRF)和 EC 模式的降雨量预报(Rec)也作为预报因子。

由于不同的物理量有不同的量纲,所以具体计算预报因子时须对各物理量先进行归一化处理。

(2)预报因子的相关性分析

由于广西区、贵州省南部、云南省东部地形的差异,同一要素在各地与降水的相关程度迥然不同,为了建立性能稳定、可用性的降水预报方程,必须了解数值预报产品与降水的相关程度,因此利用 WRF 模式 2014 年资料分别对前汛期(4—6 月)与后汛期(7—9 月)进行相关计算,找出各流域区间与降水相关较好的预报因子及其敏感区域;主要步骤是:利用 WRF 模式格点资料计算出各预报因子,再用西江流域区间面雨量与预报因子求相关;按照 T 检验统计原理,筛选出与流域区间面雨量相关系数≥0.25 的格点区域,当此格点区域大于或等于20 km×20 km(γ 尺度),定为一个预报因子,得到 22 个流域区间面雨量预报因子数,见表 8.6。

表 8.6　流域区间面雨量预报因子数(个)

流域区间	4—6 月一般性降雨	4—6 月强降雨	7—9 月一般性降雨	7—9 月强降雨
南盘江上游	10	11	9	10
南盘江中游	10	10	7	11
南盘江下游	9	10	8	11
北盘江上游	10	12	9	11
北盘江下游	11	13	10	12
龙滩近库区	9	13	9	10
红水河中游	8	12	8	10
红水河下游	9	10	8	11

续表

流域区间	4—6 月一般性降雨	4—6 月强降雨	7—9 月一般性降雨	7—9 月强降雨
右江上游	10	14	10	10
右江	12	14	11	10
左江	11	12	11	11
郁江	13	14	10	11
西津	14	11	12	12
融江	14	13	8	10
龙江	13	13	9	11
柳江	13	12	8	10
洛清江	13	12	9	10
清水河	11	12	9	12
西江	10	14	9	12
桂江	14	12	10	11
桂江中下游	13	12	10	11
贺江	11	11	10	10

8.2.3　预报模型

8.2.3.1　晴雨预报的处理

要建立降水预报模型,第一步涉及降水可能函数的统计,将降水这个不连续量的预报转化为对一个连续量的预报,即对降水可能函数的预报。利用 2010 年 6 月至 2014 年 9 月的西江 22 个流域逐小时面雨量实况数据,分析了不同降水等级的概率:以 3 h 为例,无雨的平均概率为 58%,有雨的概率为 42%。而在有雨的个例中,各降雨等级的概率也有明显差异,随着降水级别的提高,概率迅速减小:小雨的概率为 62%,中雨的概率为 20%,大雨的概率为 12%,暴雨的概率为 4%,暴雨以上的概率 2%。

由于无雨的概率最大,所以首先将降水量划分为有雨和无雨两档,有雨用 1 表示,无雨用 0 表示;根据上述统计概率及各家数值预报产品降雨预报概率,建立晴雨预报方程,即概率预报方程;然后对有雨的个例再进行处理。

8.2.3.2　预报模型的建立

应用多元逐步回归方法,根据入选的预报因子建立各流域降水预报模型;每个流域的预报模型分为两个模块:即晴雨预报模块和雨量预报模块。当晴雨预报模块预报有降水才启动雨量预报模块;雨量预报模块引入预报因子,为了保证各因子之间的相互独立,预报因子在逐步引入预报方程的过程中,逐步回归分析算法会根据因子的方差贡献来剔除贡献小的因子,保留方差贡献较大的因子,直到没有预报因子可以引入为止;为了保持方程的稳定性,预报因子的数量不能太多,一般性降雨控制在 12 个左右,强降雨控制在 10 个左右;最终建立 4—6 月一般性降雨方程 22 个,4—6 月强降雨方程 22 个,7—9 月一般性降雨方程 22 个,7—9 月强降雨方程 22 个,共 88 个;MOS 预报流程见图 8.5。

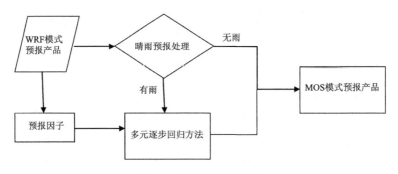

图 8.5　MOS 预报流程图

8.2.4　预报产品应用

（1）预报模型建模试验

利用 80％的建模样本和 20％的检验样本，采用绝对误差方法进行检验，分析建模样本与检验样本的预报情况。22 个流域的平均绝对误差结果如表 8.7 所示。各时次的建模样本和检验样本的平均绝对误差相差 0～2 mm，偏差较小，说明降雨预报方程比较稳定。

表 8.7　各时次 MOS 预报方程平均绝对误差对比表（单位：mm）

时效和降雨等级	建模样本	检验样本
3 h 一般性降雨	2.37	3.12
3 h 强降雨	4.54	4.88
6 h 一般性降雨	3.33	3.81
6 h 强降雨	4.96	4.72
12 h 一般性降雨	3.84	4.07
12 h 强降雨	4.52	4.67

（2）MOS 预报模型与原 WRF 模式的对比分析

由于欧洲数值预报产品每天只更新 2 个时次（08 时和 20 时），MOS 模式和 WRF 模式可以达到逐小时更新，为了更好反映 MOS 模式的短时预报能力，因而选用 MOS 模式与 WRF 模式对比分析。为了体现 MOS 模式对较大流域的预报效果，选取南北盘江流域、红水河下游、郁江流域、柳江流域、西江汇流、桂江流域 6 大流域为例进行分析，利用 MOS 降雨预报模式计算 2016 年 4—9 月的降雨预报绝对误差，与 WRF 模式进行对比分析。

从图 8.6 可以看出，4—9 月 3 h 预报，一般性降雨 MOS 模式在南北盘江流域、郁江流域、桂江流域的预报效果比 WRF 模式好；而在柳江和西江汇流流域，MOS 模式的预报能力略逊于 WRF 模式。在强降雨预报中，MOS 模式在南北盘江、桂江流域的预报效果明显优于 WRF 模式；而在西江汇流和红水河下游流域，MOS 模式的预报能力略逊于 WRF 模式。

从图 8.7 可以看出，4—9 月 6 h 预报，一般性降雨 MOS 模式在西江汇流、桂江流域的预报效果比 WRF 模式好；而在郁江流域，MOS 模式的预报能力略逊于 WRF 模式。在强降雨预报中，MOS 模式在所有流域的预报效果都优于 WRF 模式。

从图 8.8 可以看出,4—9 月 12 h 预报,一般性降雨 MOS 模式在郁江和红水河下游流域,MOS 模式的预报能力略逊于 WRF 模式;而在其他流域的预报效果比 WRF 模式好。在强降雨预报中,MOS 模式在郁江、红水河下游、柳江、桂江流域的预报效果优于 WRF 模式;而在西江汇流和南北盘江流域,MOS 模式的预报能力略逊于 WRF 模式。

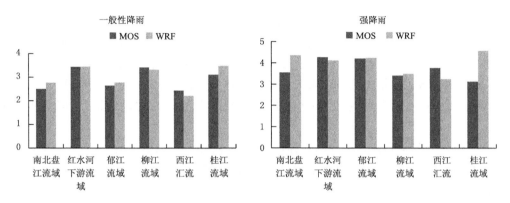

图 8.6　2016 年 4—9 月 3 h 流域面雨量预报 MOS 模式与 WRF 模式平均绝对误差对比

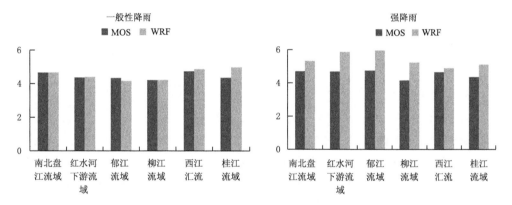

图 8.7　2016 年 4—9 月 6 h 流域面雨量预报 MOS 模式与 WRF 模式平均绝对误差对比

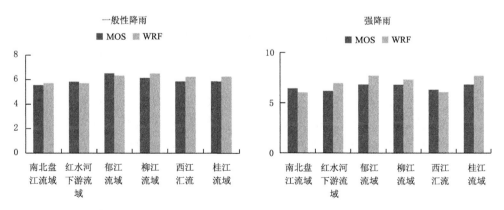

图 8.8　2014 年 4—9 月 12 h 流域面雨量预报 MOS 模式与 WRF 模式平均绝对误差对比

8.3　基于相似离度的集雨区面雨量相似预报方法

8.3.1　基本原理与方法

相似原理认为,相似的天气形势、天气系统配置和物理量特征反映了相似的大气运动和大气物理过程,因而就可能出现相似的天气过程和天气现象。在实际的天气预报中,经验丰富的预报员往往能根据前期和当前的环流特征及变化,天气系统和气象要素、物理量场的分布特征和演变情况,结合数值预报产品对未来天气形势的预报,就能按照一定的相似标准,从历史资料中找出与之相似的个例,并把相似个例后期出现的天气作为预报依据,这就是相似预报方法[5]。

相似离度法是相似预报方法中的一种,它既能体现样本之间形状的相似,又能体现出样本之间值的相似,适合用于比较两个样本之间差异程度,在实际业务中应用效果比较好且应用较为广泛。

相似离度的计算公式为:

$$C_{ij} = \frac{(\alpha R_{ij} + \beta D_{ij})}{\alpha + \beta} \alpha \tag{8.13}$$

式中, $R_{ij} = \frac{1}{m}\sum_{k=1}^{m}|H_{ij}(k) - E_{ij}|$; $D_{ij} = \frac{1}{m}\sum_{k=1}^{m}|H_{ij}(k)|$; $H_{ij}(k) = H_i(k) - H_j(k)$; $E_{ij} = \frac{1}{m}\sum_{k=1}^{m}H_{ij}(k)$ 。 C_{ij} 表示 i,j 两个样本的相似离度,该值越小,两样本的相似性越大; R_{ij} 表示 i,j 两个样本中的各个因子之间的差值 E_{ij} 的离散程度,称为形系数;如果各个 E_{ij} 对于 E_{ij} 的离散程度越小,则两根样本曲线的形状就越相似; E_{ij} 表示 i,j 两样本间第 k 个因子 n 个数值间的平均差值; D_{ij} 表示样本之间在总平均数值上的差异程度,称为值系数,反映出 E_{ij} 为第 i 样本和第 j 样本它们的第 k 个因子的数值的差异程度,实际上就是绝对距离的平均值; $k=1,2,\cdots,m$ 表示要参加计算相似离度的格点数(或因子数); $i,j=1,2,\cdots,n$ 表示要参加计算相似离度的历史资料样本长度。

从 C_{ij} 的计算公式可以看出,相似离度由值系数和形系数共同决定。通过调整系数 α、β 可以用来强调更注重形相似还是值的相似。在已有的研究和实际业务运算中,一般为了简便起见,相似离度取两者的平均值,也就是往往取 $\alpha = \beta = 1/2$。同时为了使各种要素和系统之间的相似离度值能进行比较,往往还对所有的要素和因子进行标准化处理。即

$$H'(k) = (H(k) - H(k)_{\min})/(H(k)_{\max} - H(k)_{\min}) \tag{8.14}$$

式中, $H(k)$ 为样本原来的因子数据($k=1,2,\cdots,m$), $H'(k)$ 为标准化后的因子数值, $H(k)_{\max}$ 和 $H(k)_{\min}$ 分别为所有样本历史因子数据的最大值和最小值。假定经过标准化后两个样本的因子数值仍表示为 $H_i(k)$ 和 $H_j(k)$,则有 $0 \leqslant H_i(k) \leqslant 1, 0 \leqslant H_j(k) \leqslant 1$,于是 $-1 \leqslant H_i(k) \leqslant 1$,从而 $0 \leqslant D_{ij} \leqslant 1$,并且可以证明 $0 \leqslant R_{ij} \leqslant 1, 0 \leqslant C_{ij} \leqslant 1$ 。

基于相似离度做预报的一般思路是:第一,对因子进行资料标准化处理;第二,计算相似离度;第三,进行迭加综合预报,从所有样本中选出 n 个最相似样本,每个样本予以一定的权重系数,样本越相似其权重系数越大,将前 n 个最相似的样本所对应的实况值带入迭加运算公式

进行迭加综合预报。其中权重系数 $B_j = 1 - C_{ij}(j=1,2,\cdots,n)$，表示第 j 个样本权重系数，其值介于 $0 \sim 1$，迭加运算公式为：

$$F = \frac{\sum\limits_{j=1}^{n} B_j F_j}{\sum\limits_{j=1}^{n} B_j} \tag{8.15}$$

式中，F 是预报值，F_j 为历史实况值。

第四，效果检验。检验方法与 PP 法和 MOS 法一样，可以从统计检验、历史实况检验和试报检验三个方面对预报效果进行检验。检验的目的在于确定究竟多少个样本为最相似的样本，在实际工作中一般是人为给定 n 的大小，比如取前 3 个或者前 5 个为最相似的样本，另一方面也是为了更好地列出预报的依据。

8.3.2　预报产品及应用

8.3.2.1　资料选取

ECMWF 预报模式产品目前在气象台站应用最为广泛，其在天气形势预报方面的能力很强，24 h 时效的天气形势预报能力与经验丰富的预报员相当，48 h 时效以上的天气形势预报能力已远远超过预报经验丰富的预报员，但是其对降水的预报能力还有待预报员的订正，因此，我们可以充分利用其对天气形势预报能力强的优势，利用 ECMWF 的预报场通过相似离度方法寻找历史相似个例，然后根据相似个例对应的降水计算求出流域面雨量值；所选取的资料如下。

（1）ECMWF 实况客观分析场及 24 h、48 h 预报场

500 hPa 高度场取值范围：20°~60°N，60°~140°E；850 hPa 温度场取值范围：20°~50°N，90°~140°E；850 hPa 风场取值范围：20°~50°N，90°~140°E；地面气压场取值范围：20°~60°E，90°~140°E。

（2）T639 数值预报产品及物理量客观分析场

由于欧洲数值预报提供的物理量场预报产品历史资料的年限较短，而要做好降水预报，特别是暴雨预报，就必须参考有多种要素场和物理量预报场的细网格数值预报产品；T639 为此提供了充分的条件，T639 各种物理量和要素的取值范围为 20°~35°N，90°~120°E，所取的层次为地面、925 hPa、850 hPa、700 hPa、500 hPa 共 5 层。

8.3.2.2　环流形势和影响系统相似分析

根据每日的 ECMWF 格点资料（24 h、48 h 预报场）比照历史同期的格点实况分析资料进行相似过滤。在逐天的预报中，既要考虑当天的环流形势和影响系统相似，同时也要考虑环流形势和影响系统经过 24 h 演变以后的相似情况。为此，在计算相似离度时，用 EC 格点资料和 T639 格点资料的 24 h 预报场比照历史同期的某一天相应的格点实况分析资料进行相似离度计算，得到相似离度为 C_1，而用 48 h 预报场比照 C_1 对应的后一天的相应的格点实况分析资料得到相似离度为 C_2，则该天的相似离度为 $C = 0.7 \times C_1 + 0.3 \times C_2$。为了增加样本数，选择了当月及前后各一个月的格点资料作为历史同期资料。

（1）环流背景相似

选取 ECMWF 当天 24 h、48 h 的 500 hPa 高度预报场与历史上所有的高度场及其后一天

的高度场做比较,找出前 20 个相似离度最小的个例,再从这 20 个环流相似的个例中用 850 hPa 风场、温度场进行二次过滤,找出 14 个相似离度值最小的个例,最后比较这 14 个相似个例地面气压场的相似程度,选取 9 个最相似的个例。

(2)过程演变相似

选取 ECMWF 当天 24 h、48 h 的 500 hPa 变高预报场与历史上所有同期变高实况场做比较,找出前 20 个相似离度最小的个例,再从这 20 个相似个例中用 850 hPa 变温场进行二次过滤,找出 14 个相似离度最小的个例,最后比较这 14 个相似个例地面变压场的相似程度,筛选出 9 个最相似的个例。

(3)影响系统相似

方法同上,先取当天 24 h、48 h 的 500 hPa 高度预报场中的副高强度指数,副高面积指数、高度槽指数、东亚槽指数、东西风高度差指数与历史上同期高度实况场中上述 5 个相应的指数进行比较,得出相似离度最小的 20 个个例,再从这 20 个相似个例中用 850 hPa 锋区进行二次过滤,找出 14 个相似离度最小的个例,最后比较这 14 个相似个例的地面锋面、冷高压的强度及位置(经、纬度值),做相似过滤,最终选出 9 个相似的个例。

经过以上的三种不同途径进行相似过滤,共选出了 27 个相似个例,在这 27 个相似个例中可能有部分相似个例是重复的。但是这 27 个相似个例中最少有 9 个是互不相同的个例。因此,在这 27 个相似个例中,选出 9 个互不相同的最相似的个例。规则为:先选在三个相似个例序列中都出现的个例(如有 2 个以上,则以它们在各相似个例序列中的相似离度值之和的大小来决定,由小到大选取),再选取在 2 个相似序列中出现的个例,方法同上。如未满 9 个,则从三个相似序列中各选一个最相似的个例(重复部分除外)。

8.3.2.3　热力相似和动力相似分析

对降水预报,特别是强降水预报,除了要考虑有利的环流背景、影响系统外,还要关注热力条件、动力条件是否满足。与广西降水关系密切的热力条件包含了华南区域的水汽分布、总能量、水汽通量、稳定度($\theta_{se_{500}} - \theta_{se_{850}}$)等,而动力条件包含了垂直速度、涡度、散度、水汽通量散度等。根据实际预报经验和统计结果,850 hPa 华南区域的水汽的分布、水汽通量散度、垂直速度,500 hPa 的涡度场以及稳定度($\theta_{se_{500}} - \theta_{se_{850}}$)等与广西的降水相关程度很高。因此利用 T639 数值产品的 24 h、48 h 预报场的 850 hPa 比湿和水汽通量散度、垂直速度、涡度,500 hPa 的涡度以及大气稳定度($\theta_{se_{500}} - \theta_{se_{850}}$)预报产品,对所选取的 9 个个例分别进行相似过滤,并按相似程度大小进行分类排列,这样就可以得到 9 个相似个例与 6 个不同的物理量所对应的相似序列。

8.3.2.4　面雨量相似预报

(1)相似程度的判断

经过环流形势和影响系统相似过滤找出了 9 个历史上最相似的个例,然后经过 6 种物理量场相似过滤后分别得出这 9 个个例中 6 种不同的相似程度序列。可以认为如果某一个例的环流背景、天气演变、影响系统相似(均在各自的前 9 个个例内),且在 6 个物理量相似的序列中均排在第一位,则该个例为最相似个例。给予最大的权重系数,以此类推,根据各个个例的情况分别给予这 9 个相似个例不同的权重系数,以表示各个个例的相似程度。

(2)流域面雨量的确定

本书采用的流域面雨量相似预报方法,前提就是认为欧洲中心的数值预报产品对于未来 24 h、48 h 的天气形势预报是准确的,然后根据 ECMWF 的 24 h、48 h 天气形势预报场通过以上介绍的相似离度方法找出各自对应的历史相似个例。

根据选出的 9 个相似的个例,并找出各个个例所对应 89 个站的降水量数值或所对应流域的面雨量,然后选取以下的某一种途径求得要预报的流域面雨量。

①由预报员对相似结果进行直接判断

经过环流形势和影响系统相似分析,可以从历史库中分别找出若干个与未来 24 h、48 h 的天气形势(这里仅指欧洲中心数值预报模式对华南区域 24 h、48 h 的天气形势预报)相似的个例,预报员可以通过调取各相似个例中相应的天气形势场与各种物理量分析场,挑选自己认为最为相似的个例,然后调出该个例所对应的降水量,做一些人工修正后就可以计算出流域面雨量。

②经过环流形势和影响系统相似分析

从历史库中找出 9 个与未来 24 h、48 h 天气形势相似的个例,并可根据相似离度的大小对相似历史个例进行排序,然后根据相似个例的相似程度排序给予各个个例不同的权重 $C_1 C_2 \cdots C_9$,某站对应的各个个例的降水量 $R_1 R_2 \cdots R_9$,则该站的未来 24 h 降水预报为

$$R_{24} = (C_1 \times R_1 + C_2 \times R_2 + \cdots + C_9 \times R_9)/9 \tag{8.16}$$

依次类推,计算出所有站点的雨量,然后计算出各流域的面雨量即为所要预报流域未来 24 h 预报面雨量。

③计算相似个例的平均或采用不同的权重方法

预报员也可从所有相似个例中挑选出几个认为最相似的个例,然后根据这几个相似个例对应的雨量或求平均或采用不同的权重方法求出各站点未来 24 h、48 h 的雨量。

④建立面雨量历史库计算流域面雨量预报

最简便的方法是先建立各流域的面雨量历史库,然后采用上述介绍的①～③的方法直接求出各流域的面雨量预报,其缺陷就是预报员无法根据自己的判断对各站的雨量预报进行订正,但要直接对各流域的面雨量预报结果进行订正不容易做好。相似预报流程见图 8.9。

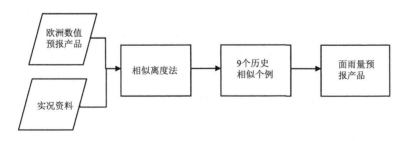

图 8.9　相似预报流程图

8.3.2.5　预报应用

2015 年 6 月 14 日,西江流域集雨区出现了一次强降雨天气过程。根据 12 日欧洲中心数值预报模式对华南区域 48 h 的天气形势预报,挑选出 4 个最相似的个例,预报员通过对比分析天气形势场与各种物理量分析场,挑选自记认为最为相似的个例,然后调出该个例所对应的

降水量(图 8.10a),进行主观订正后得到流域面雨量预报(图 8.10b)。通过与天气实况(图 8.10c)的对比可以看出,相似预报个例的强降雨区域与实况基本一致,为预报员确定强降雨落区提供了较好的参考。

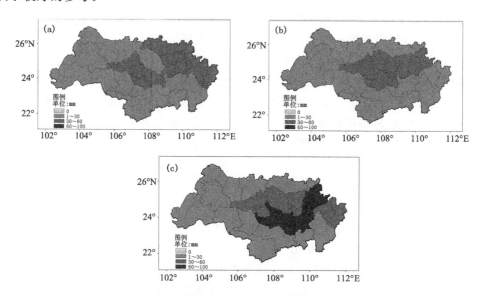

图 8.10　2015 年 6 月 14 日流域面雨量相似预报应用效果分析
(a. 相似预报;b. 面雨量订正预报;c. 面雨量实况)

8.4　集雨区面雨量多模式集成预报方法

8.4.1　集成预报方法及原理

近年来,国内外数值预报模式在产品输出格式上均有很大的发展,其中欧洲中心、日本、德国数值预报产品由原粗网格数值预报产品调整为细网格数值预报产品,广西建立了中尺度数值模式,可实现逐小时滚动发布多个时效的短时临近预报产品,这些精细化的数值预报产品为预报员做出主观预报判断起到重要的参考作用;但从多年的业务工作中发现,还没有哪种数值预报结果永远处于最优状态,集成预报的基本含义是将两个以上的模型预报结果以统计方法集成为单一预报,一般来说,集成后理想的预报结果优于单一的模型预报;集成预报方法主要有多元决策加权集成法、并集集成法、多元回归集成法、最优权重集成预报法、人工智能神经网络集成方法等方法。

(1)多元决策加权集成法原理

多元决策加权集成法是模糊数学的术语,也就是概率预报加权平均方法[6],其数学原理为:设某预报对象划分为 m 个级别,现采用 n 种技术方法(n 种指标),由其中第 i 种方法对 m 个等级做出概率预报集为:

$$P_i=(P_{i1},P_{i2},\cdots,P_{im})\ i=1,2,3,\cdots,n \tag{8.17}$$

式中,P_{ij} 表示第 i 种方法对 j 等级的概率预报值,由 n 种方法对 m 个等级的概率预报可组成一个概率预报矩阵:

$$P = \begin{Bmatrix} p_1 \\ p_2 \\ \cdots \\ p_n \end{Bmatrix} = \begin{bmatrix} p_{11} & p_{12} & \cdots & p_{1m} \\ p_{21} & p_{22} & \cdots & p_{2m} \\ \cdots & \cdots & \cdots & \cdots \\ p_{n1} & p_{n2} & \cdots & p_{nm} \end{bmatrix} \tag{8.18}$$

考虑每种方法对预报对象的预报技巧，即预报准确率又各有差异。设从历史资料中评判出各自预报准确率为 $W_i \geqslant 0, (i = 1, 2, \cdots, n)$，可组成一个预报准确率矢量，即

$$W = (W_1, W_2, \cdots, W_n) \tag{8.19}$$

并做归一化处理，即使得 $\sum W_i = 1$，于是可以借助于模糊变换原理，各单种方法预报做出一个综合的概率预报矢量：

$$B = (b_1, b_2, \cdots, b_m) = W \cdot P \tag{8.20}$$

式中，$b_j = \sum W_i P_{ij}$ 就是概率预报的加权平均，权重函数为 W；取其中极大者：$b_k = \max b_j$ 所对应的等级 k 作为最终的决策，即综合预报结果。

（2）并集集成法原理

并集集成法的数学原理简述为：

$$P_R = \sum_{i=1}^{k} \frac{PTS_i \cdot \max(R_i)}{\sum_{i=1}^{k} PTS_i} \tag{8.21}$$

式中，P_R 为集成预报降水量值，$\max(R_i)$ 为预报 i 量级成员中的最大降水预报值，PTS_i 为 i 量级降水发生的概率，其计算公式如下：

$$PTS_i = (N_{A1} \bigcup N_{A2} \bigcup \cdots \bigcup N_{Am}) / (N_{A1} + N_{B1} + N_{C1}) \tag{8.22}$$

式中，PTS_i 为 i 量级降水未来可能发生的概率；N_{A1}，N_{B1}，N_{C1} 分别为对 i 量级降水预报效果最好成员的预报正确次数、空报次数、漏报次数；$N_{A2}, \cdots, N_{Am}$ 分别为预报 i 量级降水的其他成员与预报效果最好的成员同时预报该降水量级且预报正确的次数。

（3）指标订正权重集成法

利用预报因子库里的因子来设定判定指标，主要分为 5 种：高空槽大雨综合指数 1、高空槽大雨综合指数 2、台风大雨综合指数 1、台风大雨综合指数 2、高后槽前大雨综合指数。当判别指标的设定条件都满足时，阈值为 1，否则为 0。某一种判定指标的阈值为 1 时，利用大雨面雨量概率预报重新构建预报了大雨以上量级子预报产品的权重系数，再按照多元决策加权法进行计算。

（4）多元回归集成法原理

先计算各预报产品预报值和实况值之间的相关系数，在相关系数均大于等于 0.6 的情况下，把各集合成员的预报值作为预报因子，实况值作为预报量，建立多元回归方程。

根据以往的研究试验[7]发现：多元决策加权集成法对流域面雨量的预报可获得最佳的预报效果，因此，本书拟采用多元决策加权集成法，介绍流域面雨量集成预报及应用情况。

8.4.2　预报模型

8.4.2.1　集成预报成员选取

随着数值模式的发展，集合预报成员的可选性越来越多，例如，不同的初值方案、动力模

式、物理过程等都可以是集成成员,本研究选用的集成成员主要有 6 个,即广西中尺度 WRF 模式格点雨量预报产品、广西中尺度 GRAPS 模式格点雨量预报产品、欧洲中心细网格数值预报格点雨量产品、日本细网格数值预报格点雨量产品、T639 细网格数值预报格点雨量产品和 MOS 模式流域面雨量预报产品。各集成预报成员资料的时空分辨率详见本书 7.2.1。

8.4.2.2　各集成预报成员权重系数的确定

各集成预报成员的权重系数确定方法为:选取同一时段的历史降水资料进行绝对误差检验,根据其在同一时段前期的表现(绝对误差小)确定其在最终集成模式中所占的比重。

利用上述预报准确率,作为各子预报方法的预报技巧权重系数,用归一化方法处理使得权重满足:

$$\sum_{i=1}^{n} W_i = 1 \tag{8.23}$$

8.4.2.3　建立学习机制

在集成预报模式运行中,将各集成预报成员的预报结果和实况信息及时更新、入库,作为最新的信息加入历史资料,这样每做一次集成预报,各集成预报成员对各降雨量级的权重系数都在发生变化,根据近段时间内各集成预报成员的预报准确率调整权重系数,这样能使集成预报模型及时融入最新的预报技巧信息,确保集成预报结果有较高的准确率;由于各集成预报成员的权重系数在不断地调整,因此,建立的多模式集成预报模型均是动态的模型[8]。

8.4.2.4　建立集成预报方程

各预报等级的集成预报方程,采用多元决策加权法,即

$$Y_k = \sum_{i=1}^{6} W_i X_{ik} P_{ik} \tag{8.24}$$

式中,$k=1, 2, \cdots, 7$, $i=1, 2, \cdots, n$, W_i 为 6 种集成预报成员的权重,X_{ik} 为用 6 种集成预报成员做出的降水预报,P_{ik} 为 6 种集成预报成员对各等级降水的概率值,Y 值最大者即为当天集成预报结果。多模式集成预报流程见 8.11。

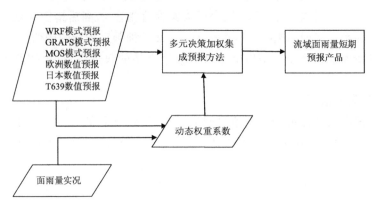

图 8.11　多模式集成预报流程图

8.4.3　预报产品及应用

8.4.3.1　短期预报建模与试验

利用 2013 年逐日 20 时各流域面雨量实况资料和各预报产品资料（WRF 数值预报、欧洲数值预报、日本数值预报和 T639 数值预报），采用多元决策集成法、并集权重集成法、指标订正权重集成法、多元回归集成法等方法，计算 24—120 h 集成预报结果，结果见彩图 8.12。

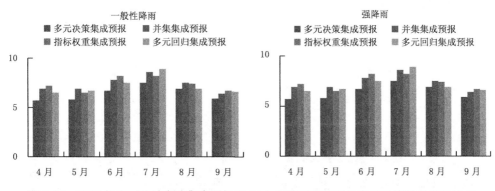

图 8.12　2013 年 1—12 月多种集成预报在 24 h 流域面雨量预报中的平均绝对误差对比

从彩图 8.12 可以看出，对于一般性降雨，多元决策集成预报的平均绝对误差均小于其他集成预报产品，说明多元决策集成预报比较好；对于强降雨，除 5 月份多元决策集成预报的平均绝对误差高于多元回归集成预报，其他月份均小于其他集成预报产品。

根据以上试验结果，在各预报成员的准确率均较高时，多元决策集成预报能够利用取长补短，剔除偶然因素，从而提高预报质量。因此采用多元决策集成法作为 24—120 h 流域面雨量集成预报方法。

短期（24 h）预报建模采用 WRF 模式、GRAPS 模式、欧洲数值预报、日本数值预报和 T639 数值预报的 24 h 雨量预报产品作为集成预报成员，利用 2014—2015 年 4—9 月 5 个集成预报成员面雨量预报产品作为建模样本，使用多元集成预报方法，建立流域面雨量多模式短期预报模型，计算权重系数时，选取的时间长度为 15 天。根据建模结果，采用绝对误差进行对比检验，取全流域平均值，结果见彩图 8.13。

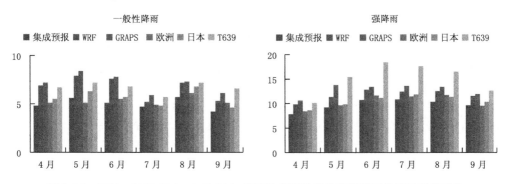

图 8.13　2014—2015 年 4—9 月 24 h 多元集成预报与各家预报平均绝对误差对比

从彩图 8.13 可以看出，在一般性降水预报中，除了 5 月集成预报的平均绝对误差高于欧洲数值预报外,其他月份均小于其他预报产品;在强降水预报中,除了 9 月集成预报的平均绝对误差高于欧洲数值预报外,其他月份均小于其他预报产品。说明集成预报达到了预期的效果,可以用于流域面雨量预报。

8.4.3.2　短期预报模式产品应用检验

从 2016 年 4 月起,随着遗传-神经网络模型、MOS 预报模型等最新的预报方法投入 24 h 预报应用,为集成预报提供了更多的预报成员,按照多模式集成短期预报模型试验的步骤,每日 08 时、20 时对各集成预报成员预报产品进行自动处理,生成 24 h 的 22 个流域面雨量预报产品,保存在数据库以供 web 服务系统调用;采用绝对误差法进行应用检验,结果见彩图 8.14。

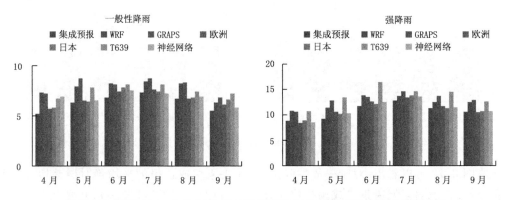

图 8.14　2016 年 4—9 月 24 h 多元集成预报与各家预报平均绝对误差对比

从彩图 8.14 可以看出,在一般性降水预报中,集成预报的平均绝对误差均小于其他预报产品,在强降水预报中,除了 4 月和 9 月集成预报的平均绝对误差高于欧洲数值预报外,其他月份均小于其他预报产品,预报效果较好。

从业务运行的检验结果可以看出,多元集成预报模型能够把不同预报产品对降雨的多种预报结果综合起来,得出一个比较全面的预报结果,而且较为稳定,明显提高预报准确率。

参考文献

[1]　林开平,金龙,林建玲,等.基于遗传-神经网络的数值预报产品在短期降水预报释用方法研究[J].气象学报,2005,63(Z):127-133.

[2]　施能.气象科研与预报中的多元分析方法[M].北京:气象出版社,2002:70-74.

[3]　张存,李飞,米鸿涛,等.江河流域面雨量等级[M].北京:中国标准出版社,2006.

[4]　李文娟,郦敏杰.MOS 方法在短时要素预报中的应用与检验[J].气象与环境学报,2013,31(5):268-272.

[5]　黄海洪,林开平,高安宁.广西天气预报技术和方法[M].北京,气象出社,2012:369-380.

[6]　郑凤琴,孙崇智.广西降水集成预报方法初探[J].广西气象,2004,25(增刊2):25-26.

[7]　钟利华,钟仕全,李勇,等.广西电网流域面雨量监测、预报、报警系统[J].气象研究与应用,2013,34(3):111-112.

[8]　李勇,钟利华,熊文兵,等.广西流域面雨量预报研究[C].全国流域水文气象服务技术交流会论文集,2010:245-252.

第 9 章　梯级水电站集雨区降水气候预测方法

　　一般来说,10 天以上到 1 个月的预报称为延伸期预报,月、季、年时间尺度的气候预测称为短期气候预测,简称气候预测。由于气候对工农业生产、人类活动以及环境资源等方面都有着重要的影响,气候问题已越来越引起政府和社会的高度关注,国家经济建设、社会发展和环境外交对气候业务服务提出了更新、更高的要求。我国的短期气候预测,除了对气象要素的月、季、年气候偏差趋势预测外,还包括重要天气过程的预测。本章着重对西江流域梯级水电站集雨区降水气候预测方法、强降水过程预测方法及应用展开分析。

9.1　降水长期趋势预测方法

　　由于影响短期气候因素的复杂性和气象工作者对长期天气过程认识的局限性,目前短期气候预测水平不是很高。21 世纪以来的短期气候预测业务处于动力与统计等多种方法并存的时期。从降水预测的客观方法上看,目前主要有 3 种:一是通过降水量自身规律挖掘的预测方法(即时间序列预测方法),二是通过前期因子相关分析的建模预测方法,三是通过模式产品解释应用的降尺度预测方法[1,2]。

　　时间序列预测方法和前期因子相关预测方法是我国传统的气候预测方法,而模式产品资料降尺度预测方法则是 21 世纪以来主流的客观预测方法。但是,由于模式对降水、温度等要素的预测效果不理想,直接应用其模式气象要素产品很难满足各行业对精细化气象信息的需求,就如何高技巧地提取模式输出结果方面,许多学者开展了数值模式解释应用、改进统计预测方法等多方面的研究及业务应用论证,陈丽娟等[3,4]从大尺度大气动力学方程组出发,根据月尺度大气环流的演变特征,首先推导出月降水距平百分率与 500 hPa 月平均高度场的关系,所得到的方程表明预报对象和预报因子两者之间具有明确的物理意义,然后利用 NCEP/NCAR 再分析高度场资料和中国 160 站月降水资料,使用统计学中的反演方法确定出预报方程的系数,得到所预报站点的月降水预报方程,将该方程应用于试验和 T639 动力延伸集合结果的预报检验;顾伟宗等[5]通过预测站点降水与 NCEP/NCAR 再分析资料和动力模式资料共同的高相关中心作为预报关键区,应用 MOS 方法建模预测月降水;覃志年等[6]以预测区域各站降水与动力模式产品资料最高正相关与反相关中心作为预测关键区中心,再取该中心周围 7×7 格点的高度场,计算多种物理量,衍生更多具有一定物理意义的预报因子进行建模预测。本章主要介绍几种业务上常用的时间序列方法和模式资料降尺度预测方法及其应用情况。

9.1.1　时间序列预测法

　　时间序列预测方法是指通过挖掘预报量自身规律而进行预测的一种方法,主要有均生函数逐步回归、韵律、最优气候均态(OCN)和经验模态分解(EMD)等 4 种预测方法。

9.1.1.1 均生函数逐步回归法

均生函数逐步回归预测法(简称均生法)是魏凤英等[7]在 20 世纪 90 年代初提出的一种预测方法,它拓广了数理统计中算术平均值的概念,通过建立具有多步预测能力的数学模型,使模型对原序列(尤其是对原序列极值)的拟合效果更为理想。其数学模型为:

设某一时间序列为: $X(t) = \{X(1), X(2), \cdots, X(N)\}$ (9.1)

式中,N 为样本量,对于周期,定义其均生函数为:

$$Xl(i) = l/Nl \sum_{j=1}^{Nl-1} X(i+jl) \tag{9.2}$$

式中,$i=1, 2, \cdots, l; 1 \leqslant l \leqslant M; Nl = \mathrm{INT}(N/l), M = \mathrm{INT}(N/2)$;INT 表示取整。

9.1.1.2 韵律法

大气中存在着不同时间长度的周期和准周期现象,它是天文因素对大气运动的强迫振动。如与太阳黑子活动有关的准 11 年周期、赤道平流层的 26 个月周期等。韵律最早由前苏联牟氏学派提出,其实质理解为开端略异的相似(或相反)环流机制(天气过程),经过一定的但又不严格相等的一段时间后再度重现。简单地说,韵律即是一种相反或相似天气过程交替出现的规律。本章所述的韵律算法是采用文献[8]给出的计算方法,通过计算自相关得到的周期,再应用拟合误差预测方法进行分析处理。

首先计算自相关,即:

$$r(\tau) = r_{x_i} \cdot x_{i+\tau} = \frac{\dfrac{1}{N-\tau} \sum_{i=1}^{N-\tau} (x_i - \overline{x})(x_{i+\tau} - \overline{x}')}{S_{x_i} \cdot S_{x_{i+\tau}}} \tag{9.3}$$

式中,N 为预报量时间序列的长度,$\tau = 0, 1, 2, \cdots, i = 1, 2, 3, \cdots$,其中,

$$\overline{x} = \frac{1}{N-\tau} \sum_{i=1}^{N-\tau} x_i, \overline{x}' = \frac{1}{N-\tau} \sum_{i=1}^{N-\tau} x_{i+\tau} \tag{9.4}$$

$$S_{x_i} = \sqrt{\frac{1}{N-\tau} \sum_{i=1}^{N-\tau} (x_i - \overline{x})^2} \tag{9.5}$$

$$S_{x_{i+\tau}} = \sqrt{\frac{1}{N-\tau} \sum_{i=1}^{N-\tau} (x_{i+\tau} - \overline{x}')^2} \tag{9.6}$$

其次,对选出最大一个 $r(\tau)$ 作为韵律(周期),然后对选择出的周期(韵律)再用拟合误差法[9]叠加外延预测,即:

①先对周期序列从 2~N/2(N 为序列长度)分别分组计算平均值,并计算出每组平均值;

②计算各周期(各组)不同组合下(构建序列)的拟合误差 ΔR_i(方差分析用的是 F,这里直接与原序列算出误差值);

③选出最小的 ΔR_i 那一组作为主周期;

④鉴别主周期的预报价值;用误差拟合率 W 和预报方法有效率 S_a 作为客观指标来衡量其预报价值,计算公式分别是:

$$W = \frac{\Delta R_i}{N} \times 100\% \tag{9.7}$$

$$S_a = \frac{\Delta M - \Delta R_i}{\Delta M} \times 100\% \tag{9.8}$$

式中，ΔR_i 是拟合误差值，N 是序列总和，ΔM 是序列距平绝对值之和。一般以 $W<20\%$，$S_a>$ 2.0% 作为接受的阈值，若选择出的周期序列在此阈值之内，表示该序列周期可以作为预报依据；

⑤寻找校正周期；如只用上面选择出的主周期做外延预测可能较粗糙，为了提高预测精度，一般要找校正周期；其方法是用原序列逐项与主周期值之差作为新序列；

⑥重复上面找主周期的步骤得到第二个周期序列；

⑦用主周期（①～④步得出的周期）和校正周期（⑤，⑥步得出的周期）叠加外延做出预测。

9.1.1.3　最优气候均态法

最优气候均态预测法（OCN）是美国气候预测中心常用的一种统计方法。它是相对于持续性预测概念而言的一种预测方法（即用现时作为下一时刻的预测值）。最优气候均态法定义为最近 k 年的要素平均，选取 k 年平均值作为下一年的预报值能得到一个最好的预报。

气候的变化具有持续性、阶段性和周期性等内在规律，故而常把若干年的气象要素平均值作为来年气象要素的预测依据；最优气候均态模型[10]的原理如下：

假设某地某要素的月或季或年的序列，其平均值为：

$$\overline{X_{i,k}} = \frac{1}{2}\sum_{j-1}^{k} X_{i-j} \tag{9.9}$$

式中，k 为年气候变量平均值（$k=1,2,3,\cdots,n$；$i=n_1+1,\cdots,n_1+L$），其中 n_1 为基本统计样本量，通常取 30；k 代表所计算的气候平均年数；L 为实验样本量；n 为样本总量，$n=n_1+L$。

在 OCN 模型的应用中，通过定义一个指数 $I(k)$ 来确定最优 K 值；其表达式为：

$$I(k)=m(k)/L \tag{9.10}$$

式中，$m(k)$ 为相同 k 出现的次数；L 为试验预测次数，等同于（9.9）式中的试验样本量。当 $I(k)$ 达到最大值时，此时的值被确定为气候预报的最优平均年数，即最优 K 值。

9.1.1.4　经验模态分解法

经验模态分解预测方法（EMD）是一种全新的处理非平稳数据序列的方法。EMD 方法是将信号中不同尺度的波动或趋势逐级分解开来，产生一系列具有不同特征尺度的数据序列，每一个序列称为一个本征模函数（Intrinsic Mod Function，IMF）分量，各分量可极大地降低原来的非平稳信号，其基本思想、具体数学模型与处理方法参考文献[11]，即：假如一个原始数据序列 $X(t)$ 的极大值或极小值数目比上跨零点（或下跨零点）的数目多 2 个（或 2 个以上），则该数据序列就需要进行平稳化处理。具体处理方法是：找出 $X(t)$ 所有的极大值点并将其用样条函数插值成为原数据序列的上包络线；找出 $X(t)$ 所有的极小值点并将其用样条函数插值成为原数据序列的下包络线；上、下包络线的均值为原数据序列的平均包络线 $m_1(t)$；将原数据序列 $X(t)$ 减去该平均包络后即可得到一个去掉低频的新数据序列 $h_1(t)$，即

$$X(t)-m_1(t)=h_1(t) \tag{9.11}$$

9.1.2　数值预报产品的降尺度方法

这里的数值模式解释应用是基于不同模式输出结果的统计预测方法，即 MOS 法，其主要思路为：①找到预测关键区；②对模式关键区窗口采用多种衍生因子技术产生大量预测因子（称为降尺度，下同）；③采用逐步回归等预测建模方法进行预测；④如果采用多于 2 种以上降

尺度方法,则可选择回归或权重集成输出预测结果。

降尺度处理是模式产品解释应用中最为核心的工作。主要有以下 6 种处理方法:车氏法、涡度法、经验正交函数(EOF)法、Lamb 环流分型法、经验模态分解(EMD)方法、雪球法。其中,Lamb 环流分型法已在第 6 章做介绍,经验模态分解方法(EMD)已在 9.1.1.4 做介绍,下面就另外 4 种方法的数学模型做详细介绍。

9.1.2.1　车氏法

车氏法,即车比雪夫多项式展开,是环流客观分型的一种方法。经典的车比雪夫多项式展开只适用于矩形网格,其数学模型[7]为:

设某一气象场 $F(x,y)$(主要指 500 hPa 月平均位势高度场),因有 $m \times n$ 个等距格点的观测值,可用车氏多项式来定义:

$$F(x,y) = \sum_{i=0}^{m-1} \sum_{j=0}^{n-1} A_{ij} \phi_i(x) \phi_j(y) \tag{9.12}$$

其系数为:

$$A_{ij} = \frac{\sum_{x=1}^{m} \sum_{y=1}^{n} F(x,y) \phi_i(x) \phi_j(y)}{\sum_{x=1}^{m} \sum_{y=1}^{n} \phi_i^2(x) \phi_j^2(y)} \tag{9.13}$$

式中,$i=0,1,2,\cdots,m-1$;$j=0,1,2,\cdots,n-1$。$F(x,y)$ 为 500 hPa 月平均场上某格点 (x,y) 的位势高度值;m 为平均高度场的列点数;n 为平均高度场的行点数;$\phi_i(x)$ 为沿 x 方向最简整数化的第 i 阶车比雪夫正交多项式因子;$\phi_j(y)$ 为沿 y 方向最简整数化的第 j 阶车比雪夫正交多项式因子。

9.1.2.2　涡度法

涡度是描述大气稳定度的一个物理量,通过对特定预测关键区窗口计算涡度,可以找到具有物理意义的预测因子;用位势高度表示的地转风涡度参考文献[12],可由下式计算:

$$\zeta_g = \frac{98}{f} \nabla_h^2 H = \frac{98}{f} \left(\frac{\partial^2 H}{\partial x^2} + \frac{\partial^2 H}{\partial y^2} \right) \tag{9.14}$$

为了便于实际业务计算,把上式化成有限差分形式,取 ∇x 和 ∇y 的网格点(图 9.1)。

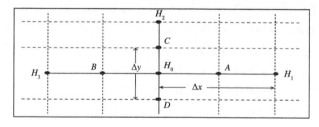

图 9.1　计算地转风涡度格点

则 A,B,C,D 四点上 H 的一阶偏导的差分形式为:

$$(\nabla_h^2 H)_0 = \frac{4(\bar{H} - H_0)}{d^2}$$

式中，$d=\nabla x=\nabla y$，$\overline{H}=(H_1+H_2+H_3+H_4)/4$。

即

$$(\zeta_g)_0=\frac{98}{f_0}(\nabla_h^2 H)_0=\frac{4x98}{f_0 d^2}(\overline{H}-H_0) \tag{9.15}$$

令 $f_0=2\Omega\sin\phi_0$ 代入，则涡度的计算公式为：

$$(\zeta_g)_0=\left(\frac{196(\overline{H}-H_0)}{7.29X10^{-5}d^2\sin\phi_0}\right) \tag{9.16}$$

9.1.2.3　经验正交函数法

经验正交函数（EOF）法也是对环流定量描述的一种方法，其实质是提取或浓缩预测关键区环流信息，而通过 EOF 展开的时间分量衍生出一些预测因子。数学模型参考文献[7]。

EOF 分解作为一种系统降维和特征提取方法在气候分析和气象预报中已有广泛的应用。其主要优点可归结为：①能用相对少的综合变量因子描述复杂的场要素变化；②当变量值相关密切时，展开收敛速度快，易于将变量场的信息集中在几个主要模态上；③分解出来的特征向量互相正交和时间系数互相正交；④能过滤变量序列的随机干扰。对一个要素场 X 进行 EOF 分解，可分解成时间函数 Z 和空间函数（特征向量）V 两部分，其数学表达式为：

$$X=VZ \tag{9.17}$$

设气象要素场 X 有 m 个空间点，样本长度为 n，对其做 EOF 分解时。

9.1.2.4　雪球法

雪球法是参考文献[6]中"区域性"衍生因子的方法，它的基本思想是：以模式场资料与预报量计算相关所得到的高相关格点为中心，对该中心一定范围内格点（7×7 个格点）进行动态组合所形成的序列，找出与预报对象关系密切的组合因子，作为建模预测的备选因子；其具体算法为：

令 $H_{i,j}$ 为关键区中心各格点高度，通过下式计算得到不同组合的 $H'_{i,k}$ 序列：

$$H'_{i,k}=\sum_{k=1}^{j}H_{i,k} \tag{9.18}$$

其中，i 为不同年份，$k=j=1,2,\cdots,7$ 即格点数。

9.1.3　集成预测方法

在使用各种统计方法做气象预报后，尽管是对同一预报对象做预报，但是由于不同的预报手段，不同因子的使用，预报结果不尽相同，因此，有必要用一种客观的方法把各预报结果进行集成，然后再做出最后的预报[13]。集成预测方法很多，这里仅介绍权重集成和逐步回归集成方法。

9.1.3.1　权重集成法

若有 n 种原始预报方法，对于每一组预报因子数值，得出的预报值为：

$$y_1,y_2,\cdots,y_n \tag{9.19}$$

由于各原始预报方法的优劣不同，可靠程度也不一样，因此，对第 i 种预报方法的预报结果 y_i 配一个权重 w_i，好的预报方法权重大一些，差的预报方法权重小一些，求得集成预报值（这里用符合 p 表示预报集成值）为：

$$p = \sum_{i=1}^{n} w_i y_i = w_1 y_1 + w_2 y_2 + \cdots + w_n y_n, p = \sum_{i=1}^{n} w_i y_i \tag{9.20}$$

权重 w_i 符合如下条件：

$$\sum_{i=1}^{n} w_i = w_1 + w_2 + \cdots + w_n = 1, \sum_{i=1}^{n} w_i = 1 \tag{9.21}$$

以下式来确定权重的大小

$$w_i = \frac{\dfrac{1}{(第 i 种方法报错次数)}}{\displaystyle\sum_{i=1}^{n} \dfrac{1}{(第 i 种方法报错次数)}}$$

9.1.3.2　回归集成法

将 n 种原始预报模型 $y_1, y_2, \cdots, y_n$ 作为新的预报因子，求预报量实况值 y 的回归方程：

$$p = a_0 + a_1 y_1 + a_2 y_2 + \cdots + a_n y_n \tag{9.22}$$

其系数满足如下线性方程组：

$$\begin{cases} s_{11}a_1 + s_{12}a_2 + \cdots + s_{1n}a_n = s_{1y} \\ s_{21}a_1 + s_{22}a_2 + \cdots + s_{2n}a_n = s_{2y} \\ \cdots \\ s_{n1}a_1 + s_{n2}a_2 + \cdots + s_{nn}a_n = s_{ny} \\ a_0 = \overline{y} - (a_1\overline{y_1} + a_2\overline{y_2} + \cdots + a_n\overline{y_n}) \end{cases} \tag{9.23}$$

式中，$\begin{cases} s_{ij} = \displaystyle\sum_{k=1}^{M}(y_{ik} - \overline{y_i})(y_{jk} - \overline{y_j}) \\ s_{iy} = \displaystyle\sum_{k=1}^{M}(y_{ik} - \overline{y_i})(y_k - \overline{y_j}) \end{cases} \tag{9.24}$

式中，M 为预报次数，y_{ik} 为第 i 种原始预报方法所做的第 k 次预报值，y_k 为第 k 次实况值。

由(9.24)式的解代入(9.23)式得回归集成预报方程。

9.1.4　降水气候预测系统

9.1.4.1　建设思路

由于气候预测计算过程比较复杂，且单一的气候预测方法难以做出较为理想的预测结果，需要把这些方法整合集成一个软件，通过简单操作就可以进行计算，并输出预测结果，让预报员在气候预测工作中能够很直接、方便地使用这些方法开展预测服务，并可以最大限度地提高预测准确率。

按照这样的工作思路，采用 C# 和 VS2010 等计算机编程语言，将以上介绍的各种模式资料和多种气候预测方法变成可视化的操作系统，建立了一个集序列预测、物理统计、模式解释应用于一体的广西电力气候预测业务系统(图 9.2)。该平台的基本思路和流程如图 9.3 所示。

由图 9.3 可见，当选定预测要素后，平台提供预测方法有三种途径：一是时间序列法，二是环流法，三是用已有因子直接建模预测方法。这些途径包含了自身序列的挖掘、模式解释应用、传统前期因子的物理统计，以及根据一些气候事件构造好的预测因子进行预测，体现了传

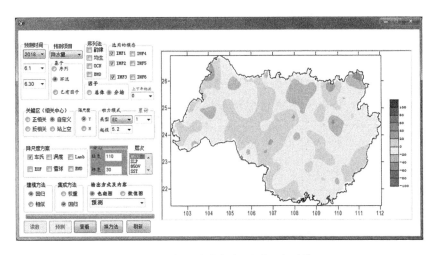

图 9.2　广西电力气候预测业务系统

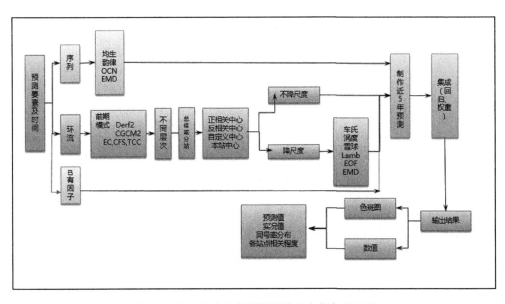

图 9.3　广西电力气候预测系统业务框架及流程

统与目前主流的一些预测方法相结合。

　　应用该平台进行预测分析,主要体现在 7 个方面的选择,即①预测要素及时间选择;②预测方法的选择(序列、环流、已有因子);③不同模式的选择(derf2、CGCM、TCC、EC、CFS);④降不降尺度的选择;⑤预测关键区的选择(正相关中心,反相关中心,站点为中心,自定义中心,这些中心可以区域平均也可以以单个站点寻找);⑥集成方法的选择(回归集成或权重集成);⑦输出结果的选择(色斑图或预测值图)。

　　其主要特色有三个方面:一是预测方法多(有序列法、物理因子统计法和降与不降尺度法),所用的模式多,降尺度方案多;二是每次预测都给出了近 5 年的实际预测检验情况,对于任一次预测先提供近 5 年预测检验的结果,以便判断哪些地区预测可靠性大、哪些地区预测可靠性小,对预测决策提供重要依据;三是提供了多种不同的产品预测结果,如预测与实况图、近

5 年实际预测检验的空间分布图、各站点因子相关系数大小分布图等。

9.1.4.2　应用案例

2011 年前汛期,西江流域累计总降水量比常年明显偏少,电力部门极为关注后期的来水情况,未来旱情是否还会持续,提前做好气候预测具有重要意义。由于气候预测时间尺度较长,预测原理和方法复杂,所需要的资料也十分广泛(比如海温、冰雪等),因此要做好气候预测,须对大量因子进行分析和计算再综合决策。本书应用平台给出的各种预测方法对 2011 年后汛期降水量预测进行分析。

(1)资料及预测关键区选取

降水量取西江流域范围内($21.3°\sim27.0°$N,$102.2°\sim112.1°$E)135 个气象站(其中广西 90个,云南 23 个,贵州 22 个)的逐日资料(图 9.4)。

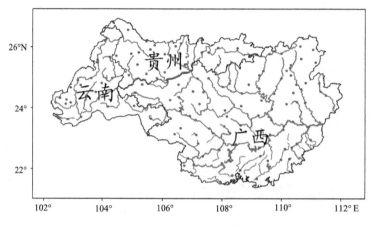

图 9.4　西江流域气象站点分布

所用到的资料有两种:一种是自身降水量实况资料,另一种是 ECMWF 动力气候模式 500hPa 预测产品资料(下称模式场)。对于自身降水量实况资料,是用 1961—2010 年西江流域后汛期(7—9 月)135 个观测站的距平百分率,其算法是应用该区域这一时期各站降水量,通过下式计算距平百分率所得,即

$$R_{ij}^0 = (R_{ij} - \bar{R})/\bar{R} \times 100\% \tag{9.25}$$

式中,$i=1961,1962,\cdots,2010$,$j=1,2,\cdots,135$ 为各站点。

对于模式场资料,是通过国家气候中心下发的 1982 年以来每月预测未来 7 个月的全球500 hPa 模式预测资料,其空间范围为:$0°$E$\sim360°$E,$90°$S$\sim90°$N,格距为 $2.5°\times2.5°$,总格点数为 144×73 个。

在应用上述降尺度方法制作气候预测过程中,首先应用 135 个气象观测站逐个降水量(1982—2010 年)序列与同期模式场,采用下式计算相关系数,即

$$r = \frac{\sum(X-\bar{X})(Y-\bar{Y})}{\sqrt{\sum(X-\bar{X})^2}\sqrt{\sum(Y-\bar{Y})^2}} \tag{9.26}$$

式中,X,Y 分别为预报量场和 ECMWF 模式资料场资料。

计算找出最高相关中心,经分析得到各站点高相关中心多数出现在乌拉尔山一带(图略),再以该高相关中心点周围 7×7 空间格点作为一个窗口的高度场作为预测关键区。

（2）预测流程

本例的预测用到了模式产品降尺度预测方法和时间序列预测方法等二类预测方法。对于模式产品资料降尺度预测方法，预测流程主要分为两步，即预测计算及回归集成，具体是：

①预测计算

选取从预测年前 5 年开始（2006—2010 年）直到预测年（2011 年），逐年进行下述计算。

（a）查找预测关键区

利用预测区域内 135 个观测站点的降水量资料，分别与同期 1982—2010 年模式场资料计算相关，找出最大相关中心点，并以该中心点的 7×7 个格点大小作为预测关键区。

（b）各站点降水量预测制作

对各站点选出的预测关键区，分别应用上述多个降尺度方法（即车氏、涡度、EOF、Lamb、雪球法）对各站点进行衍生因子，再对衍生因子采用逐步回归建模方法制作各站点降水量预测值。

②回归集成结果

通过上述计算，各站点都可得到 6 年 5 个不同降尺度方法的结果（即得到一个 135×6×5 矩阵的预测值），将该预测结果（135×6×5 矩阵值）作为因子，与该站点降水量（2006—2010 年已有实测值）资料，应用逐步回归方法建模预测，得出最终集成预测（2011 年）的结果。

对于时间序列预测方法，是用预测区 135 个站点 1961—2010 年的降水量资料，逐站分别应用上述的多种时间序列预测方法进行预测，再利用各站点 6 年 4 个时间序列预测结果（135×6×4 矩阵值）进行回归集成并给出最终的集成预测（2011 年）结果。

根据上述算法和步骤，给出了 2011 年后汛期降水量预测结果（彩图 9.5），其中彩图 9.5a 为多种序列预测方法的回归集成预测结果，彩图 9.5b 为基于模式产品资料的多种降尺度回归

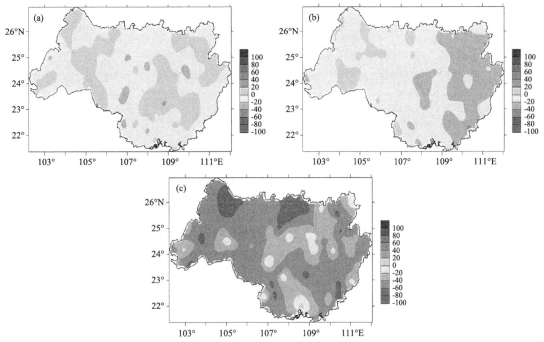

图 9.5 多种序列预测回归集成结果（a）；多种模式降尺度预测回归集成结果（b）；
2011 年后汛期降水量距平百分率分布（c）

集成预测结果,彩图9.5c为后汛期降水量距平百分率实况。从图可见,序列预测和模式降尺度预测大多数趋势与实况吻合(降水距平百分率符号大多为负);分析各站点预测值与实测值,实况图中(彩图9.5c)有几乎所有预测站点为负值,其中小于−20%以下就有125个点,而多种序列预测方法的回归集成预测(彩图9.5a)报出了79个站点的负值,基于模式产品资料的多种降尺回归集成预测报出了93个预测与实况距平符号一致率(%),前者为58.5%,后者为68.8%,即基于模式产品资料的多种降尺度回归集成预测高于多种序列预测方法的回归集成预测;进一步分析预测与实况小于−20%的站点,多种序列预测方法的回归集成预测出了12个站点,基于模式产品资料的多种降尺度回归集成预测报出了20个站点,可见,模式降尺度预测效果更好。

9.1.4.3　预测效果分析

利用该平台对2014—2016年西江流域夏季(6—8月)降水量预测效果进行分析,主要是基于ECMWF动力气候模式500 hPa预测产品的多种降尺度预测方法的预测结果,即对西江流域135个气象台站预测与实况值的气候趋势符号一致率(即预测值与最近30年气候距平同号率)检验,得到两种预测方案(序列预测方法和降尺度预测方法)及其各单个方法和回归集成预测的效果,详见表9.1。

表9.1　2014—2016年夏季降水量的多种模式产品资料降尺度预测检验结果(单位:%)

		2014年6—8月		2015年6—8月		2016年6—8月	
		单个方法	集成方法	单个方法	集成方法	单个方法	集成方法
序列预测方法	韵律	62.2	51.1	51.8	48.2	52.6	55.6
	均生	41.5		48.9		54.1	
	OCN	50.4		48.1		58.5	
	EMD	51.1		50.4		51.8	
降尺度预测方法	车氏	58.5	55.6	52.6	53.3	58.5	58.5
	涡度	60.5		53.3		57.8	
	EOF	47.2		41.5		54.8	
	雪球	60.7		54.8		60.0	
	Lamb	56.3		50.4		51.9	
	EMD	55.6		52.6		52.6	

首先,对2014—2016年西江流域夏季(6—8月)降水量应用气候学预报法(这里采用均值作为预测值)进行预测评分,其同号率平均为49.2%。而从表9.1的检验结果可见,两种预测方案的单个方法和集成方法的预测同号率大部分比气候学预报法的偏高,表明有一定的预报技巧;其中序列预测方法比模式产品降尺度预测效果总体稍差,而在序列预测方法中,相对较好的是韵律方法,在降尺度预测中,相对较好的是雪球法和涡度衍生因子法。

9.2　延伸期强降水过程预测方法

延伸期强降水天气过程预测方法主要有天文因子方法、日月概率法、韵律法、低频天气图法、关键区大气低频滤波法和环流异常相似信息法等方法[14-21]。在实际业务中,主要采用集合相似预测方法。

9.2.1　相似预测原理及方法

相似方法在气象上应用较为广泛,在天气过程预测中也是一种行之有效的方法[22]。应用相似法的成效在很大的程度上取决于相似条件选取得是否客观合理,同时还与资料年代的长短有关。相似预测方法来源于流体力学相似原理,即认为两组环流形势、动力过程或预报因子彼此相似,则其后出现的气象要素亦应当相似。它的优点是思路明确、直观性强,可进行多种类型的短期气候过程或气候要素的定量预报。但是以往用该方法做预测时,一般采取单一时次相似(比如用前期环流 500 hPa 环流计算相似,只用某单一时段来计算),预测成功率显然不高,但如果采用多个不同起始时间段的相似进行集成预测,即利用逐步逼近预报时段的多次相似的预报量进行合成,在很大程度上减少了原来单一时次找出的相似预测的发散性与偶然性。

本书主要采用动态相似集合预报法,依据集合预报的基本思想[23],在对影响西江流域降水的高影响大气活动中心 500 hPa 逐日格点值进行处理基础上,进行相似年的计算。

相似预测方法主要有自然正交函数相似法、相似离度法、欧氏距离法、滤波法和相关系数法。

9.2.1.1　自然正交函数法

自然正交函数相似法(EOF)分解作为一种系统降维和特征提取方法,在气候分析和气象预报中已有广泛的应用,这里介绍应用 EOF 进行动态找相似的几个具体步骤。具体方法如下。

①由于长期天气预报应抓住超长波的活动[24],根据经验正交函数(EOF)的算法及其所特具的正交性和快速收敛性,设 X 矩阵为最近 m 天 500 hPa 逐日环流场给定区域内的 n 个格点:

$$X = \begin{vmatrix} x_{11} & x_{12} & \cdots & x_{1n} \\ x_{21} & x_{22} & \cdots & x_{2n} \\ \cdots & \cdots & \cdots & \cdots \\ x_{m1} & x_{m2} & \cdots & x_{mn} \end{vmatrix} \tag{9.27}$$

将其分解为时间函数 T 和空间函数 V,由于 10 d 以上的长期天气预报应抓住超长波的活动[25],因此,本研究利用 EOF 前 5 个时间函数和空间函数的乘积的恢复场(一般其方差贡献占总方差的 70% 以上)代表主要环流特征,试图得到超长波的一些特征场 $\widetilde{X}$,即

$$\widetilde{X}_{ij} = \sum_{k=1}^{5} T_{kj} V_{ik} \tag{9.28}$$

②在得到各年同期主要特征的恢复场后,利用预报年最近几十天的 $\widetilde{X}$ 场与其他各年的 $\widetilde{X}$ 场,通过下列算法,计算相似系数[26],动态找出 5 个相似年。

$$R = 1 - r_{ij}\left(i - \frac{E_{ij}}{S \cdot m}\right) \tag{9.29}$$

式中,m 为网格点数。

$$S = (S_i + S_j)/2 = \left(\sqrt{\frac{1}{m}\sum_{k=1}^{m}(x_{ki} - \bar{x}_i)^2} + \sqrt{\frac{1}{m}\sum_{k=1}^{m}(x_{kj} - \bar{x}_j)^2}\right)/2 \tag{9.30}$$

$$E_{ij} = \sqrt{\sum_{k=1}^{m}(x_{ki}-x_{kj})^2}$$ 为欧氏距离，$r_{ij} = \dfrac{1}{m}\sum_{k=1}^{m}(k_{ki}-\bar{x_i})(x_{kj}-\bar{x_j})/S_i \times S_j$ 为相似系数。

相似指数 R 的值域为 $0 \leqslant R \leqslant 2$。$R=0$ 表示相似的最好水平。$R=2$ 表示最不相似的情形。

③用下式将 5 个相似年的预测时段内逐日天气发生频率进行集成式计算：

$$P_i(A) = \sum_{j=1}^{k} \frac{m_{ij}}{n_{ij}} \tag{9.31}$$

$P_i(A)$ 称为事件 A（如大于某降水量达 50 mm 以上的阈值）在逐日各站点 n_{ij} 个相似年中出现的频率，m_{ij} 为逐日各站点出现 A 事件的频数，其中 i 为预测时间阶段中的各个日期，j 为预测区域内的站点数。

9.2.1.2 相似离度法

相似离度法（XL）来源于流体力学相似原理[10]，即认为两组环流形势、动力过程或预报因子彼此相似，则其后出现的气象要素亦相似。相似离度能从样本形状和数值两方面比较两个样本间的相似程度；其算法分为 3 步。

（1）计算距离系数

通常使用域块距离系数，即：

$$D_{ij} = \frac{1}{M}\sum_{k=1}^{M}|X_{ik}-X_{jk}| \tag{9.32}$$

式中，X 表示用选择相似的度场或物理量值，下标 i,j 分别表示预报初始场与待选相似场，k 表示格点或样本单元序号，M 为格点或样本单元总数。

（2）计算形系数

形系数公式为：

$$S_{ij} = \frac{1}{M}\sum_{k=1}^{M}|X_{ij}(k)-E_{ij}(k)| \tag{9.33}$$

式中，$X_{ij}(k)=X_{ik}-X_{jk}$。

$$E_{ij}(k) = \frac{1}{M}\sum_{k=1}^{M}X_{ij}(k) \tag{9.34}$$

（3）计算相似离度

相似离度公式为：

$$C_{ij} = \frac{\alpha S_{ij}+\beta D_{ij}}{\alpha+\beta} \tag{9.35}$$

式中，C_{ij} 表示相似离度，其值越小，两样本越相似；α 为相似系数对相似程度的贡献；β 为距离系数对总相似程度的贡献。

9.2.1.3 欧氏距离法

欧氏距离法是最常用的一种相似分析方法，是一种既可以反映形态的相似，也可以描述数值相似的一种比较客观、合理的描述相似性方法；其数学模型见参考文献[10]。

欧氏距离用来评估两个空间平面场的相似程度；假设空间平面场的历史样本为 $X_{j,k,l}$ 与预报样本为 $X_{0,k,l}$，则它们之间的距离表征了它们在性质上的差异，该差异越小，两样本越相似；反之，差异越大越不相似。欧氏距离 D_h 的计算模型为：

$$Dh(\tau,t)_j = \sqrt{\sum_{k=1}^{K}\sum_{l=1}^{L}\left[H(\tau,t)_{j,k,l} - H(t)_{0,k,l}\right]^2} \tag{9.36}$$

9.2.1.4　滤波法

滤波法(LB)过程实际上是将原始序列经过一定的变换转化为另一序列的过程[13]。设一时间函数 $x(t)$，经过一个滤波器，输出为新时间函数 $y(t)$，这一过程称为过滤。设过滤器系统具有时间不变性和稳定性，用一脉冲函数 $\delta(t)$ 作为输入，他的输出计为 $h(t)$，称为脉冲响应。

对任意输入函数 $x(t)$，可表述为无穷的积分形式：

$$x(t) = \int_{-\infty}^{\infty} x(\tau)\delta(t-\tau)\mathrm{d}\tau \tag{9.37}$$

$$y(t) = \int_{-\infty}^{\infty} x(\tau)h(t-\tau)\mathrm{d}\tau \tag{9.38}$$

据线性和时间不变性要求，输出 $y(t)$ 亦可表示为无穷脉冲响应的积分形式，称脉冲函数的谱为频率响应，记为 $H(\omega)$。对输入 $x(t)$，它的对应谱记为 $F(\omega)$，输出 $y(t)$ 的对应谱可表示为：

$$\begin{aligned} G(\omega) &= \int_{-\infty}^{\infty}\left[\int_{-\infty}^{\infty} x(\tau)h(t-\tau)\mathrm{d}\tau\right]e^{-i\omega\tau}\tau\mathrm{d}\tau \\ &= \int_{-\infty}^{\infty} x(\tau)\left[\int_{-\infty}^{\infty} h(t-\tau)e^{-i\omega(t-\tau)}\mathrm{d}(t-\tau)\right]e^{-i\omega\tau}\mathrm{d}\tau \\ &= H(\omega)\int_{-\infty}^{\infty} x(\tau)e^{-i\omega\tau}\mathrm{d}\tau \\ &= H(\omega)F(\omega) \end{aligned} \tag{9.39}$$

对于输出 $y(t)$ 的功率谱为：

$$S_y(\omega) = |G(\omega)|^2 = |H(\omega)|^2 |F(\omega)|^2 = |H(\omega)|^2 Sx(\omega) \tag{9.40}$$

对于某一频率振动，通过滤波后，它的方差有所消减，其消减量是输入与输出的功率比，即

$$\frac{S_y(\omega)}{S_x(\omega)} = |H(\omega)|^2 \tag{9.41}$$

本书使用了低通滤波，数学模型如下。

①求滑动平均

对(9.41)式令 $\tau = t + \lambda$ 则有：

$$y(t) = \int_{-\infty}^{\infty} x(t+\lambda)h(\lambda)\mathrm{d}\lambda \tag{9.42}$$

取截断滑动长度 k，则上式可表达为求和形式：

$$yl = \sum_{i=-k}^{k} h_i xl + i \tag{9.43}$$

式中，h_i 又称为滑动权重系数，上式对 x_i 序列称为滑动求和过程。为保证系统稳定，滑动区间中的权重系数满足：

$$\sum_{i=-k}^{k} h_i = 1 \tag{9.44}$$

对过滤后的序列，不同频率的方差削弱情况可以从它的频率响应来考察。利用 $H(\omega)$ 谱的表示，写成离散形式为：

$$H(\omega) = \sum_{i=-k}^{k} h_j \mathrm{e}^{-i\omega l} = h_0 + 2\sum_{j=1}^{k} h_i \cos\omega j \tag{9.45}$$

或写为频率形式：

$$H(f) = h_0 + 2\sum_{j=1}^{k} h_j \cos 2\pi f j \tag{9.46}$$

对一般的等权重滑动过程。若间隔时间取 $m=2k+1$，则有 $h_i = 1/(2k+1) = 1/m$。对以年为时间间隔的气象序列，这种过程称 m 年滑动平均。考察这种过程对原序列所含的各种周期振动的影响，对 $H(f)$ 有：

$$H(f) = \frac{1}{m}\Big[1 + 2\sum_{j=1}^{k} \cos 2\pi f j\Big] \tag{9.47}$$

但

$$2\sum_{j=1}^{k} \cos 2\pi f j = \frac{2\sin\frac{1}{2}k 2\pi f \cos\frac{1}{2}(k+1)2\pi f}{\sin\frac{1}{2}2\pi f} = \frac{\sin(2k+1)\pi f - \sin\pi f}{\sin\pi f} \tag{9.48}$$

代入(9.47)式有：

$$H(f) = \frac{\sin\pi f m}{m\sin\pi f} \tag{9.49}$$

在 πf 足够小时，近似有 $m\sin\pi f \rightarrow m\pi f$，于是上式变为：

$$H(f) = \frac{\sin\pi f m}{m\pi f} \tag{9.50}$$

②二项系数滑动。在滑动间隔 m 内，滑动步长 i 与 k 及 m 有如下关系：

$$C_m^j = \frac{m!}{j!\,(m-j)!} \tag{9.51}$$

当 $m=3$ 时，$k=1$，二项系数为 $1,2,1$，故权重系数为 $1/4,1/2,1/4$。这就是平均功率谱的权重系数。二项系数滑动的频率响应函数为 $H(f) = \cos^m \pi f$，由于 f 的变化在 $0\sim1/2$，从上式可见，在 $f=0$ 时是响应函数的极大值，$f=1/2$ 时是极小值。可见对高频有很大的削弱。

9.2.1.5　相关系数法

相关系数法(Cc)原是用于对气候趋势预测产品的相关性进行检验，其表征了预报场和实况场的相关程度，其相关系数的大小能表征预报场与实况场的高低中心的配置情况，在一定程度上反映了两个场相似程度。具体计算方法参考文献[26]，即

$$Cc = \frac{\sum_{i=1}^{N}(\Delta R_{fi} - \overline{\Delta R_f})(\Delta R_{0i} - \overline{\Delta R_0})}{\sqrt{\sum_{i=1}^{N}(\Delta R_{fi} - \overline{\Delta R_f})^2 \sum_{i=1}^{N}(\Delta R_{0i} - \overline{\Delta R_0})^2}} \tag{9.52}$$

式中，ΔR_{fi} 为某场各格点值；$\overline{\Delta R_f}$ 为某场内所有格点平均值；ΔR_{0i} 为另一个场格点值，$\overline{\Delta R_0}$ 为另一个场格点平均值；N 为总格点数。

9.2.2　预测制作流程

利用上述介绍的 5 种相似预测的数学模型，制作多种方法的相似预报，再通过一定的流程可以实现相似预报的集合。

集合相似预测方法思路为:①选取不同的背景资料;②选取相似的时间段;③确定动态相似的移动间隔时间。如果用前期实况相似,将预测区范围降水量处理成为总体序列,再根据预测年与历史各年不同间隔时间段总序列计算相关系数(R);如果选取环流相似,首先从 500 hPa 选取一个固定区(东亚地区),再选定前期一定的长度时间(一般为 3~4 个月长度时间),每间隔 10 天用滚动 5 次,分别应用 EOF、相似离度、滤波、最短距离和 Cc 法等相似方案进行计算,每个相似方法都可得到 5 个相似年,再对全部相似年份的预测时间段内的实况进行合成,即得到预测结果。图 9.6 给出了集合相似预测方法的流程。

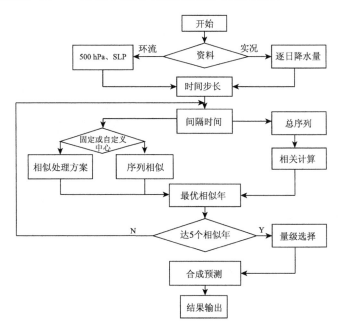

图 9.6　集合相似预测方法制作流程

9.2.3　计算及效果分析

资料类型主要应用了 500 hPa 环流场和预测区的实况场资料。在环流相似计算中,是基于二种资料进行相似计算:一是固定区域高度场,二是影响预测区范围的大气活动中心。固定区高度场选取范围为:$60°\sim120°E,10°\sim60°N$ 范围内高度场,即设 X 矩阵为将计算相似的最近 m 天逐日环流高度场区域内的 n 个格点:

$$X = \begin{vmatrix} x_{11} & x_{12} & \cdots & x_{1n} \\ x_{21} & x_{22} & \cdots & x_{2n} \\ \cdots & \cdots & \cdots & \cdots \\ x_{m1} & x_{m2} & \cdots & x_{mn} \end{vmatrix} \tag{9.53}$$

而影响预测区的大气活动中心,是根据影响到预测区范围内天气的主要影响系统位置而确定的 10 个环流活动中心,这 10 个中心位置及名称见图 9.7。

在得到上述两种相似资料后,采用 EOF、相似离度、滤波、最短距离和 Cc 法等 5 种方法设计计算方案,分别计算预报年的 X 矩阵(或 10 个环流中心)与 1960 年以来各年同一时期 X 矩阵(或环流中心)的相似度。

为了方便计算与业务应用,将上述思路与方法应用 C♯ 语言开发了广西电力降水过程预测业务平台(图 9.8)。

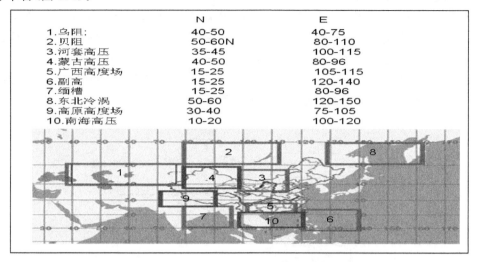

	N	E
1.乌阻:	40-50	40-75
2.贝阻	50-60N	80-110
3.河套高压	35-45	100-115
4.蒙古高压	40-50	80-96
5.广西高度场	15-25	105-115
6.副高	15-25	120-140
7.缅槽	15-25	80-96
8.东北冷涡	50-60	120-150
9.高原高度场	30-40	75-105
10.南海高压	10-20	100-120

图 9.7 影响预测区范围的 10 个大气活动中心位置及名称

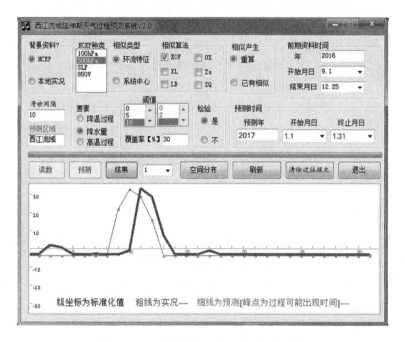

图 9.8 广西电力降水过程预测业务平台

近几年来,对于西江流域降水天气过程的预测,主要应用了上述延伸期天气预测方法。由于天气过程预测准确率的评定目前尚无统一标准,这里仅根据传统的评定方法进行评定,即:当实际降水过程出现日期在预测过程时间段的前后一天范围内,视为预测正确,即在预测平台中实况峰点(图 9.8 粗线)出现在预测峰点(图 9.8 细线)前后一天内的情况。表 9.2 给出 2014—2016 年 6—8 月大雨以上降水过程各种预测方法的预测准确率,从表 9.2 可见,3 年的预测准确率分别为 55.9%,44.0%,7.5%。而从方法上看,相对较好的是相似离度法,其次为 EOF 方法。

表 9.2　2014—2016 年夏季各月大雨过程降水预测准确率(单位:%)

预测方法	EOF			XL			LB			OX			Cc			合计
月份	6	7	8	6	7	8	6	7	8	6	7	8	6	7	8	
2014 年	3/5	2/4	1/2	3/5	3/4	2/2	3/5	1/4	1/2	2/5	2/4	1/2	2/5	1/4	1/2	28/55
2015 年	3/5	2/2	1/3	3/5	1/2	1/3	2/5	1/2	1/3	2/5	0/2	1/3	2/5	1/2	1/3	22/50
2016 年	3/4	1/2	1/2	3/4	2/2	1/2	2/4	1/2	1/2	3/4	1/2	1/2	2/4	1/2	0/2	23/40
平均	17/29			19/29			13/29			13/29			12/29			

9.2.4　应用案例

针对西江流域 6 月延伸期降水过程预测方面的研究较少见。每年前汛期 6 月多雨或持续性的强降水过程,对该地区水电厂的防汛和增发电量优化调度决策等带来较大影响。本书从 6 月份影响西江流域强降水的大气活动中心入手,采用动态相似集成预报方法,对东亚 500 hPa 逐日环流场的影响降水关键系统组合成一个新的场之后,进行 EOF 展开,提取前期环流场的主要特征量及恢复场,运用形值相似算法分别与 1960 年以来各年同期 EOF 主要特征恢复场进行比较,寻找最佳相似年份,建立延伸期主要天气过程预报模型,对西江流域延伸期内主要降水过程进行预测,根据近 5 年的实际应用检验表明,该方法对延伸期过程预测有较好的参考价值,为预报预测提供了一个新的思路和方法。

在过程预测中,首先要对所预测的过程(即预报对象)进行定义。这里的降水过程定义是由降水过程强度及其出现站点的比率(即过程覆盖率)综合而定。参考中国气象局预报与网络司发布的《月内强降水过程预测业务规定》并结合西江流域降水气候特征,将日降水量 ≥25 mm、≥30% 站点作为西江流域强降水过程阈值,其出现日期定为强降水过程日。

9.2.4.1　强降水天气关键区

为了对西江流域延伸期内强降水天气过程进行预测,需要找出造成该地区强降水的天气关键区以及影响系统。文献[27]在 Lamb 环流分型的基础上,从各环流型区域性暴雨日出现的频率大小确定了天气过程的主导系统。通过计算 1960—2017 年 6 月西江流域 135 个气象站降雨量距平百分率累计序列,并对序列按从大到小进行排序,取降雨量距平百分率≥51% 的前 10 年定为典型多雨年,对典型多雨年的 500 hPa 高度场进行合成分析,合成西江流域 6 月多雨年 500 hPa 平均高度场,见图 9.9。也即是说,根据西江流域的降水量距平百分率,从多雨年的 500 hPa 形势场特征确定强降水过程的天气关键区和影响系统。

从图 9.9 可知,西江流域 6 月多雨年 500 hPa 高度场的主要特点是:亚欧中高纬为"两脊一槽"型,乌拉尔山以东的西伯利亚西部和亚洲东岸为高压脊区,贝加尔湖地区为低槽区。乌拉尔山以东的高压脊前不断有冷空气南下,使贝加尔湖容易出现切断低压,低压发生一次又一次的替换,在替换过程中,由长波槽蜕变为短波槽,并引导地面冷空气从东路入侵西江流域;而亚洲东岸高压脊的稳定维持,更有利于贝加尔湖及其以北地区低槽南移影响西江流域。青藏高原东部和孟加拉湾附近为低槽区,等高线的弯曲度大,表明该区域低槽活动频繁,而且青藏高原东部的低槽区与孟加拉湾附近的低槽形成阶梯状的低槽分布,有利于冷空气从极地沿着乌拉尔山和青藏高原东部南下并到达西江流域,孟加拉湾上空南支槽活跃,槽前不断有暖湿气流向华南地区输送。西太平洋副热带高压平均脊线位于 15°N 附近,孟加拉湾低槽与副热带

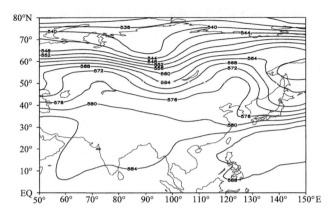

图 9.9　西江流域 6 月多雨年合成 500 hPa 平均高度场(单位:dagpm)

高压把大量暖湿空气输送到西江流域,与北方冷空气相互交绥,这种南北环流形势的稳定维持,使冷暖气流在西江流域上空交汇,有利于该区域水汽的辐合和雨带维持,是西江流域 6 月多雨的主要环流背景。

　　黄海洪等[28]在广西天气预报技术研究中指出,入侵广西冷空气路径主要有三条,分别是西路、中路和东路,冷空气的入侵路径主要看新疆地区、河套地区。黄忠等[29]在研究 2007 年 6 月粤东持续性暴雨成因中指出:受高空槽引导冷空气影响,在华南北部形成稳定的锋面低槽和低空切变线,有利于水汽的辐合和雨带维持。结合西江流域多雨年高度场合成结果和特点,西江流域天气关键区选取乌拉尔山以东(40°~60°N,60°~80°E,简称 A 区)、贝加尔湖地区(50°~70°N,80°~120°E,简称 B 区)、新疆地区(30°~50°N,80°~100°E,简称 C 区)和河套地区(30°~50°N,100°~120°E,简称 D 区),分别表示从不同路径东移、南下的大气环流系统,即从新疆地区和河套地区东移南下的冷空气。丁一汇[30]对中国夏季风降水研究中指出,华南地区的降水主要来自孟加拉湾和南海中、南部的暖湿西南气流。结合西江流域的天气气候特征,选取印度—孟加拉湾地区(10°~30°N,70°~100°E,简称 E 区)、西江流域地区(15°~30°N,100°~115°E,简称 F 区)、西太平洋地区(15°~30°N,115°~140°E,简称 G 区)作为西江流域强降水的天气关键区(图 9.10)。

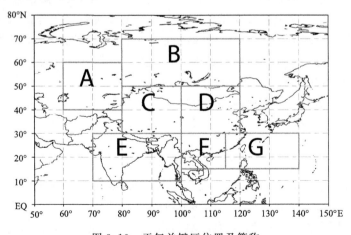

图 9.10　天气关键区位置及简称

9.2.4.2　强降水过程预测分析

（1）高影响大气活动中心的处理

EOF 计算在天气气候分析与预测中是一个很好的技术方法，但由于 EOF 的计算会随着矩阵列空间点的增加，计算量成倍增加，如果将每天全球或北半球的格点全部参与计算，会增加一些不必要的干扰，协方差矩阵趋于退化。因此，为了避开这些不必要的麻烦，本书把上述 7 个高影响大气活动中心区域内的格点（每个关键区取 7×7 个格点）进行组合，构成一个新的格点场，这个场只包括了上述 7 个系统的格点，即每天的格点场是一个 49×49 的格点矩阵，这样就可以快速进行 EOF 分解。

（2）动态相似集成的计算

以 2008 年 6 月西江流域延伸期强降水过程的预测为例进行分析，在实际应用中，动态相似集成计算分为两步：第一步，动态查找相似年；第二步，延伸期天气过程集成预测。

考虑到发布下月的降水过程预测通常在月末，已有本月 25 日前的 NCEP/NCAR 资料，因此最近日期选取截至 5 月 25 日，而前期资料选多长，应尽量考虑涵盖近期气候曾发生过异常天气的时间段，如无特别天气异常，则大致取 120 天或 150 天韵律接近的时间。本例的前期时间段选取了 2008 年 1 月 1 日至 5 月 25 日共 145 天的 NCEP/NCAR 的 500 hPa 环流场作为目标相似年的环流资料，空间范围取涵盖广西 6 月份强降水 7 个大气活动中心的区域，即 $10°\sim60°N,30°\sim160°E$ 范围内 $2.5°\times2.5°$ 的格点值（下称相似区），动态寻找相似年。具体做法如下。

①寻找第一相似年

首先，在进行 2008 年 6 月延伸期强降水过程预测时，对前期 2008 年 1 月 1 日至 5 月 25 日（简称 A 时段）共 145 天 $10°\sim60°N,30°\sim160°E$ 范围内 500 hPa 环流场进行 EOF 分解，并提取前 5 个特征恢复场。其次，同样分别对 1960—2007 年每年同时段同区域环流场进行 EOF 分解后，也同样提取前 5 个特征恢复场（即每年一个场，共有 48 个场）。第三，则利用本章公式（9.28）分别计算 2008 年提取的恢复场与 1960—2007 年 48 年各年提取的恢复场之间的相似系数，寻找环流形势最为相似的一年，即最佳"形似"年为第一相似年。

②寻找第二相似年

重复以上步骤，但计算时选取资料的时段步长后移 10 天，即寻找相似年的环流资料提取时段变为 1 月 11 日至 5 月 25 日（简称 B 时段），寻找出该时段环流形势最佳相似年，即为第二相似年。

③寻找第三相似年

同样重复以上步骤，但计算时选取资料的时段步长比 B 时段后移 10 天，即寻找相似年的环流资料提取时段变为 1 月 21 日至 5 月 25 日（简称 C 时段），寻找出该时段环流形势最佳相似年，即为第三相似年。

④寻找第四相似年

再次重复以上步骤，但计算时选取资料的时段步长较 C 时段再后移 10 天，即寻找相似年的环流资料提取时段变为 1 月 31 日至 5 月 25 日（简称 D 时段），寻找出该时段环流形势最佳相似年，即为第四相似年。

⑤寻找第五相似年

最后一次重复以上步骤，但计算时选取资料的时段步长较 D 时段后移 10 天，即寻找相似年的环流资料提取时段变为 2 月 11 日至 5 月 25 日(简称 E 时段),寻找出该时段环流形势最佳相似年,即为第五相似年。

经过动态变换时间步长,A~D 时段最终选取的最佳相似年均为 1961 年,E 时段选取的最佳相似年为 1963 年(表 9.3)。

取得了 5 个不同时段的相似,即提取了 5 个不同时段内主要环流特征最为相似的年份,实现动态相似。再运用公式(9.31)计算 5 个相似年预测时段和西江流域范围内 30% 以上站点逐日降水量≥25 mm 降水的出现频率 $P_i(A)$,将该频率值进行标准化处理后点绘成曲线,以实现主要降水时段的预测(图 9.11)。

表 9.3　2008 年 6 月主要降水过程预测中前期环流相似时段和相似年选取表

相似年顺序	选取的相似年	前期资料时段(月.日)	计算时段简称
第 1 相似年	1961	01.01—05.25	A
第 2 相似年	1961	01.11—05.25	B
第 3 相似年	1961	01.21—05.25	C
第 4 相似年	1961	01.31—05.25	D
第 5 相似年	1963	02.11—05.25	E

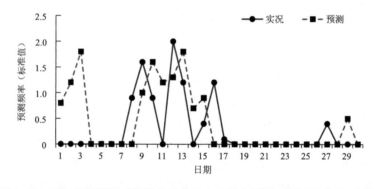

图 9.11　西江流域预测时段降水过程的出现频率预测(虚线)及实况(实线)

图 9.11 中的虚线为 2008 年 6 月逐日强降水过程预测曲线,在预测服务中,根据相对明显的峰点(图中大于等于 0.5 值所对应的时间点)所出现的日期,同时考虑到过程的阶段性,预计 2008 年 6 月西江流域主要过程有 3 个:1—3 日、9—14 日和 28—29 日。而实况(实线峰点)过程时间则出现在,8—10 日、12—13 日和 27 日。预测与实况基本吻合,预测与实况差异较大的是 1—3 日预测有一次强降水过程,但实况未出现,属于空报。

9.2.4.3　延伸期过程预测分析

(1)形相似特征分析

为清楚了解具体相似年的环流型是否相似,以 2017 年为例,分析了该年 5 月 25 日前期 A~E 时段及历史最佳相似年对应的各时段 500 hPa 高度场距平图(图 9.12)。可以看出,在选定的相似区域中,不同时段的目标环流形势为在中高纬度地区的环流系统呈较为稳定的西高东低型分布,而中低纬度地区则呈北高南低的环流型分布(图 9.12a~e),与其对应时段所找出的相似年环流场上的环流型及距平中心,大体都与目标年一致和相似(图 9.12f~j)

图 9.12　2017 年 5 月 25 日前期及历史相似年不同时段 500 hPa 高度距平图
(a~e:依次为 2017 年 A~E 时段;f~j:依次为第 1~5 个相似年 A~E 时段)

(2)过程预测分析

为了说明该方法在气候预测与服务中的作用及可行性,现给出西江流域 2013—2017 年连续 5 年的预测对比情况。取每个预报年 1 月 1 日至 5 月 25 日共 145 天逐日 NCEP 环流资料与 1960 年以来各年相同时间段 500 hPa 环流资料,根据上述计算方法,分别寻找 A—E 时段的 5 个相似年,2013 年分别选出的 5 个相似年为 1976 年、1976 年、1985 年、2004 年和 2008年,2014 年选出的 5 个相似年均为 2013 年,2016 年选出的 5 个相似年均为 2015 年,而 2015年和 2017 年分别选出的 5 个相似年为 1969 年、1969 年、1969 年、1969 年和 1961 年,以及2010 年、1969 年、2010 年、2010 年和 2010 年。用上述方法计算分析得出图 9.13a～e 的预测与实况分布曲线。

根据动态相似集成方法挑选的环流相似年份,可以看出 2014 年与 2013 年、2016 年与2015 年较为相似,因此重点分析 2017 年、2015 年和 2013 的 6 月延伸期天气过程预报情况。2017 年 6 月是西江流域降水量偏多的月份,连续性区域暴雨较多,广西遭受了巨大的暴雨洪涝灾害损失。由图 9.13e 可见,预测该月区域性暴雨过程为:5 日、10—11 日、14—16 日、20—21 日、25 日和 27—30 日,而实况(实线峰点)在 6 日、15—16 日、20—21 日、25—28 日出现了区域性大雨过程,10—11 日出现了空报。2015 年 6 月西江流域降水量正常到区域性强降水过程有 7 天,从预测图来看(图 9.13c 虚线),6 月 7—16 日预测曲线持续偏高,预示着这一阶段内区域性强降水过程可能较为频繁,而实况是在 8 日、10—11 日、13—14 日分别出现了区域性强降水过程,而实况 19 日所出现的区域性强降水过程与 21 日的预测曲线高值点也只相差2 d。可见,这些时间段内基本对应有一个区域性强降水过程。

2013 年 6 月西江流域降水量偏少,较常年同期降水量偏少近 3 成,未出现流域性的暴雨洪涝灾害。由图 9.13a 可以看出,月内共有两次强降水天气过程(实线峰点),出现在 8—10 日和 26—28 日,从预测曲线来看(虚线),除了 5—6 日的过程出现了空报外,该方法对这上述两次天气过程均作出了较准确的预测,预测峰点与实况峰点吻合。说明该方法对于降水量偏少的月尺度延伸期降水过程预测,也有一定的参考价值。

根据对 2013—2017 年西江流域 6 月区域性强降水过程预测结果检验表明,如果以预测曲线峰点前后 2 天内实况出现有一天以上区域性强降水过程视为准确,5 年来对西江流域延伸期天气过程的预测准确率达到 70%,应该说作为月尺度延伸期过程预测,特别是流域强降水过程预测,有较好的参考价值。电力部门根据我们的延伸期天气过程预报,在强降水天气出现前,制定了月水(火)电发电调度计划,通过压核电停机调峰、降火电至不停火等多项措施,提前安排水电厂做好预泄库容发电、上下游水电厂的排蓄水优化调度、防洪决策调度等工作,即保障了水电厂库区的安全,又避免了水电厂大规模的调峰弃水,实现了防汛、发电增效两不误及水能利用率的最大化。

但同时通过近 5 年 6 月份西江流域延伸期强降水过程的预报检验,也可以看出,该方法表现出了一定的空报率以及对降水量级把握的不足,尤其是在西江流域降水量偏少的年份表现更为突出,这需要在实际业务应用中注意改进。

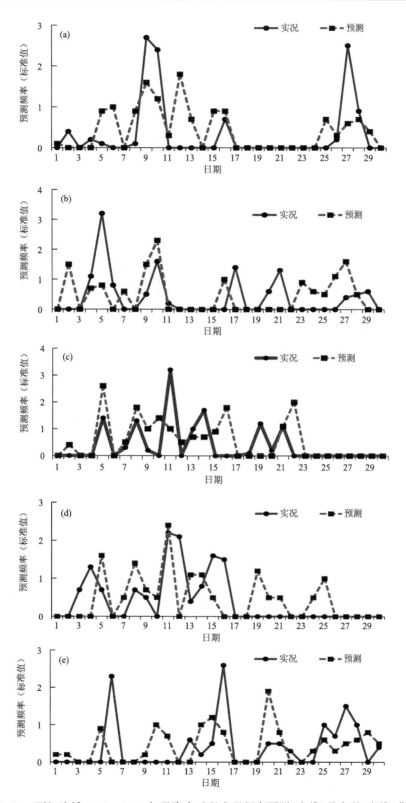

图 9.13 西江流域 2013—2017 年强降水过程出现频率预测（虚线）及实况（实线）曲线

参考文献

[1] 陈桂英,赵振国.短期气候预测评估方法和业务初估[J].应用气象学报,1998,9(2):178-185.

[2] 赵振国,刘海波.我国短期气候预测的业务技术发展[J].浙江气象,2003,24(3):1-6.

[3] 陈丽娟,李维京.月动力延伸预报产品在三峡工程建设服务中的应用[J].气象,1999,27(3):23-25.

[4] 陈丽娟,李维京.月动力延伸预报产品的评估和解释应用[J].应用气象学报,1999,10(4):486-490.

[5] 顾伟宗,陈丽娟,张培群,等.基于月动力延伸预报最优信息的中国降水降尺度预测模型[J].气象学报,2009,67(2):280-287.

[6] 覃志年,陈丽娟,唐红玉,等.月尺度动力模式产品解释应用系统及预测技巧[J].应用气象学报,2010,5(21):614-620.

[7] 魏凤英.现代气候统计诊断与预测技术(第二版)[M].北京:气象出版社,2007:173-175.

[8] 魏淑秋.农业气象统计[M].福州:福建科学技术出版社,1985.

[9] 覃志年,李建云.周期叠加的快速实现与长期天气预报[J].四川气象,1989,1:12-14.

[10] 广东省天气预报技术手册编委会.广东省天气预报技术手册[M].北京:气象出版社,2006.

[11] 毕硕本,陈譞,覃志年,等.基于 EMD 和集合预报技术气候预测方法[J].热带气象学报,2012(02):283-288.

[12] 李崇银,刘式适,陈嘉滨.动力气象学导论[M].北京:气象出版社,2005.

[13] 黄嘉佑.气象统计分析与预报方法[M].北京:气象出版社,2004:229-230.

[14] 信飞,孙国武,陈伯民.自回归统计模型在延伸期预报中的应用.高原气象[J].2008,27(增刊):69-75.

[15] 刘德,李晶,李永华,等.BP 神经网络在长期天气过程预报中的应用试验[J].气象科技,2006,34(3):250-253.

[16] 林纾.500 hPa 准 150 天韵律在过程预报中的应用研究//新世纪气象科技创新与大气科学发展—气候系统与气候变化[M].北京:气象出版社,2003:56-59.

[17] 任振球,张素琴.用天文因子试报连续性特大暴雨长期过程的实况检验[C]//天文气象学术讨论会文集,北京:气象出版社,1986:63-67.

[18] 任振球,张素琴,李松勤.1989 年华北汛期干热天气过程预测的实况检验[J].气象,1990,16(5):43-45.

[19] 孙国武,信飞,陈伯民,等.低频天气图预报方法[J].高原气象,2008,27(增刊):64-68.

[20] 孙国武,信飞,孔春燕,等.大气低频振荡与延伸期预报[J].高原气象,2010,29(5):1141-1147.

[21] 孙国武,孔春燕,信飞,等.天气关键区大气低频波延伸期预报方法[J].高原气象,2011,30(3):594-599.

[22] 覃志年,李维京,何慧,等.广西 6 月区域性暴雨过程的延伸期预测试验[J].高原气象,2009,28(3):687-693.

[23] 李维京.现代气候业务[M].北京:气象出版社,2012:204-222.

[24] 章基嘉,葛玲.中长期天气预报基础[M].北京:气象出版社,1983.

[25] 黄建平,邬吉东,丑纪范.北半球月平均环流异常演变的相似韵律现象[J].高原气象,1990(3):88-92.

[26] 中国气象局预报司.短期气候预测评定办法[S].2013.

[27] 钟利华,曾鹏,史彩霞,等.西江流域面雨量与区域大气环流型关系[J].应用气象学报,2017,28(4):470-480.

[28] 黄海洪,林开平,高安宁,等.广西天气预报技术与方法[M].北京:气象出版社,2012.

[29] 黄忠,吴乃庚,冯业荣,等.2007 年 6 月粤东持续性暴雨的成因分析[J].气象,2008,34(4):53-60.

[30] 丁一汇.1991 年江淮流域持续性大暴雨的研究[M].北京:气象出版社,1993.

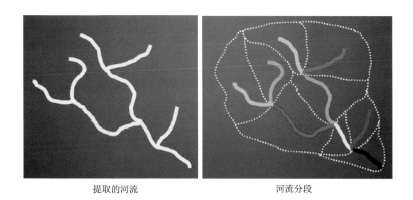

提取的河流   河流分段

图 2.5　提取的河流和河流分段示意图

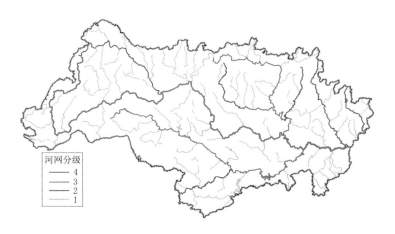

河网分级
——— 4
——— 3
——— 2
——— 1

图 2.6　基于 DEM 提取的西江流域(广西、云南和贵州)河网分级示意图

图 2.7　集雨区域的划分示意图

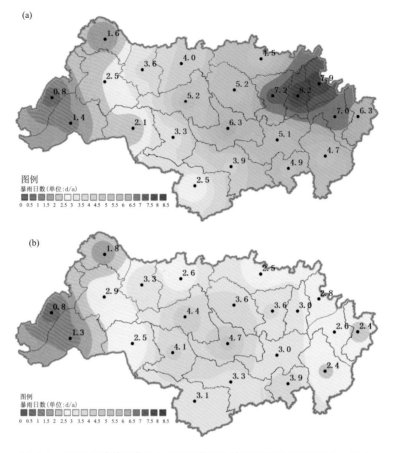

图 3.9　西江流域前汛期(a)和后汛期(b)暴雨日数分布图(单位:d/a)

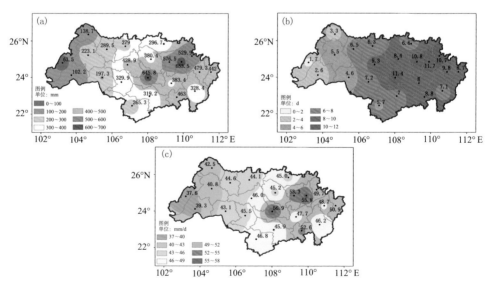

图 3.10　西江流域 1971—2015 年汛期常年平均暴雨面雨量

(a. 单位:mm)、暴雨日数(b. 单位:d)和暴雨强度(c. 单位:mm/d)空间分布

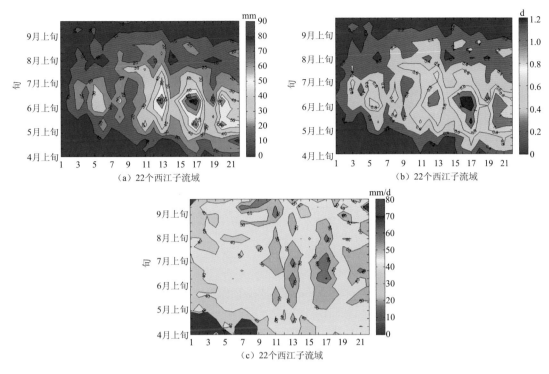

图 3.11 西江流域 1971—2015 年汛期旬平均暴雨面雨量(a. 单位:mm)、暴雨日数(b. 单位:d)
和暴雨强度(c. 单位：mm/d)空间分布(横坐标为西江 22 个子流域代码)

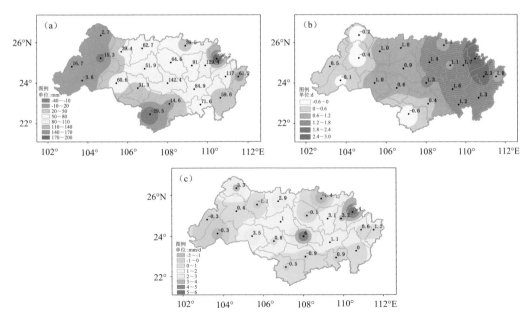

图 3.15 西江流域 1971—1992 年与 1993—2015 年汛期年平均
暴雨面雨量(a. 单位:mm)、日数(b. 单位:d)和强度(c. 单位：mm/d)差值分布图

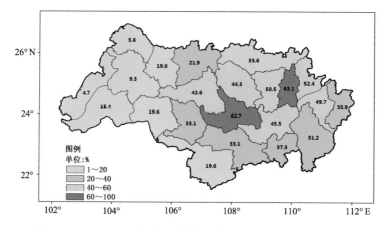

图 4.5 1971—2015 年西江流域锋面暴雨过程暴雨出现频率分布

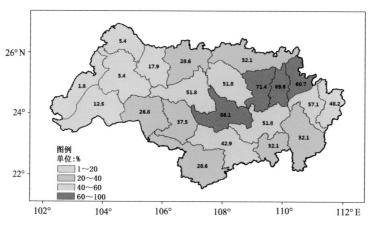

图 4.11 1971—2015 年西江流域暖区暴雨过程暴雨出现频率分布图

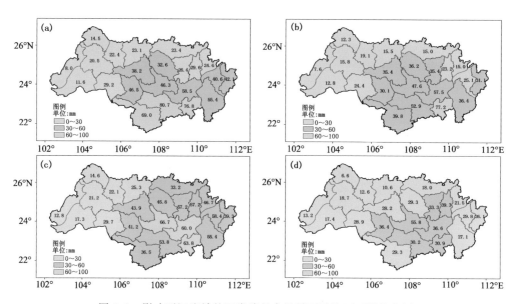

图 5.3 影响西江流域的四类路径台风暴雨平均面雨量分布图

（a. 为Ⅰ类路径；b. 为Ⅱ类路径；c. 为Ⅲ类路径；d. 为Ⅳ类路径）

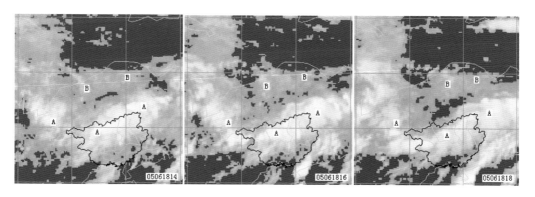

图 7.10　2005 年 6 月 18 日 14—18 时云系演变图

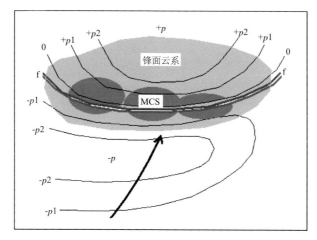

图 7.11　锋面 MCS 发生发展基本概念模型

（粗红蓝线 f-f 为地面锋线（冷锋/静止锋）；细实线为等变压线，－p 表示负变压，

＋p 表示正变压；粗黑矢线表示偏南气流；浅阴影区为锋面云系；深阴影区为 MCS）

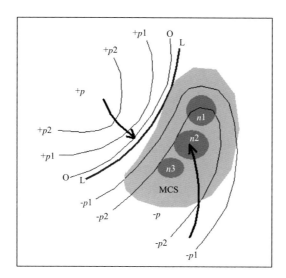

图 7.12　低槽 MCS 发生发展基本概念模型

（粗黑实线为槽轴线；细实线为等变压线，－p 表示负变压，＋p 表示正变压；

粗黑矢线表示主要气流方向；浅阴影区为 MCS；深阴影区为对流单体）

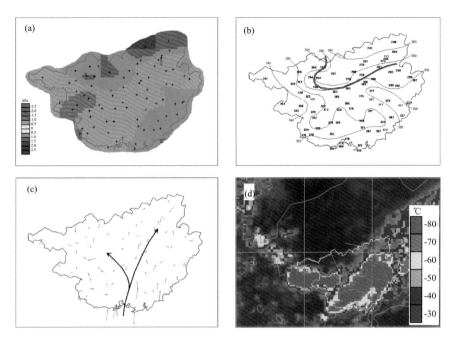

图 7.14　2011 年 6 月 15 日 12 时地面中尺度变压场(a)、温度场(b,粗红蓝线为静止锋,
细实线为等温线,单位:℃,图中数据已放大 10 倍)、风场(c,细矢线为地面风矢,
箭头方向表示风向,箭杆长度表示风速,粗黑矢线表示地面气流主方向)和
2011 年 6 月 15 日 17 时红外(IR1)卫星云图(d)

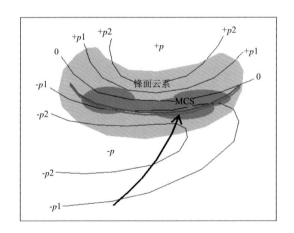

图 7.15　2011 年 6 月 15 日静止锋 MCS 发生发展概念模型(粗蓝线为冷锋;
细实线为等变压线,−p 表示负变压,＋p 表示正变压;粗黑矢线表示主要气流方向;
浅阴影区为锋面云系;深阴影区为 MCS)

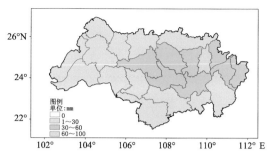

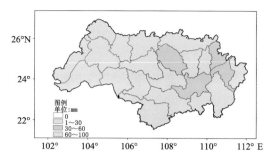

图 7.16 ECMWF 模式 22 日 08 时至
23 日 08 时降水预报

图 7.17 T639 模式 22 日 08 时至
23 日 08 时降水预报

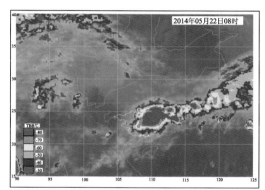

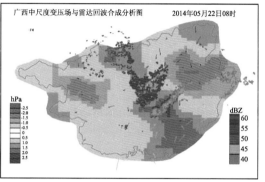

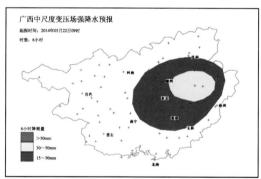

图 7.18 2014 年 5 月 22 日 08 时卫星云图、雷达、自动站资料综合分析

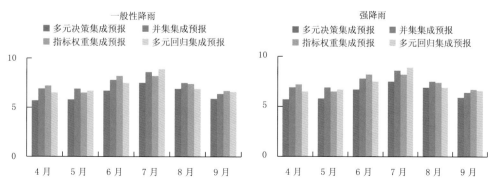

图 8.12 2013 年 1—12 月多种集成预报在 24 h 流域面雨量预报中的平均绝对误差对比

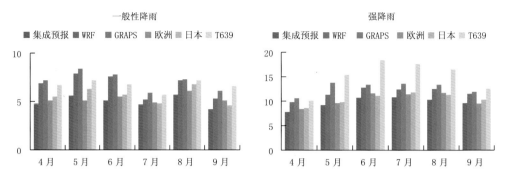

图 8.13　2014—2015 年 4—9 月 24 h 多元集成预报与各家预报平均绝对误差对比

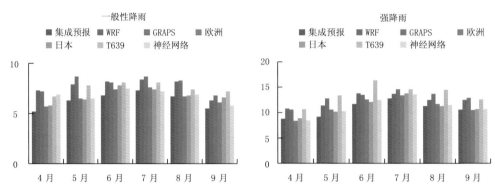

图 8.14　2016 年 4—9 月 24 h 多元集成预报与各家预报平均绝对误差对比

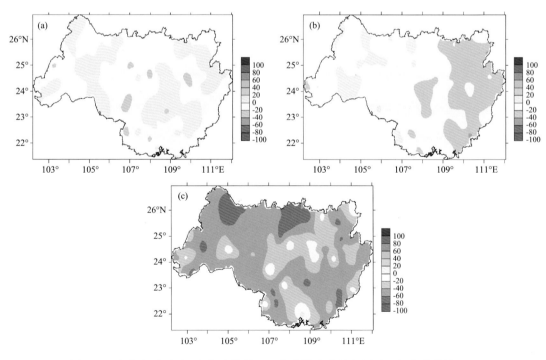

图 9.5　多种序列预测回归集成结果(a);多种模式降尺度预测回归集成结果(b);
2011 年后汛期降水量距平百分率分布(c)